轴承钢中非金属夹杂物和元素偏析

Non-metallic Inclusions and Element Segregation in Bearing Steels

张立峰 王升千 段加恒 著

北 京

冶 金 工 业 出 版 社

2017

内 容 提 要

本书由三部分组成：第一部分简要介绍轴承钢的生产工艺路线，重点阐述 GCr15 轴承钢中非金属夹杂物的来源、形成与在各工序的去除手段，通过比对不同钢厂产品洁净度结果，对轴承钢中非金属夹杂物的控制进行了总结；第二部分针对轴承钢连铸坯液析碳化物行为进行实验研究，进而通过实验结果分析低倍检验孔洞的形成机理与控制方法；第三部分介绍电磁搅拌下的轴承钢连铸坯柱状晶偏转角的模拟仿真研究结果，得出对连铸坯凝固组织和元素偏析的影响因素，并在 GCr15 轴承钢上进行控制手段的工业验证。

本书专为高品质钢研发人员编写，可供钢铁冶金领域科研、生产、设计、管理、教学人员阅读参考。

图书在版编目（CIP）数据

轴承钢中非金属夹杂物和元素偏析 = Non-metallic Inclusions and Element Segregation in Bearing Steels/张立峰，王升千，段加恒著．—北京：冶金工业出版社，2017.1
ISBN 978-7-5024-7459-1

Ⅰ．①轴⋯　Ⅱ．①张⋯　②王⋯　③段⋯　Ⅲ．①轴承钢—非金属夹杂（金属缺陷）　Ⅳ．①F762

中国版本图书馆 CIP 数据核字（2017）第 014516 号

出 版 人　谭学余
地　　址　北京市东城区嵩祝院北巷 39 号　邮编　100009　电话　(010)64027926
网　　址　www.cnmip.com.cn　电子信箱　yjcbs@cnmip.com.cn
责任编辑　刘小峰　曾　媛　美术编辑　彭子赫　版式设计　彭子赫
责任校对　李　娜　责任印制　李玉山
ISBN 978-7-5024-7459-1

冶金工业出版社出版发行；各地新华书店经销；北京通州皇家印刷厂印刷
2017 年 1 月第 1 版，2017 年 1 月第 1 次印刷
169mm×239mm；20.5 印张；4 彩页；397 千字；313 页
89.00 元

冶金工业出版社　投稿电话　(010)64027932　投稿信箱　tougao@cnmip.com.cn
冶金工业出版社营销中心　电话　(010)64044283　传真　(010)64027893
冶金书店　地址　北京市东四西大街 46 号(100010)　电话　(010)65289081(兼传真)
冶金工业出版社天猫旗舰店　yjgycbs.tmall.com

（本书如有印装质量问题，本社营销中心负责退换）

序

　　张立峰教授自 1998 年在北京科技大学获得博士学位以来，先后在日本东北大学、德国克劳斯塔尔理工大学、美国伊利诺大学、挪威科技大学、美国密苏里科技大学和北京科技大学从事洁净钢、非金属夹杂物和冶金过程数值模拟仿真研究等相关研究工作，取得了很多杰出的学术成果，是我国年轻一代冶金学者的代表人物之一。

　　近年来，张立峰教授学习研究了国内外先进轴承钢生产企业的工艺与技术特点。本书作者在总结近 20 年来洁净钢研究成果的基础上，立足轴承钢生产企业现代工装和先进工艺的发展水平，借鉴业界关于轴承钢研究的丰硕成果，收集整理了国内外大量关于 GCr15 轴承钢的生产数据，以图文并茂的形式对 GCr15 轴承钢中的非金属夹杂物、GCr15 轴承钢中的碳化物、轴承钢连铸坯凝固组织和元素偏析做了全面系统的分析。全书内容丰富、体系合理，讲解深入浅出、通俗易懂，既具有严谨的科学性、系统性、知识性，又具有很高的学术价值和实用价值。

　　作为一种重要的冶金产品，轴承钢被广泛应用于机械制造、铁路运输、汽车制造、国防工业等领域。21 世纪初，我国轴承钢粗钢产量约为 92 万吨，2011 年达 378 万吨，2015 年轴承钢粗钢产量达 258 万吨。由于轴承承受强冲击和交变载荷的工作特点，对其化学成分的均匀性、非金属夹杂物的含量和分布、碳化物的分布等要求都十分严格。轴承钢种类繁多，基本上可分为高碳铬轴承钢、渗碳轴承钢、中碳轴承钢、不锈轴承钢、高温轴承钢及无磁轴承钢等系列钢种。含 1% C 和 1.5% Cr 的 GCr15 轴承钢是一种合金含量较少、应用最广泛的高碳铬轴承钢。本书以 GCr15 轴承钢为例，从轴承钢中夹杂物和元素偏析两个方面进行分析，提出合理的控制措施来指导生产实践，为进一步提升我国轴承钢质量提供理论依据。

目前关于轴承钢寿命、钢中非金属夹杂物、碳化物、元素偏析等方面研究的书籍不少，但多数侧重某一方面内容，缺少一本对近十几年来轴承钢生产进行全面系统研究的书籍。张立峰教授的专著将以上几方面合理地统一起来，对轴承钢进行全面深入的介绍，通过对轴承钢非金属夹杂物的专题研究，提出了轴承钢连铸坯凝固组织和元素偏析控制的方法，丰富了钢的凝固理论，对高品质钢的生产与研发有促进作用。本书对轴承钢生产领域从事科研、教学和学习的科技工作者以及有关部门的管理人员具有很高的参考价值。

中国工程院院士
中国金属学会理事长

2016 年 12 月 21 日

前　言

　　轴承钢被广泛应用于机械制造、铁路运输、汽车制造、国防工业等领域。21 世纪初，我国轴承钢粗钢产量约为 92 万吨，2011 年达 378 万吨，2015 年达 258 万吨。轴承钢种类繁多，基本上可分为高碳铬轴承钢、渗碳轴承钢、中碳轴承钢、不锈轴承钢、高温轴承钢及无磁轴承钢等系列钢种。含 1% C 和 1.5% Cr 的 GCr15 轴承钢是一种合金含量较少、应用最广泛的高碳铬轴承钢。由于轴承承受强冲击和交变载荷的工作特点，对其化学成分的均匀性、非金属夹杂物的含量和分布、碳化物的分布等要求都十分严格。

　　为进一步提升我国轴承钢质量，作者针对 GCr15 轴承钢进行了专题研究，揭示了轴承钢盘条在强酸环境下低倍组织检验孔洞的形成机理；通过数值模拟仿真研究，构建了铸坯柱状晶偏转角度与电磁力、流场的关系；通过增加二冷强度、降低过热度、控制拉速和选定合适的电磁搅拌参数等方法，解决轴承钢元素偏析问题，并改善凝固组织，得出了 GCr15 轴承钢的最优生产参数，并在国内某轴承钢生产厂家的工业生产中进行验证。

　　本书内容主要包括三方面：GCr15 轴承钢中的非金属夹杂物、GCr15 轴承钢中的碳化物以及轴承钢连铸坯凝固组织和元素偏析。

　　第一部分对 GCr15 轴承钢中的非金属夹杂物及其对疲劳寿命的影响进行分析。关于轴承钢中非金属夹杂物控制工艺，为了降低钢中总氧和控制钢中非金属夹杂物，在工艺和装备的设计、选择等方面务必坚持以下几点：轴承钢出钢避免脱氧剂和精炼渣一起加入，防止渣混合卷入钢液造成严重的渣钢反应；采用铝脱氧降低氧含量；采用高碱度精炼渣的强扩散脱氧技术；真空精炼由 VD 改为 RH，若使用 VD 真空精炼，则需采用浅真空及扒渣技术，减小渣钢反应程度，这样可以降低夹杂物中的CaO含量，把夹杂物控制为以 MgO·Al$_2$O$_3$ 或者 Al$_2$O$_3$ 为主；全封闭中间包防止二次氧化；在使用浸入式水口的情况下，必须优化浸入式水口结构减少水口结瘤，防止水口结瘤物脱落造成轴承钢产品中的大型串状夹杂物缺陷；增加连铸机直立段长度，最好采用立式连铸机促进大尺寸夹杂物上浮，减少夹杂物被凝固坯壳捕捉等。坚持以上措施，轴承钢中的非金属夹杂物控制水平将得到大幅度提高。

第二部分关于 GCr15 轴承钢中的碳化物方面，研究了轴承钢连铸坯凝固组织、铸坯中液析碳化物分布规律、轴承钢轧制全流程样品中 Cr 元素分布及热轧盘条中低倍检验孔洞的形成机理；进而研究铸坯及热轧盘条的加热工艺对轴承钢中合金元素分布及低倍检验孔洞的影响；最终提出控制低倍检验孔洞的工艺措施，从而提升 GCr15 轴承钢中 C 偏析水平。本部分定量化统计了轴承钢铸坯中液析碳化物的分布，从铸坯边部到中心，碳化物面积百分比、尺寸及数密度均逐渐增加。揭示了轴承钢盘条在强酸环境下低倍组织检验孔洞的形成机理：铸坯中残余的富 Cr 碳化物被轧制成链条状的带状碳化物结构，C 和 Cr 元素偏析到晶界上形成发达的二次网状富 Cr 碳化物，与之相邻的基体成为贫 Cr 区，导致该位置抗腐蚀能力下降而成为腐蚀初始位置，深度腐蚀后表现为轧材的低倍检验孔洞缺陷。为了减少碳化物的危害，对于铸坯中液析碳化物的控制措施主要是高温扩散工艺，扩散温度和扩散时间是影响轴承钢高温扩散效果的两个主要因素。

第三部分为轴承钢凝固组织和元素偏析研究，主要分析了电磁搅拌对宏观组织、枝晶臂间距、柱状晶偏转角等方面的影响。通过数值模拟仿真研究，构建了铸坯柱状晶偏转角度与电磁力、流场的关系。研究发现柱状晶偏转角与电磁力具有相反的变化趋势，其值随着电磁力的增加而减小；柱状晶偏转角与钢液流速具有相同的变化趋势，其值随着钢液流速的增加而增大。GCr15 轴承钢宏观偏析的控制方向与微观偏析的差别在于溶质元素在固相中的扩散速率非常小，连铸坯完全凝固之后宏观偏析很难被消除。因此，针对微观偏析可以通过热处理手段减轻其对钢材的影响，而针对宏观偏析则需重点对连铸二冷强度、钢水过热度、拉速和电磁搅拌参数等因素进行控制。该部分还模拟研究了结晶器电磁搅拌电流、搅拌频率等因素对磁场强度、钢液流速、钢液冲击深度等效果的影响。通过分析钢液流动状态，得到合适的电磁搅拌电流、频率值，可减少凝固后的缩孔、疏松和中心偏析等缺陷的产生。

感谢中国工程院干勇院士在百忙中为本书作序，干院士肯定了本书的价值和作者所做的工作，并针对高品质轴承钢和其他特殊钢生产的关键工艺因素提出了具体的建议。

感谢相关单位为本书提供的科研成果和数据资料。感谢稀贵金属绿色回收与提取北京市重点实验室和国际合作基地（GREM）和北京科技大学高品质钢研究中心（HQSC）所提供的支持和北京科技大学绿色冶金与冶金过程模拟仿真实验室（GPM^2）所有成员的努力。

由于作者学识和时间所限，书中不妥之处在所难免，诚恳希望读者提出宝贵意见。

张立峰

2016 年 12 月 26 日

目　　录

第一部分　GCr15 轴承钢中的非金属夹杂物

1　轴承钢生产概述 ……………………………………………………………… 1

　1.1　轴承钢种类及发展历史 …………………………………………………… 1

　1.2　轴承钢冶炼工艺与路线 …………………………………………………… 7

　1.3　轴承钢的性能及质量要求 ………………………………………………… 10

2　轴承钢中的非金属夹杂物 …………………………………………………… 14

　2.1　非金属夹杂物分类 ………………………………………………………… 14

　2.2　夹杂物对轴承钢质量的影响 ……………………………………………… 16

　　2.2.1　夹杂物影响轴承钢质量的作用机理 ………………………………… 18

　　2.2.2　夹杂物类型对轴承钢质量的影响 …………………………………… 22

　2.3　钢中杂质元素对轴承钢中夹杂物的影响 ………………………………… 37

　　2.3.1　钢中氧含量对轴承钢中夹杂物的影响 ……………………………… 37

　　2.3.2　钢中钙含量对轴承钢中夹杂物的影响 ……………………………… 41

　　2.3.3　钢中钛、氮含量对轴承钢中夹杂物的影响 ………………………… 44

　2.4　精炼渣操作对轴承钢中夹杂物的影响 …………………………………… 49

　　2.4.1　精炼渣氧化性对夹杂物的影响（强扩散脱氧技术）………………… 49

　　2.4.2　精炼渣碱度对夹杂物的影响（高碱度渣技术）……………………… 55

　　2.4.3　精炼渣成分控制对轴承钢中夹杂物的影响 ………………………… 59

　2.5　碱土金属对轴承钢中夹杂物的影响 ……………………………………… 62

　2.6　耐火材料对轴承钢中夹杂物的影响 ……………………………………… 63

　2.7　炉外精炼过程对轴承钢中非金属夹杂物的影响 ………………………… 68

　　2.7.1　VD 吹氩的影响 ……………………………………………………… 70

　　2.7.2　VD 真空处理的影响 ………………………………………………… 71

　　2.7.3　RH 精炼过程的影响 ………………………………………………… 73

　　2.7.4　温度控制的影响 ……………………………………………………… 83

　2.8　中间包冶金对轴承钢中夹杂物的影响 …………………………………… 84

2.8.1　中间包全封闭技术 ……………………………………… 85

2.8.2　中间包加热技术 ………………………………………… 86

2.8.3　水口结瘤对夹杂物及轧材缺陷的影响 ………………… 92

2.9　连铸机直立段长度对轴承钢夹杂物的影响 ………………… 94

3　钢厂轴承钢洁净度调研结果分析 …………………………… 98

3.1　钢厂 A 轴承钢调研结果分析 ………………………………… 98

3.1.1　钢厂 A 轴承钢研究意义及方法 ………………………… 98

3.1.2　钢厂 A 轴承钢研究初步结果 ………………………… 100

3.1.3　研究初步结论及建议 …………………………………… 111

3.2　钢厂 B 轴承钢调研结果分析 ……………………………… 114

3.2.1　钢厂 B 轴承钢研究结果 ……………………………… 114

3.2.2　研究初步结论及建议 …………………………………… 123

3.3　国内典型厂家轴承钢洁净度对比分析 ……………………… 123

3.3.1　轴承钢轧材样氧氮含量分析 …………………………… 123

3.3.2　轴承钢轧材样夹杂物分析 ……………………………… 125

3.4　轴承钢中非金属夹杂物控制总结 …………………………… 130

第二部分　GCr15 轴承钢中的碳化物

4　轴承钢中的碳化物概述 …………………………………… 131

4.1　碳化物缺陷的分类 …………………………………………… 131

4.2　碳化物分布对金属材料抗腐蚀性能的影响 ………………… 131

4.3　碳化物缺陷的控制研究现状 ………………………………… 133

4.4　轴承钢抗腐蚀能力的提升研究现状 ………………………… 135

5　轴承钢连铸坯中液析碳化物行为 ………………………… 136

5.1　实验方法 ……………………………………………………… 136

5.2　铸坯 A 中液析碳化物行为 ………………………………… 137

5.3　铸坯 B 中液析碳化物行为 ………………………………… 140

5.4　两铸坯中液析碳化物行为对比 ……………………………… 144

5.5　两铸坯相同位置 Cr 元素分布 ……………………………… 146

5.6　液析碳化物消除时间的计算 ………………………………… 149

5.6.1　液析碳化物扩散溶解机制模拟计算方法 ……………… 150

5.6.2　液析碳化物的扩散溶解及其影响因素 ………………… 150

5.7 轴承钢连铸坯中液析碳化物行为小结 ················· 155

6 轴承钢轧制全流程 Cr 元素分布与低倍检验孔洞形成机理 ········· 156

6.1 实验方法 ············· 156

6.2 铸坯中 Cr 元素分布及腐蚀形貌 ············· 156

6.3 开坯小方坯中 Cr 元素分布及腐蚀形貌 ············· 158

6.4 轧制过程中 Cr 元素分布及检验孔洞形貌变化 ············· 159

6.5 热轧盘条中低倍检验孔洞的分布规律 ············· 162

6.5.1 热轧盘条中低倍检验孔洞的初始形成位置 ············· 162

6.5.2 热轧盘条中低倍检验孔洞的形态变化 ············· 163

6.6 轴承钢低倍检验孔洞形成机理 ············· 166

6.7 轴承钢轧制全流程 Cr 元素分布与低倍检验孔洞形成机理小结 ············· 173

7 轴承钢低倍检验孔洞控制 ················· 175

7.1 铸坯高温扩散对 Cr 元素分布的影响 ············· 175

7.2 盘条高温扩散对低倍检验孔洞的影响 ············· 177

7.3 正火球化退火对轴承钢低倍检验孔洞的影响 ············· 179

7.4 工业实验 ············· 183

7.5 轴承钢低倍检验孔洞控制总结 ············· 187

第三部分 轴承钢连铸坯凝固组织和元素偏析

8 连铸坯微观偏析与宏观偏析控制研究现状 ················· 189

8.1 连铸坯微观偏析控制研究现状 ············· 190

8.1.1 微观偏析的定义 ············· 190

8.1.2 微观偏析的影响因素 ············· 190

8.1.3 微观偏析的控制技术 ············· 191

8.2 连铸坯宏观偏析控制研究现状 ············· 192

8.2.1 中心偏析形成理论 ············· 192

8.2.2 中心偏析的评级方法 ············· 193

8.2.3 中心偏析的控制措施 ············· 196

8.2.4 控制中心偏析的数学模拟研究 ············· 207

9 连铸坯凝固组织研究 ················· 215

9.1 实验方法 ············· 215

9.2　铸坯宏观凝固组织测定 ……………………………………………… 216

9.3　铸坯枝晶臂间距测定 …………………………………………………… 217

9.4　铸坯柱状晶偏转角测定 ………………………………………………… 221

10　电磁搅拌下轴承钢连铸坯柱状晶偏转角的模拟仿真研究 ………… 226

10.1　模型描述 ………………………………………………………………… 226

　　10.1.1　电磁场计算模型 ………………………………………………… 226

　　10.1.2　流场计算模拟 …………………………………………………… 229

10.2　模型验证 ………………………………………………………………… 233

10.3　电磁力场和流场 ………………………………………………………… 233

10.4　柱状晶长度的测定 ……………………………………………………… 237

10.5　结晶器电磁搅拌对连铸坯凝固组织的影响 ………………………… 238

10.6　不同搅拌参数下的电磁场模拟 ……………………………………… 241

10.7　电磁搅拌对宏观组织的影响 ………………………………………… 242

10.8　电磁搅拌对枝晶臂间距的影响 ……………………………………… 244

　　10.8.1　PDAS 测量结果 ………………………………………………… 244

　　10.8.2　SDAS 测量结果 ………………………………………………… 246

10.9　电磁搅拌对柱状晶偏转角的影响 …………………………………… 249

10.10　电磁搅拌对柱状晶长度的影响 …………………………………… 253

11　GCr15 轴承钢连铸坯宏观偏析控制 ……………………………… 255

11.1　连铸坯化学成分 ………………………………………………………… 255

11.2　连铸坯低倍侵蚀实验 …………………………………………………… 257

11.3　连铸坯宏观组织统计 …………………………………………………… 259

11.4　连铸过程结晶器传热模型 …………………………………………… 263

11.5　连铸过程二冷传热模型 ……………………………………………… 267

11.6　连铸坯宏观组织模拟研究 …………………………………………… 271

11.7　连铸坯宏观偏析模拟研究 …………………………………………… 274

　　11.7.1　宏观偏析模拟计算 ……………………………………………… 274

　　11.7.2　二冷水分布优化方案 …………………………………………… 278

11.8　GCr15 轴承钢工业验证实验 ………………………………………… 282

12　轴承钢凝固组织和元素偏析控制总结 …………………………… 287

参考文献 …………………………………………………………………… 289

第一部分　GCr15轴承钢中的非金属夹杂物

1　轴承钢生产概述

1.1　轴承钢种类及发展历史

轴承钢是用来制造滚珠、滚柱和轴承套圈的钢。轴承一般由内套圈、外套圈、滚动体（滚珠、滚柱或滚针）和保持器四部分组成，除保持器外，其余都由轴承钢制成，如图1-1所示[1]。当轴承运作时，轴承内外套圈与滚动体间将承受高频率变应力的作用，要求轴承钢有高而均匀的硬度和耐磨性，以及高的弹性极限。因此，对轴承钢的化学成分的均匀性、非金属夹杂物的含量和分布、碳化物的分布等要求都十分严格，是所有钢铁生产中要求最严格的钢种之一。

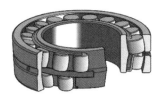

图1-1　常用的滚动轴承（SKF）[1]

轴承钢种类繁多，但基本上可分为高碳铬轴承钢、渗碳轴承钢、中碳轴承钢、不锈轴承钢、高温轴承钢及无磁轴承钢等系列钢种。高碳铬轴承钢是轴承钢的代表钢种，包括GCr15、GCr15SiMn、GCr4、GCr15SiMo、GCr18Mo等。该类钢是轴承钢的主体，占到我国轴承钢总量的90%以上。我国高碳铬轴承钢的冶金水平、热处理水平及表面处理水平与国外相比尚有较大差距。GCr15含1%C和1.5%Cr，是一种合金含量较少，应用最广泛的高碳铬轴承钢，经过淬火加低温回火后具有较高的硬度、均匀的组织、良好的耐磨性、高的接触疲劳性能[2]。渗碳轴承钢是优质低碳或中碳合金钢，具有切削、冷加工性能良好、耐冲击、渗碳后耐磨、接触疲劳寿命高等优点。

滚动轴承是重要的机械基础件，在宇航、军工、机械制造、铁路运输以及汽车制造等行业中应用十分广泛。轴承使用的金属材料始于青铜、铸铁。轴承材料的发展经历了一个漫长的过程，其发展历程如表 1-1 所示[3]。1905 年德国使用 SAE52100 高碳铬钢制造滚动轴承后，到 1920 年已经广泛用于滚动轴承制造，这是世界滚动轴承工业所用的第一代专用轴承钢；50 年代末，真空脱气钢问世，使轴承钢得到了迅猛的发展。

国外著名轴承制造商有瑞典 SKF 公司、日本 NSK 轴承公司、NTN 轴承公司、德国 FAG 轴承公司、美国 TIMKEN 轴承公司等，这些轴承行业大型企业，除了采用本国和本企业集团生产的轴承钢棒线材作为生产轴承基材外，也外购其他国家和其他钢厂生产的轴承钢材，如国内江阴兴澄特钢等企业生产的轴承钢即向 SKF、NSK 等轴承制造企业供货。国外高水平生产轴承钢的钢厂有瑞典 SKF 公司下属 Ovako 钢厂、日本山阳特殊钢、大同特殊钢、爱知制钢、住友金属公司小仓钢厂、JFE 公司仓敷钢厂、神户制钢公司神户钢厂与加古川钢厂、德国 ThyssenKrupp 钢铁公司、Saarstahl 钢厂等。高碳铬轴承钢是轴承钢的典型代表钢种，主要指成分为 1% C – 1.5% Cr 的钢种，该钢种在不同的国家牌号有所不同，如表 1-2 所示。

表 1-1 轴承材料的发展历程[3]

年 代	轴承制作材料
公元前	木材或石材
40 年	青铜或铁
1520 年	铸造钢球
1879 年	淬火钢材
1865 年	铬钢
1901 年	1% 碳素钢
1905 年	高碳铬轴承钢（1% C-1.5% Cr）

表 1-2 世界各国高碳铬轴承钢牌号及成分（%）

型 号	C	Cr	Si	Mn	P	Mo	Ni	S
AISI 52100（美国、韩国）	0.95 ~ 1.10	1.30 ~ 1.60	0.15 ~ 0.35	≤0.50	≤0.012	≤0.08	≤0.25	≤0.025
100Cr6（德国）	0.95 ~ 1.10	1.35 ~ 1.65	0.15 ~ 0.35	0.25 ~ 0.45	≤0.030	≤0.10	—	≤0.020
SUJ2（日本）	0.95 ~ 1.10	1.30 ~ 1.60	0.15 ~ 0.35	≤0.50	≤0.025	≤0.08	≤0.25	≤0.025
GCr15（中国）	0.95 ~ 1.05	1.40 ~ 1.65	0.15 ~ 0.35	0.25 ~ 0.45	≤0.027	≤0.10	≤0.23	≤0.020

瑞典是世界轴承"王国"，历史悠久，产品质量居世界之冠。SKF 公司是世界著名跨国集团公司，经营项目很多，其中 SKF 轴承公司是世界上最大的轴承公司。SKF 公司开发了 SKF + MR 工艺，采用这种工艺，其轴承钢质量保持国际先进水平。这种工艺分两个阶段：首先在 SKF 双壳炉中氧化条件下将钢快速熔化；

然后在 ASEA-SKF 炉中在还原的条件下进行精炼，精炼工艺为：首先用 Fe-Si 进行预脱氧，然后扒渣，再加铝进一步脱氧，然后是脱硫和真空脱气，整个过程伴随感应搅拌。钢包可以加热，用铝沉淀脱氧，配以强烈的电磁搅拌，使脱氧产物充分分离，把轴承钢氧含量和夹杂物控制到了极低的程度。MR 代表两个工艺操作，氧化性气氛下熔化和还原性气氛下精炼，具体工艺过程可进行合金化、脱硫、脱氧等多种操作，具体如图 1-2 所示[4]。近几十年来轴承钢洁净度的提高使得疲劳寿命得到很大提升，图 1-3 为瑞典 20 世纪 60 年代以前利用双渣法生产的"bad"电弧炉钢与瑞典 SKF + MR 操作生产的"modern"轴承钢疲劳寿命对比图，图中可以看出 SKF + MR 法大大提升了轴承钢的疲劳寿命，使瑞典轴承钢生产水平达到一个新高度。瑞典 Ovako 是通过模铸冶炼轴承钢，其普通级（B 级）轴承钢氧的质量分数控制在 4 ~ 6ppm（1ppm = 10^{-6}），Ovako 超高纯净轴承钢是各等向性轴承钢，极限疲劳强度和韧性在轧向和径向等各个方向基本相同，故而称为各向同性轴承钢。

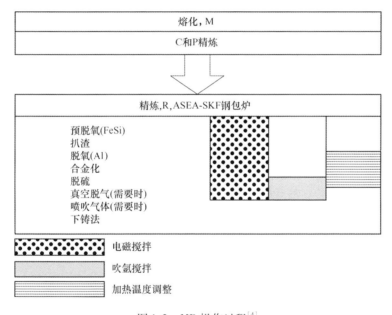

图 1-2　MR 操作过程[4]

德国蒂森集团是欧洲最主要的轴承生产厂家之一，年产轴承约 16 万吨，可以将氧质量分数稳定控制在 6ppm 以下。

日本在 20 世纪 70 年代为了降低炼钢成本，提高钢的洁净度和质量，率先将炉外精炼技术应用于轴承钢生产中，随后西欧的钢铁企业也加入到推广和使用这项技术的行列中。日本轴承钢虽然起步相对较晚，但大有后来居上之势，经过近40 多年的努力，通过加强科研、引进先进技术、装备、优化工艺，使轴承钢的

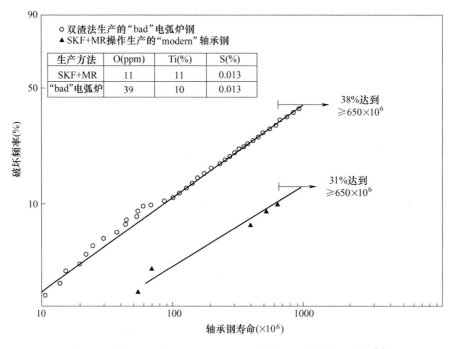

图 1-3　瑞典 MR 及"bad"电弧炉生产轴承钢疲劳寿命对比[4]

质量跃居世界前列。山阳特钢是世界上著名的特殊钢生产厂家之一，以生产轴承钢钢管著称。山阳特钢近年开发的 SNRP 超纯净轴承钢生产工艺，生产出了氧含量小于 0.0005%，夹杂物尺寸不大于 11μm 的轴承钢。山阳超高纯轴承钢（EP）代表轴承钢化学冶金质量最高水平。大同特钢开发出了 MRAC-SSS，可以生产出氧含量小于 0.0005%，氧化物夹杂极细小的轴承钢。神户、和歌山、爱知和新日铁钢厂生产的轴承钢也具有很高的水平。图 1-4 为日本生产轴承钢电耗、电极消耗和炉衬耐火材料消耗情况变化图，由图中可以看到日本在降低炼钢成本方面取得了很大的进步。

　　20 世纪 50～60 年代，是中国轴承钢生产的起步阶段，最初仅仅只能生产高碳铬轴承钢，对于高质量要求的轴承钢，均需要从苏联进口。经过几十年投入和发展，目前绝大多数钢厂都可以大规模生产轴承钢，成为名副其实的轴承钢生产大国。由于高档次轴承钢的标准高且使用量少，一般钢企在提高产品档次方面关注较少。这方面的不足逐渐引起注意后，面对激烈的国际竞争，我国轴承钢不能仅仅在产量上领先，质量和钢种开发上也必须有所突破，以增强我国冶金和轴承产业的国际竞争力。1967 年我国引进 RH 装置对 100t 碱性平炉钢液进行脱气处理，氧质量分数降到 20ppm 左右；20 世纪 70 年代以来，随着经济发展和工业技术进步，轴承的应用范围扩大；而国际贸易的发展，又推动了轴承钢标准国际化和新技术、新工艺及新装备的开发和应用，效率高、质量高、成本低的配套技术

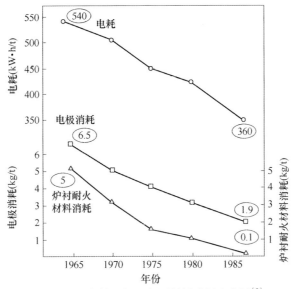

图1-4 日本轴承钢生产原材料消耗变化图[5]

和工艺装备应运而生；80年代初开始大力推进炉外精炼技术，相继建立了EAF+LFV、EAF+VAD、EAF+吹氩或喂线等；1985年又投产两座50t高功率电弧炉和一台60tVAD钢包精炼炉，标志着我国轴承钢生产进入炉外精炼时代；1985年以来是对标国际先进水平阶段。钢厂炉外精炼技术趋于成熟，电炉容量趋于大型化，广泛应用连铸，已实现连铸坯热送，钢材洁净度显著提高[6,7]。2000年后国内特殊钢厂普遍采用了铝脱氧、高碱度精炼渣等超低氧特殊钢生产工艺技术，随着装备水平提高，更多地采用RH精炼和大方坯连铸等，轴承钢总氧含量和夹杂物控制水平显著提高。

我国近20年来轴承钢粗钢产量如图1-5所示。21世纪初，我国轴承钢粗钢产量约为92万吨，2011年达378万吨，2015年达258万吨。产量提高的同时材质水平也取得了显著的进步，如兴澄特钢、宝钢特钢、北满特钢等都先后通过SKF、FAG、NSK和Timken等国际著名轴承公司的认证，已经成为其材料供应商。我国轴承行业发展至今，已具备相当的生产规模和较高的技术、质量水平，但是国产轴承钢与瑞典SKF、日本山阳等先进厂家相比还存在一定差距，国外发达国家，比如瑞典、日本、德国、美国等国的轴承钢产量和质量都处于领先地位，其共同特点是设备先进、工艺技术成熟、质量稳定。我国轴承钢与国外的差距主要表现在以下三个方面：一是钢中微量杂质元素含量偏高；二是表面质量差（包括尺寸精度、表面裂纹和脱碳等）；三是内部质量不稳定，波动范围大。

国内以兴澄特钢、宝钢特材、东北特钢和江苏苏钢、南京钢厂等为代表的先进轴承钢生产企业，具有品质高和产量大等特点，代表了中国轴承钢冶金质量的最高水平。虽然国内轴承钢厂的冶金设备、工艺和生产流程与国外先进的轴承钢

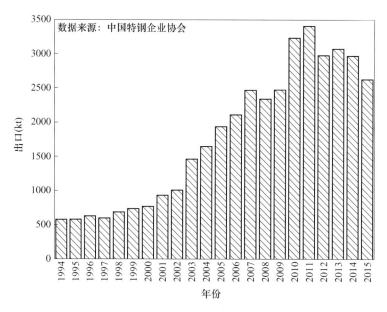

图 1-5 我国轴承钢粗钢近 20 年产量变化情况

厂基本一致，但在冶炼工艺、操作水平、控轧控冷工艺、参数控制及检验检测及自动化能力等方面存在较大差距，导致中国轴承钢在洁净度控制、碳化物控制及低倍组织控制等方面与日本、瑞典、德国等国外轴承钢发达国家相比有很大的差距[8]。其中，兴澄特钢是国内生产轴承钢最多的企业，市场占有率超过 20%。兴澄特钢代表轴承钢产品有 GCr15、100CrMnSi6-4、G20CrNiMo 等。

中国生产的轴承主要为中低端轴承和小中型轴承，与国外高端轴承和大型轴承等高附加值轴承相比存在较大差距，表现为低端过剩和高端缺乏。特别是在航空航天、高速铁路、高档轿车及其他工业领域用的关键轴承上，中国轴承的使用寿命、可靠性、D_n 值与承载能力等方面与先进国家存在较大的差距，成为制约中国高端装备制造和战略新兴产业发展的瓶颈[9]。航空发电机方面，作为航空发动机关键基础件的主轴轴承和齿轮，其寿命与可靠性与国外相比存在较大差距，成为制约中国航空发动机的主要因素之一。目前国外（日本、欧洲与美国）对超高纯轴承钢（EP 钢）的真空脱气冶炼技术、夹杂物均匀化技术（IQ 钢）、超长寿命钢技术（TF 钢）、细质化热处理技术、表面超硬化处理技术和先进的密封润滑技术等的研究比国内系统深入，而且已经应用到轴承的生产和制造，从而大幅度提升了轴承的寿命与可靠性。而中国所用电渣轴承钢不仅质量水平低于国外高端真空脱气轴承钢，而且成本也比真空脱气钢高。目前国产风电轴承逐渐形成了规模化、系列化生产，但仅仅限于风电机组中技术门槛相对较低的偏航轴承和变桨轴承，而无法生产技术含量较高的主轴轴承和增速器轴承[7]。

轴承钢主要向高洁净度和性能多样化两个方向发展。提高轴承钢的洁净度，主要与钢中夹杂物的含量和分布有关，特别是降低钢中的氧含量，可以明显延长轴承的寿命。氧含量由28ppm降低到5ppm，疲劳寿命可以延长1个数量级。通过不懈的努力，轴承钢中的最低氧质量分数已从20世纪60年代的28ppm降低到90年代的5ppm。目前，我国大部分厂家可以将轴承钢中的最低氧质量分数控制在10ppm左右，较先进厂家可以控制在7ppm以内。人们关注的另一个体现轴承钢洁净度的热点是钢中钛含量的水平。轴承使用环境的变化要求轴承钢必须具备性能的多样化。腐蚀应用场合，需要开发不锈轴承钢；为了简化工艺，应该开发高频淬火轴承钢和短时渗碳轴承钢；为了满足航空航天的需要，应开发高温轴承钢。

1.2　轴承钢冶炼工艺与路线

现代冶金技术随着科学技术的不断进步而逐渐发展起来，轴承钢生产工艺也日益完善。20世纪70年代以前酸性钢曾占有重要的地位，其具有极其一致的洁净度，各向异性小。瑞典SKF公司长时期以酸性平炉生产的轴承钢享誉世界，苏联至60年代大量用酸性平炉生产轴承钢，我国齐齐哈尔钢厂用碱性平炉-酸性平炉双联法生产过轴承钢。炉外精炼在轴承钢生产中所起的作用除得到洁净的钢水外，还能够提高劳动生产率、降低成本和与后续先进的生产工艺相连接的作用。从单一的电弧炉冶炼发展为充分发挥炉外精炼合金化、加热、成分微调等优点。电弧炉流程生产线与高炉—转炉联合生产方式相比，具有投资少、占地面积小、建设期短、能耗低、生产灵活等优点，我国20世纪80年代以后，各轴承钢生产厂家进行了大规模的技术改造，引进了一批先进的超高功率、偏心炉底出钢的现代化电弧炉，彻底改变了长期使用技术落后的小容量电弧炉的状况[10]。与电炉相比，转炉生产特殊钢具有如下技术优势：原材料条件方面，铁水的洁净度和质量稳定性均优于废钢；铁水预处理工艺方面，采用预处理工艺，进一步提高铁水洁净度（质量分数）；转炉的终点控制水平高，渣钢反应比电炉更接近平衡；转炉钢水的气体含量低；连铸、炉外精炼的装备和工艺水平基本与之相当[11]。瑞典SKF公司与瑞典ABB公司（原ASEA公司）一起开发的ASEA-SKF精炼装置对钢水进行二次精炼，如图1-6所示，ASEA精炼装置分电弧加热和真空精炼两部分，其与"LF + VD"精炼工艺相比，主要的不同是利用电磁对钢水进行搅拌，该方法

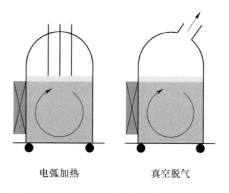

电弧加热　　　　真空脱气

图1-6　ASEA-SKF钢水精炼工艺示意图

除了能更精确控制搅拌功率外，还能减少 LF 和 VD 精炼过程中钢包底吹氩搅拌造成的钢液上表面被吹开裸露（LF）和顶渣卷入钢液（VD）发生。

自 20 世纪 50 年代连铸开始用于工业生产，由于其较模铸在线控制要求更高，范围更广等优点获得了长足的发展。连铸坯与模铸坯相比，连铸坯质量的优点相对钢锭质量是在长度方向上的均匀性，其弱点之一是中心质量问题，如高碳钢的中心碳偏析、低碳钢的中心缩孔等，为了保证中心的质量，有的钢种必须采用模铸。连铸坯凝固过程中的连铸机浇注参数应控制在合理的范围内，即拉速、二冷强度、轻压下等，来获得理想的凝固组织。SKF 公司总结经验如下：若采用连铸法生产先进的轴承钢，则要有合适的冶金工艺及正确的控制技术与之相适应，钢包精炼不可或缺，尽可能降低钢中有害元素和残余元素。图 1-7 为 U. Toshikazu 研究日本山阳钢厂连铸和模铸工艺生产轴承钢氧含量对比图。由图中可以看出，连铸工艺氧含量在 3 ~ 8ppm 之间，模铸在 5 ~ 11ppm 之间，由于减少了空气及耐火材料等对钢液的污染，连铸工艺生产轴承钢的氧含量明显低于模铸，并且各炉次之间的变化减小，有利于维持产品质量的稳定性[5]。

现对各国先进轴承钢生产企业的主要工艺流程总结如表 1-3 所示。

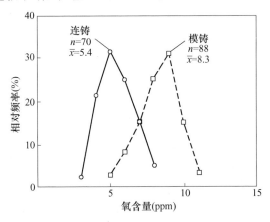

图 1-7　连铸和模铸工艺钢中氧含量对比图[5]

表 1-3　国内外轴承钢生产工艺流程

企　业	工　艺	文献
瑞典 SKF	100tEAF-OBT—SKF—MR—IC/CC	[10, 12, 13]
日本山阳	90tUHP/EAF-EBT—LF—RH—CC	[12, 14, 15]
日本川崎	TBM—BOF—LF—RH—CC（370mm×470mm）	[16]
日本爱知	80tEAF—VSC—LF—RH—CC（370mm×480mm）	[14]
法国 Ascometal	100tEAF-EBT—LF—RH—CC/IC	[16]
意大利 ABS	80tEAF—LF—VD—CC（280mm×280mm）	[16]

企　业	工　艺	文献
美国 Timken	120tEAF—LF—CC	[16]
德国蒂森	BOF—TBM—RH—IC/CC	[14]
德国克房伯	UHP EAF—LF—RH—CC	[14]
韩国浦项	BOF—LF—RH—CC	[17]
南京钢铁	BOF/UHP（EBT）—LF—VD—CC（320mm×480mm）	
兴澄特钢	100tEAF—LF—VD—CC（300mm×300mm）	[18，19]
邢台钢铁	80tBOF—LF—RH—CC（280mm×320mm）	
河北石钢	60tBOF—LF—VD—CC（150mm×150mm）	[20]
大冶特钢	60tEAF—60tLF/VD—CC（180mm×180mm）	[21]
淮钢	BOF—LF—RH—CC	[22]
西王特钢	80tUHP EAF—LF—VD—CC	[23，24]
邯钢	120tBOF—LF—RH—CC（200mm×200mm）	[25]
马钢	120tBOF—LF—VD—CC 110tUHP EAF—120t LF—120t RH—CC	[26，27]
攀钢	120tBOF—LF—RH—CC（280mm×350mm）	[28]
西宁特钢	EAF—LF/VD—CC EAF—LF—VD—CC—ESR	[29，30]
北满特钢	AOD—LF—VD—CC 90tBOF—LF—VD—CC（280mm×250mm）	[31-33]

普通民用轴承钢采用电炉或转炉（EAF、BOF）+ LF + VD（RH）的生产工艺，国内外对于一些高端轴承钢和军用轴承钢，还需要通过电炉冶炼 + 电渣重熔工艺（EAF + ESR）[30]、或采用真空感应 + 真空自耗的双真空（VIM + VAR）或多次真空自耗等工艺，来进一步提高轴承钢的冶金质量[7]。电渣法是从 1940 年美国霍普金斯的一项专利中发展起来的，60 年代初我国掌握了这项技术，并建立了工业电渣炉。电渣重熔法与真空自耗电弧熔炼相比，更具适应性和灵活性，精炼渣系和炉型选择范围广。电渣重熔冶炼时，自耗电极尖端的钢基体熔化后，逐滴穿过液渣层后凝固，夹杂物去除效果很好，尤其在去除大尺寸夹杂物方面具有优势。电渣重熔工艺生产的轴承钢具备良好的抗疲劳性能，主要是因为钢中夹杂物尺寸小且分布均匀。与电炉（或转炉）—LF 精炼—RH（或 VD）—连铸（或模铸）轴承钢生产工艺相比，电渣重熔工艺的生产效率低、成本也远高于常规工艺，因此主要用于生产特殊性能要求轴承钢，如航空、航天需要的极高品质轴承钢。采用真空感应 + 真空自耗电弧炉重熔工艺充分发挥真空感应炉熔炼去除气体、非金属夹杂物及有害元素的能力，获得高纯度的电极；利用真空自耗重熔二

次提纯去除夹杂物能力强、水冷结晶器快速凝固及避免耐火材料玷污的特点，可获得高纯度、高致密度及化学成分和显微组织均匀的轴承钢。如图1-8 所示，美国 Latrabe Steel 公司用该方法熔炼航空发动机高温轴承钢 M-50，疲劳寿命 L_{10} 比电炉 + 真空自耗重熔显著提高[34,35]。图1-9 为 Shimamoto 等对日本神户轴承钢相关研究，利用电解法将使用电子束重熔技术生产的铸锭中夹杂物进行电解分离，发现使用电子束重熔技术后夹杂物数密度显著降低，典型氧化铝夹杂物形貌也发生了变化。分析其原因是夹杂物在熔池中被 C 还原使 Al_2O_3 分解，在高真空度情况下加速反应的进行，使得夹杂物尺寸和数量均减小[36]。

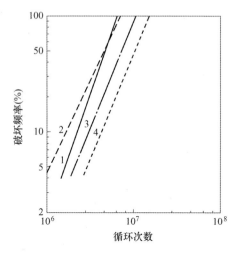

图 1-8　熔炼方法对 M-50 钢滚动疲劳接触寿命的影响[34]

1—电炉 + 真空自耗重熔；2—电炉 + 电渣重熔；
3—真空感应炉 + 电渣重熔；
4—真空感应炉 + 真空自耗重熔

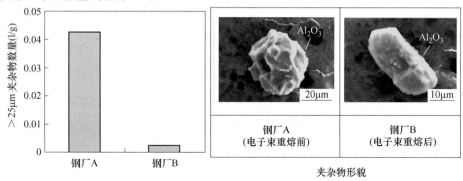

图 1-9　使用电子束重熔技术前后生产的铸锭中夹杂物数密度及形貌对比图[36]

1.3　轴承钢的性能及质量要求

作为一种重要的冶金产品，轴承钢被广泛应用于机械制造、铁路运输、汽车制造、国防工业等领域[37]。机械、铁路、汽车等行业装备能否安全正常地运行，很大程度上取决于轴承等传动部件寿命长短。轴承的工作特点是承受强冲击和交变载荷，要求轴承钢应具备高硬度、均匀硬度、耐磨性、高弹性极限、高接触疲劳强度、抗腐蚀性能等[38,39]。

轴承经表面渗碳处理后表面形成残余压应力，有利于提高轴承寿命及耐冲击

性能。图 1-10 为利用等离子体浸没离子注入与沉积技术（PIIID）在轴承钢表面

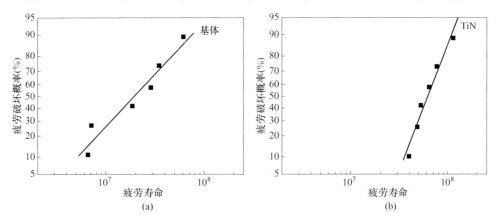

图 1-10　滚动接触疲劳寿命的威布尔图
（a）轴承钢基体试样；（b）TiN 镀膜处理[40]

形成一层 TiN 膜后其疲劳寿命与标准轴承钢试样疲劳寿命对比图。由图中可知，经表面形成一层 TiN 膜处理，轴承钢的疲劳寿命显著提高，原因可能是 TiN 层表面硬度和残余应力均有所提高[40]。图 1-11 为轴承钢经过表面处理和未经表面处理疲劳强度与疲劳寿命的 S-N 曲线。三个试样实验结果均出现水平的过渡应力，随着应力的减小，过渡应力之前为表面疲劳断裂，之后

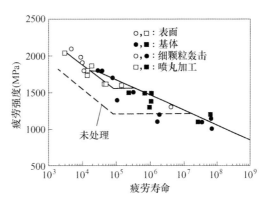

图 1-11　轴承钢旋转弯曲 S-N 曲线[41]

为内部疲劳破坏。细颗粒轰击、喷丸加工和未进行表面处理试样的过渡应力分别为 1800MPa、1550MPa 和 1200MPa。该应力也是表面疲劳极限，可见表面处理可以大大提高试样的表面疲劳寿命，原因是压缩残余应力和表面处理硬化层共同作用结果，也与表面粗糙度有一定关系。而过渡应力以下的内部疲劳寿命三个试样无明显差异，原因可能是内部疲劳破坏起源于夹杂物，是施加压力与残余应力共同作用结果达到疲劳极限导致，与表面处理无关[41-44]。表 1-4 为高碳铬轴承钢 GCr15 常温下的物理性能。一般高碳铬轴承钢用于制造承受冲击负荷较大的轴承，如轧机、重型车辆、铁路机车、矿山机械轴承。为适应化工、石油、造船、食品工业等的需要而发展起来的不锈耐蚀轴承钢，用于制造在腐蚀环境下工作的轴承及某些部件，不锈耐蚀轴承钢主要有中、高碳马氏体不锈钢、奥氏体不锈

钢、沉淀硬化型不锈钢等。随着航空、航天工业的发展，轴承的工作温度越来越高，高温轴承钢不断发展起来[35]。

表 1-4　GCr15 钢常温下的物理性能[35]

硬度 HV	抗拉强度（MPa）	纵向弹性模量（MPa）	平均线膨胀系数（℃$^{-1}$）	密度（g·cm^{-3}）	材料热处理
772	1569～1861	2.1×10^5	1×10^{-6}	7.85	淬火

为满足以上性能，对轴承钢的成分均匀性、洁净度水平（夹杂物质量分数、类型、尺寸、分布）、抗腐蚀性等都提出了很高的要求[45-50]：

（1）洁净度。钢的洁净化是钢材的发展方向，也是当代冶金工作者追求的目标。洁净钢并没有一个具体的定义，对于不同的产品，洁净度要求不同。非金属夹杂物的成分、尺寸、形貌和分布对轴承钢的性能有重要的影响。轴承钢中的非金属夹杂物，破坏了金属的连续性，在轴承工作过程中所产生的交变应力的作用下，易引起应力集中，成为疲劳裂纹源，降低轴承钢的疲劳寿命[51-54]。夹杂物作为裂纹的发源地，对金属的延伸率、断面收缩率等塑性指标影响较大，铝脱氧轴承钢中夹杂物包括 Al_2O_3、$MgO \cdot Al_2O_3$、钙铝酸盐、及 MnS 和 TiN 等。如图 1-12 所示，轴承钢的接触疲劳寿命随着单位体积内夹杂物长度的增加而呈现降低的趋势[7]。轴承钢中溶解氧很少，钢中的氧大部分以氧化物形式存在，所以钢中氧化物夹杂的含量基本上和钢中氧含量成正比[55]，国外先进

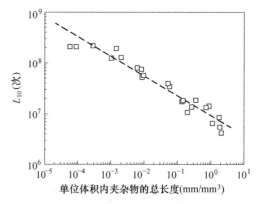

图 1-12　夹杂物对轴承钢接触疲劳寿命的影响[7]

钢铁企业（瑞典 SKF[56]，日本山阳、神户、大同[15]）目前可将钢中全氧质量分数稳定控制在 0.0005% 以下。

（2）均匀性。轴承钢的组织均匀性可分为低倍组织均匀性和高倍组织均匀性。低倍组织的检验内容一般是钢锭及坯料的偏析、疏松、缩孔、气泡、夹杂、白点、裂纹、折叠等宏观缺陷。高倍组织均匀是指钢在退火后不出现网状碳化物、带状碳化物和碳化物液析等[57]。

在钢中夹杂物很低的情况下，碳化物对轴承钢性能的影响显得更为突出。高碳铬轴承钢中碳化物的不均匀性主要表现为：碳化物液析、碳化物带状、碳化物网状。当马氏体基体组织中含碳量为一定值时（一般为 0.4%～0.5%），碳化物颗粒平均粒度越小则疲劳寿命越高，如表 1-5 所示，随着淬回火后碳化物颗粒尺寸的减小，疲劳寿命提高。因此，轴承钢中碳化物颗粒细小，形状规则且均匀分

布时，钢材各项性能较好；而存在粗大的碳化物时，钢的淬硬性、转动疲劳寿命等均有恶化。目前针对轴承钢碳化物不均匀的改善措施主要是在加热炉中提高均热温度、延长保温时间等[58]，通过降低钢中的树枝状偏析程度，以达到消除碳化物液析、改善碳化物带状和碳化物网状不均匀性的目的[58,59]。在高碳铬轴承钢中添加适量的稀土元素有助于减轻生成碳化物的合金元素的偏析程度。在轴承钢中添加适量的稀土元素 Ce 生成弥散的孕育剂能够促进凝固组织形成等轴晶，从而降低其他合金元素在轴承钢中的偏析程度[60]。采用电磁搅拌技术可以增加铸坯的等轴晶比例，减轻中心偏析，改善铸坯的表面质量，减少缩孔疏松，使钢坯凝固时组织更趋于均匀化。

表 1-5　淬回火后碳化物颗粒大小对疲劳寿命的影响[35]

碳化物平均直径（μm）	疲　劳　寿　命	
	L_{10}（次）	L_{50}（次）
0.785	0.49×10^6	6.0×10^6
0.655	0.86×10^6	8.0×10^6
0.090	4.00×10^6	13.0×10^6

（3）抗腐蚀性。由于轴承钢工作环境的复杂恶劣性，往往要求其有一定的抗腐蚀性能。对于不锈轴承钢来讲，主要是致力于耐蚀性和耐热性好的多用途化的马氏体不锈钢的开发。不锈轴承钢主要为适应化工、石油、造船、食品工业等的需要而发展起来的，用于制造在腐蚀环境下工作的轴承及某些部件，也可用于制造低摩擦、低扭矩仪器、仪表的微型精密轴承。对于高温轴承钢来讲，重点是航空、宇航等领域的高温用轴承钢的开发。研究表明，B、N、Cr、Mo 等离子注射对 GCr15 轴承钢抗腐蚀性能有所提高[61]。Cr、Mo 是通过生成氧化膜钝化作用来达到耐蚀目的。研究表明，轴承钢中 Cr 对于钢热处理过程中渗碳体球化、碳化物的均匀性方面有重要作用[1]。回火热处理也能提高轴承钢的抗腐蚀能力。此外，注入轻稀土 Ce、Nd 和惰性元素 Ar 也可以提高轴承钢的耐蚀性[62]。

2　轴承钢中的非金属夹杂物

2.1　非金属夹杂物分类

按夹杂物尺寸分类[63]：按夹杂物的尺寸大小可将夹杂物分为亚显微夹杂（ <1μm ）、显微夹杂（ 1～100μm ）、大型夹杂（ >100μm ）。对亚显微夹杂的研究还不多，一般认为它是无害的；显微夹杂多是脱氧产物，其对钢材的疲劳性能、断裂韧性有很大影响，其含量同钢中氧含量有明显的对应关系；大型夹杂物在钢中数量很少，多为外来夹杂物或钢水二次氧化时生成的夹杂物，虽然只占钢中夹杂物总体积的1%，但危害极大。

按夹杂物来源分类[63]：按夹杂物的来源可将夹杂物分为内生夹杂物和外来夹杂物。内生夹杂物主要是脱氧产物和冷却凝固析出相，这类夹杂物不可能完全去除，这类夹杂物分布比较均匀，颗粒一般比较细小，如果其以固态形式存在于钢液中，则多为几何外形；如果以液态形式存在于钢液中，多呈圆形；如果形成较晚大多沿初生晶粒的晶界分布，呈颗粒状或薄膜状。外来夹杂物主要是耐火材料、熔渣等在钢水的冶炼、运送、浇注等过程中进入钢液并滞留在钢中而形成的夹杂物。外来夹杂物有一些特性，尺寸大且经常位于钢的表层，外来夹杂物通常为复合成分、多相结构；外来夹杂物因为尺寸较大，易于上浮去除，故不同于小夹杂物的均匀弥散，它多分布在表层附近。

按夹杂物化学成分分类[63]：氧化物系夹杂物包括简单氧化物（FeO、MnO、Al_2O_3、SiO_2等）和复合氧化物（硅酸盐、尖晶石、钙铝酸盐等）；硫化物主要来源于硫与钢中的［Ca］、［Fe］反应，夹杂物主要是FeS、CaS、MnS等；氮化物系夹杂物有TiN、Al_2N_3、VN等。

为了便于用标准评级图谱显微检验法测定轧材或锻材中的非金属夹杂物，GB/T 10561—2005 依据夹杂物的形态和分布把夹杂物分为五类：A 类（硫化物类），具有高的延展性，有较宽范围形态比（长度/宽度）的单个灰色夹杂物，一般端部呈圆角；B 类（氧化铝类），大多数没有变形，带角的，形态比小（一般小于3），黑色或带蓝色的颗粒，沿轧制方向排成一行（至少有 3 个颗粒）；C 类（硅酸盐类），具有高的延展性，有较宽范围形态比（一般大于3）的单个呈黑色或深灰色夹杂物，一般端部呈锐角；D 类（球状氧化物类），不变形，带角或圆形的，形态比小（一般小于3）黑色或带蓝色的，无规则分布的颗粒；Ds

类（单颗粒球状类），圆形或近似圆形，直径大于 13μm 的单颗粒夹杂物。

图 2-1 为 Ascometal 钢厂对于轴承钢中夹杂物的评估技术及其检测极限和检查体积，包括发射光谱分析、金相法、超声波探伤等。其中 OES-PDA 方法检测夹杂物尺寸在 1～10μm，是一种表面检测方法；金相法包括光学和扫描电子显微镜分析，也是一种表面检测方法，分析夹杂物尺寸在 1～20μm；超声波探伤技术可以检测相对较大体积试样中的夹杂物，US2～5MHz 可以检测尺寸大于 1mm 的夹杂物，US10MHz 可以检测尺寸为 0.1～1mm 的夹杂物，US80MHz 可以检测尺寸为 15～100μm 的夹杂物，US80MHz 检测尺寸最接近对轴承钢疲劳寿命有害的临界尺寸。另外，除了该钢厂应用的几种夹杂物检测方法，电磁法、Micro-CT 法等也作为钢中夹杂物检测的重要手段[64]。图 2-2 为 Ascometal 钢厂生产 52100 轴承钢中夹杂物类型，主要包括硫化物（MnS）、一些氮化物（AlN）和少量氧化物，氧化物尺寸较小，多数被硫化物包裹，成分多数为镁铝尖晶石[65]。

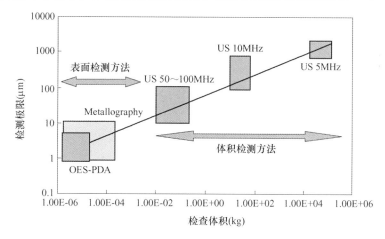

图 2-1　Ascometal 钢厂的夹杂物评估技术及其检测极限和检查体积[65]

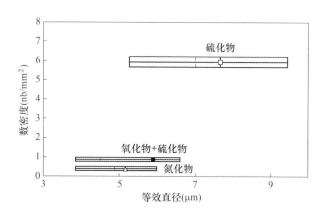

图 2-2　52100 轴承钢试样中观察到的显微夹杂物数量[65]

2.2　夹杂物对轴承钢质量的影响

轴承钢接触疲劳是滚动轴承在接触应力长时间反复作用下表面产生针状或痘状凹坑、麻点剥落所引起的一种疲劳剥落的损坏现象。轴承钢常用疲劳强度与疲劳寿命的S-N曲线表示其抗疲劳破坏能力。悬臂梁旋转弯曲实验得到的S-N曲线由位于短寿命区的表面破坏模式和位于长寿命区的内部破坏模式的两条曲线组成，两条线间出现水平的平台过渡应力，该应力也是表面破坏疲劳极限，值的大小与表面粗糙度和表面残余应力有一定关系。表面处理可以大大提高试样的表面疲劳寿命，原因是压缩残余应力和表面处理硬化层共同作用结果。而过渡应力以下的内部破坏模式源于夹杂物，不受表面条件的影响，是材料的固有特性。但Akiyoshi 等近期用概率模型解释了在低应力水平，高循环周数情况下也可以发生表面疲劳破坏[66]。图 2-3 为对近几十年来研究悬臂梁旋转弯曲实验中轴承钢 S-N曲线的总结，趋势大致相同，分为表面破坏和内部破坏两种模式，表面破坏疲劳极限为 1200 ~ 1400MPa。图 2-4 为近几十年来研究轴向载荷实验中轴承钢 S-N 曲线的总结，同理，疲劳破坏可以分为表面破坏和内部夹杂物诱导破坏。在较高载荷情况下，表面破坏更易发生，内部破坏更倾向于发生在低载荷情况下。因此，S-N 曲线本质上是双 S-N 曲线，分别由表面破坏和内部破坏两部分组成。但与悬臂梁旋转弯曲实验得到的 S-N 曲线相比，轴向载荷 S-N 曲线平台过渡期不是很明显，疲劳应力与旋转弯曲实验相比更小[67-69]。

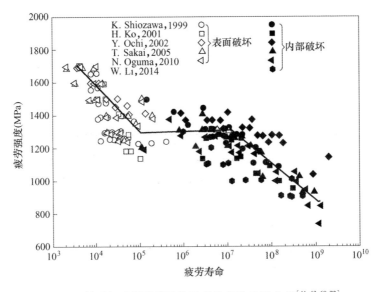

图 2-3　轴承钢试样悬臂梁旋转弯曲实验 S-N 曲线[41,43,69-72]

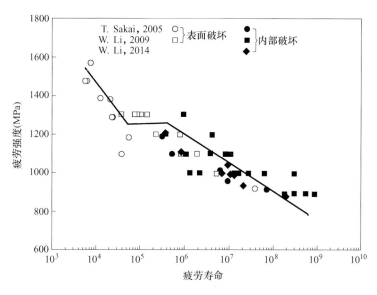

图 2-4 轴承钢试样轴向载荷实验 S-N 曲线[67-69]

关于疲劳极限 σ_w 的大小由哪些因素决定，前人有的认为由夹杂物化学成分和形状决定，Murakami 等认为夹杂物尺寸 $\sqrt{Area}$ 是很重要的参数。经验上我们可以知道，钢的疲劳强度由其显微组织的硬度（HV）决定[73]。对于 $HV < 400kgf/mm^2$，则疲劳极限 $\sigma_w = 1.6HV$；对于 $HV > 400kgf/mm^2$，则疲劳寿命由夹杂物尺寸 $\sqrt{Area}$，夹杂物位置和钢基体的硬度 HV 共同决定（图 2-5）。Murakami 等根据夹杂物所在位置，将疲劳极限分为三种类型：（1）表面夹杂物；（2）与表面接近的夹杂物；（3）内部夹杂物[74]。三种类型疲劳极限表达式整体相似，可由 $\sigma_w = C(HV + 120)(\sqrt{Area})^{1/6}$ 表示，只是系数 C 不同（图 2-5）。村上敬宜等[75,76]研究，该表达式为 $\sigma_w = C(HV + 120)(\sqrt{Area})^{1/6}\left(\dfrac{1 - R}{2}\right)^{\alpha}$，其中 R 为应力比，α 值与硬度相关。

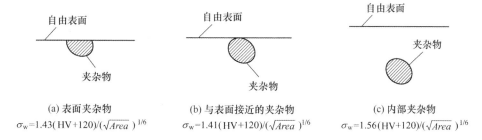

(a) 表面夹杂物
$\sigma_w = 1.43(HV+120)/(\sqrt{Area})^{1/6}$

(b) 与表面接近的夹杂物
$\sigma_w = 1.41(HV+120)/(\sqrt{Area})^{1/6}$

(c) 内部夹杂物
$\sigma_w = 1.56(HV+120)/(\sqrt{Area})^{1/6}$

图 2-5 疲劳极限 σ_w 表达式及夹杂物位置示意图[74]

2.2.1 夹杂物影响轴承钢质量的作用机理

夹杂物对钢质量的危害，主要是影响到钢的疲劳寿命和韧性，从而进一步影响到设备的安全性及稳定性。夹杂物对钢质量的影响因素主要从以下三个方面分析：

（1）钢中每类夹杂物的热膨胀系数各不相同，多数情况下夹杂物的膨胀系数比奥氏体要小。因此，在后续冷却过程中会产生不同于基体的张应力和压应力而导致破坏的出现。即使在夹杂物的热膨胀系数与钢基体相差不大的情况下，残余应力的分布没有多大的危害，但是会导致夹杂物与基体分离，产生自由表面。由于压入或挤出的缺陷更易于存在于自由表面，这种自由表面比存在正常压缩应力的夹杂物-基体界面对滚动接触疲劳裂纹的形成更敏感[77]。

（2）夹杂物大都是脆性的，由此会产生裂纹而导致钢中应力集中并发展。即使存在单一的不破碎夹杂物，也可能导致机械性能的不均匀从而改变局部的应力分布，进一步影响钢的疲劳寿命[78]。图 2-6 为钢中非金属夹杂物引起疲劳裂纹导致轴承工作面剥落的照片。图 2-7 为 SCM435 钢中夹杂物周围出现裂纹的图片，其中（a）为短寿命，（b）~（d）为长寿命[79]。图 2-8 为 S. Moghaddam 等研究夹杂物引起轴承钢疲劳破坏过程，夹杂物引起裂纹产生过程常伴随着基体组织的改变，夹杂物

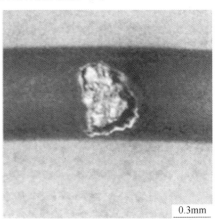

0.3mm

图 2-6 轴承工作面剥落照片[5,83]

周围可以看到典型的"飞蝴蝶"现象。夹杂物周围"飞蝴蝶"的产生可能作为裂纹扩展的起点，当裂纹扩展达到表面时，导致钢材的疲劳破坏[80]。Tricot 等[81] 研究过程曾观察到 2 个和 4 个蝴蝶翼的现象（图2-9）。图 2-10 为 Sakai 等研究轴承钢悬臂梁旋转弯曲实验时，断裂面的 SEM 照片，发现断裂表面"鱼眼"是由内部夹杂物诱导产生，在夹杂物诱导裂纹产生位置处经常可以观察到粗糙区域，用高倍数 FE-SEM 观察此区域为细颗粒区（FGA），该颗粒区厚度大约 40nm。细颗粒区与钢基体存在显微脱离现象，这些显微脱离为疲劳裂纹萌生提供了条件。因此，最终在显微脱离之上通过成核和聚集而形成了细颗粒区[71]。关于该颗粒区的形成，Shiozawa 等通过断裂表面形貌分析的方法建立了该区域的球形碳化物弥散聚集模型[82]。T. Sakai 等还研究发现 GCr15 轴承钢试样在高周循环实验过程内部裂纹扩展分为三个阶段：小裂纹在细颗粒区（FGA）扩展；裂纹在细颗粒区（FGA）以外的鱼眼区稳定扩展；裂纹在鱼眼区以外的不稳定扩展。其内部应力强度因子的临界值由内部夹杂物尺寸决定，轴承钢寿命的 90% 以上消耗在第一阶段[68]。

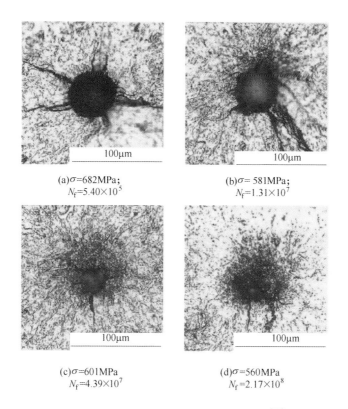

(a)σ=682MPa；
N_f=5.40×10^5

(b)σ= 581MPa；
N_f=1.31×10^7

(c)σ=601MPa
N_f=4.39×10^7

(d)σ=560MPa
N_f=2.17×10^8

图 2-7　夹杂物周围深色区域裂纹起源图[79]

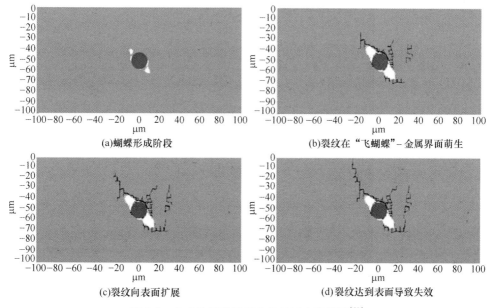

(a)蝴蝶形成阶段

(b)裂纹在"飞蝴蝶"–金属界面萌生

(c)裂纹向表面扩展

(d)裂纹达到表面导致失效

图 2-8　夹杂物导致疲劳失效的四个阶段[80]

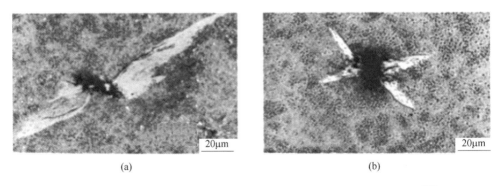

图 2-9　Tricot 等观察到的轴承钢中双翼（a）和四翼（b）飞蝴蝶现象[81]

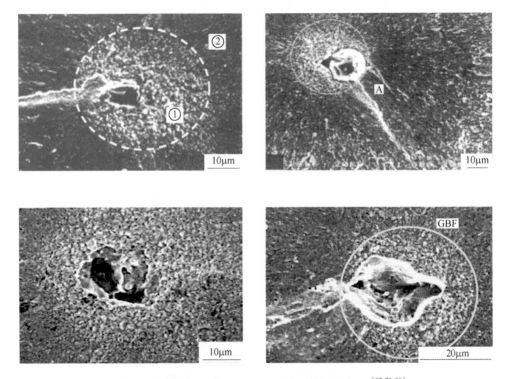

图 2-10　轴承钢试样断裂面鱼眼及细颗粒区 SEM 图[67,71,86]

　　Shiozawa、Sakai 等还发现夹杂物在断裂表面以下夹杂物萌生内部裂纹的深度与夹杂物断裂循环数，其疲劳寿命有图 2-11 的对应关系，夹杂物的深度在 300μm 以内，随着深度的增大，疲劳寿命提高。意味着随着施加应力的减小，更深位置的夹杂物更倾向于成为裂纹源[43,67-69,84]。W. Li 等也有类似发现，另外还发现在更深位置处轴向载荷实验试样比悬臂梁旋转弯曲实验试样夹杂物诱导疲劳破坏的可能性更大[69]。夹杂物内部裂纹萌生位置的应力强度因子范围用 ΔK_i 表

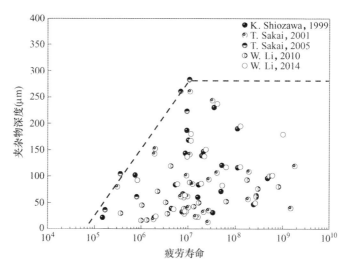

图 2-11 夹杂物深度与疲劳寿命关系图[43,67-69,84]

示，村上敬宜[76]建议其大小用式（2-1）表示：

$$\Delta K_i = 0.5\sigma_{at}\sqrt{\pi\sqrt{A_i}} \tag{2-1}$$

式中，A_i 为夹杂物的面积；σ_{at} 为夹杂物位置处的应力幅值。

图 2-12 为夹杂物内部裂纹萌生位置的应力强度因子范围 ΔK_i 与轴承钢疲劳寿命 N_f 之间的关系图。应力强度因子范围 ΔK_i 在 1～5MPa·m$^{1/2}$ 之间，由图中可以看出该值随疲劳寿命的增加而减小[41,43,67,68]。

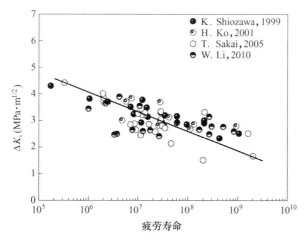

图 2-12 夹杂物应力强度因子 ΔK_i 与疲劳寿命关系图[41,43,67,68]

（3）几乎所有的非金属夹杂物与钢都存在弱的结合界面。在钢的变形处理过程中沿塑性应变方向上，夹杂物存在的界面处会产生不变形张力，这将导致空洞的形成进而影响钢的质量和性能。和钢相比，氧化铝和铝酸钙在钢的变形温度下屈服强度更大，从而更易形成空洞。在超过 5GPa 的接触压力作用下，滚动接触疲劳测试表明：相对和基体一起变形的硅酸盐夹杂来说，出现寿命降低的现象[85]。

2.2.2　夹杂物类型对轴承钢质量的影响

2.2.2.1　不同类型夹杂物对轴承钢疲劳寿命的影响

钢中夹杂物破坏钢基体的连续性，在轴承工作过程中所产生的交变应力的作用下，易于引起应力集中，恶化轴承的使用性能。非金属夹杂物对钢材的抗疲劳性能、延性、韧性、焊接性能、耐腐蚀性能、加工性能等有不良影响[87]。但某些特殊场合，钢中非金属夹杂物也能够起到好的作用，例如，可利用硫化物改善钢材的切削性能，利用钢中细微氧化物、硫化物粒子作为钢固态相变形核的核心，以细化钢材组织，改善钢材强韧性等。铝脱氧轴承钢中主要存在：A 类硫化物夹杂；B 类氧化铝夹杂；D 类球状不变形（钙铝酸盐及镁铝尖晶石夹杂）；T 类钛的碳氮化物。Brooksbank[88]建立了镶嵌应力模型，以解释各种夹杂物对钢材疲劳性能的影响，该模型强调相对热膨胀系数的作用。钢材在加热或冷却过程中，由于钢基体与夹杂物的热膨胀系数不同，在钢中夹杂物或钢中第二相粒子周围将产生镶嵌应力，其大小与钢和夹杂物的膨胀系数及温度有关。镶嵌应力模型很好地解释了硫化锰包裹氧化物夹杂时，能够减小脆性氧化物夹杂危害的原因；也很好地解释了轴承钢中不变形的点状铝酸钙夹杂比氧化铝更有害的原因。

图 2-13 为 100Cr6 轴承钢接触疲劳寿命与夹杂物的关系图，该结果由滚珠轴承钢在接触压力大约为 $2600N/mm^2$ 角接触试验得到。由图中可知，随着钢中氧化物与硫化物的增多，轴承钢疲劳寿命降低[89]。图 2-14 为 Monnot 等[90]研究得到的不同类别夹杂物对轴承钢疲劳破坏性能的影响。尺寸在 $15 \sim 45\mu m$ 范围的 $CaO\text{-}Al_2O_3$ 系球状不变形夹杂对轴承钢疲劳性能影响最大。尺寸在 $4 \sim 10\mu m$ 范围的 TiN 类夹杂物对轴承抗疲劳性能的影响仅次于 $CaO\text{-}Al_2O_3$ 系球状夹杂物。图 2-15 为 T. Ota 等研究最大应力为 $500kg/mm^2$ 情况下疲劳寿命实验结果，不同类型夹杂物对轴承钢疲劳寿

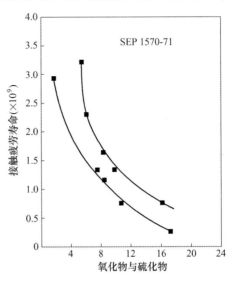

图 2-13　100Cr6 轴承钢接触疲劳寿命与夹杂物的关系[89]

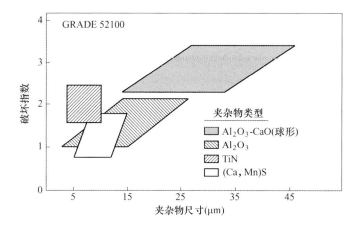

图 2-14 不同尺寸、类别夹杂物对轴承钢抗疲劳性能影响[90]

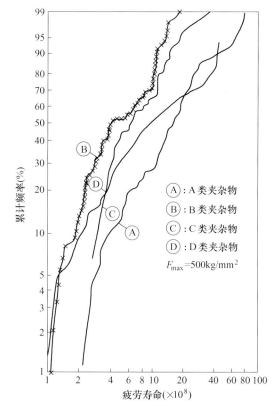

图 2-15 不同类型夹杂物对轴承钢疲劳寿命影响结果图[91]

命的影响。由图中可以看出，A 类硫化物寿命最长，B 类氧化铝寿命最短，B 类和 D 类夹杂物对轴承钢的危害较大[91]。图 2-16 为不同类型夹杂物对轴承钢旋转梁式疲劳寿命的影响结果。由图中可以看出，D 类夹杂的危害远远大于 B 类和 T 类夹杂。

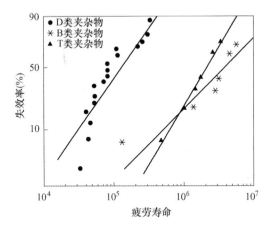

图 2-16　不同类型夹杂物对轴承钢旋转梁式疲劳寿命的影响[4]

　　图 2-17 为轴承钢中不同类型夹杂物与钢基体接触表面二次电子图。由图中可以看出，Al_2O_3、$CaO \cdot Al_2O_3$ 夹杂物与钢基体接触表面出现孔洞现象，而 $Al_2O_3 \cdot SiO_2$、MnS、TiN 夹杂物与钢基体接触表面无孔洞，此现象在一定程度上说明 Al_2O_3、$CaO \cdot Al_2O_3$ 等氧化物夹杂对轴承钢的有害性大于尺寸相近的 $Al_2O_3 \cdot SiO_2$、MnS、TiN 夹杂物。由于夹杂物成分的不同，其与钢基体之间热加工过程表面条件也不同，对轴承钢疲劳寿命影响很大。Shimamoto 等在研究中发现 Si 脱氧轴承钢与 Al 脱氧轴承钢相比，疲劳试验过程夹杂物与钢基体以及夹杂物之间未出现孔洞，而 Al 脱氧轴承钢夹杂与钢基体有明显孔洞出现。虽然 Si 脱氧轴承钢与 Al 脱氧轴承钢相比氧化物夹杂数量和尺寸显著提升，但疲劳寿命却提高几倍，说明孔洞对于钢的疲劳性能有着不利影响[36]。

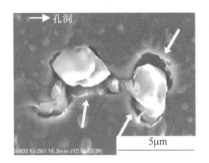

Al_2O_3

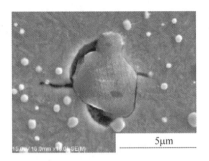

Al_2O_3

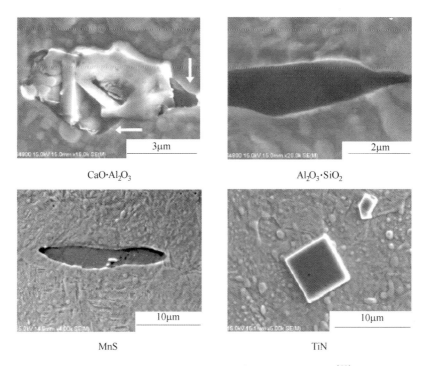

CaO·Al₂O₃ Al₂O₃·SiO₂

MnS TiN

图 2-17 轴承钢中夹杂物与钢基体接触表面孔洞图[85]

2.2.2.2 硫化物对轴承钢质量的影响

固体钢中的硫大多以夹杂物的形式存在，按其在固态钢中存在的形态，硫化物分为四类[92,93]：（1）圆球形状的硫化物夹杂，常常附在球状氧化物夹杂的外层，脱氧不良时产生；（2）单相的接近圆球形的硫化物夹杂，常常在脱氧良好的情况下形成 CaS；（3）链状的硫化物夹杂，常常存在于晶界，是在凝固过程中在晶界偏析而成；（4）薄膜状的硫化物夹杂，常常沿晶界分布，锰含量不高时形成 FeS 薄膜。从 Fe-S 二元相图中可知，硫在液态铁中溶解度很大，而在固态铁中则很低，且随温度的降低而降低。随着温度的降低，析出的 S 和 Fe 形成 FeS，FeS 与 Fe 形成的共晶体熔点更低。所以 FeS 在结晶时沿初生晶粒间界析出，形成包裹铁素体的连续或不连续网状组织，在热加工时由于晶界硫化物熔化而造成钢的"热脆"。为避免"热脆"发生，向钢中加入一定量的锰，形成熔点较高的 MnS。由标准生成吉布斯自由能可知，锰比铁对硫的亲和力更大，当钢中的锰含量很高时，FeS 含量很少，且与 MnS 形成复合硫化物[94]。

硫化物夹杂对轴承钢质量的影响有很大的争议，大致可归纳为三种[95]：

一种观点认为钢中的硫化物夹杂是有益的。因为硫化物夹杂常常是塑性夹杂，对轴承钢的疲劳寿命影响不大。当硫化物夹杂包裹在氧化物表面的时候，能够增大氧化物夹杂的塑性，可以减少氧化物夹杂的危害，硫化物包裹氧化物降低了氧化物诱发破坏的趋势，可能是因为硫化物可以热变形且能调整氧化物与钢基体间的塑性应变不匹配，因此有些学者认为适量的 MnS 夹杂物对钢的性能有利[53,96]。图 2-18 为硫化物包裹氧化铝及镁铝尖晶石形成的复合夹杂，主要是钢液凝固过程 MnS 以 Al_2O_3 夹杂物为异质形核核心形成的。当 Al_2O_3 尺寸较小，则全部包裹如图 2-18（a）所示；如果 Al_2O_3 尺寸较大，则部分包裹如图 2-18（b）所示。

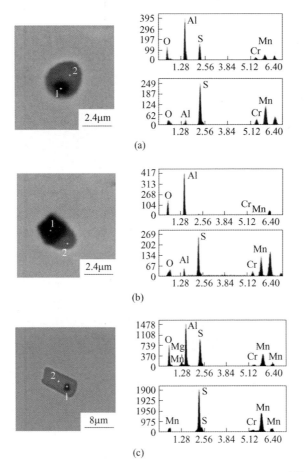

图 2-18　MnS 包裹 Al_2O_3 及 $MgO·Al_2O_3$ 夹杂物形貌及成分[45]

　　另一种观点认为钢中硫化物夹杂是有害的。多数日本学者持这一观点，认为轴承钢中的氧含量越低硫化物夹杂的危害就越大。因为硫容易偏析，即使轴承钢中硫含量不高，但硫化物夹杂的级别并不一定很低。硫化物局部浓度的集中导致低熔化温度的共晶体出现，减弱了钢的热变形能力。各种夹杂物在接触应力很大，如加速试验时都会被认为是裂纹起源处[97]。K. Hashimoto 等[98] 发现细长的硫化物是裂纹的起源，裂纹沿着载荷运动的方向进行扩展[99]。硫化锰引起裂纹沿着载荷运动方向扩展如图 2-19 所示。

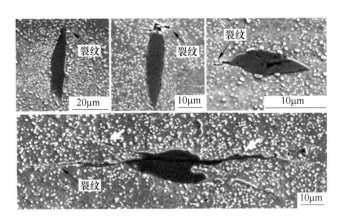

图 2-19 SUJ2-48S 轴承钢中裂纹起源于硫化物的二次电子图[98]

（载荷由左向右运动）

第三观点认为轴承钢的疲劳寿命与硫化物夹杂的含量是毫无关联的。图 2-20 为软硬度不同夹杂物周边应力集中程度图。与尖硬不变形夹杂物相比，在较软的夹杂物（较低熔点夹杂物）与钢基体界面，所受应力集中程度降低，对提高钢的抗疲劳性能有利[100]。

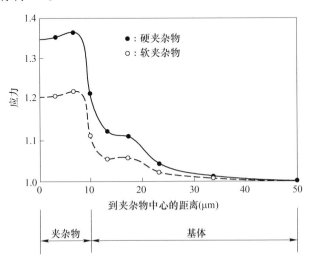

图 2-20 软硬度不同夹杂物周边应力集中程度[100]

硫含量的多少只能代表钢中硫化物夹杂的数量，如图 2-21 所示。随着钢中硫含量增加，轴承钢中硫化物夹杂含量增加，但不能代表其尺寸和分布。这是由于钢中硫含量较低，绝不意味着大颗粒夹杂完全消失，因为钢在凝固过程中，夹杂物存在着聚集、长大的条件。特别是硫化物夹杂，由于硫易偏析，硫化物尺寸与钢液浇注温度等关系更为密切[35]。二次精炼钢的一大特点，是它改变了夹杂物的形态。精炼钢氧化物夹杂的急剧降低，硫化物夹杂的数量相对增加，使得塑性夹杂物在精炼钢中所占的比例相对提高[101]。图 2-22 为轴承钢疲劳寿命 L_{50} 与钢中硫含量及硫化物尺寸的关系图。硫含量越低、硫化物尺寸越小，对应疲劳寿命越长；对于

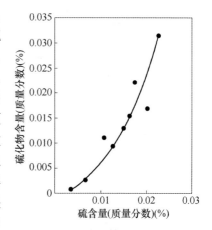

图 2-21　轴承钢中硫化物夹杂含量
与钢中硫含量关系[101]

相同钢种垂直试样（载荷移动方向与硫化物长度方向垂直）是平行试样（载荷移动方向与硫化物长度方向平行）疲劳寿命值的两倍[98]。

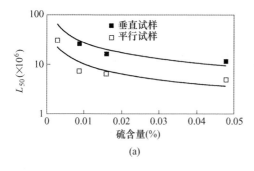
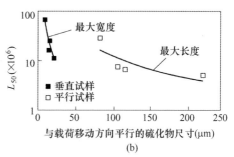

图 2-22　轴承钢 L_{50} 疲劳寿命与硫含量（a）及硫化物尺寸（b）关系图[98]

2.2.2.3　氧化铝夹杂物对轴承钢质量的影响

B 类氧化铝夹杂硬而脆，轧制过程不易变形，轧制后为串状或点状，容易引起应力集中。另外，在浇注过程中容易形成水口结瘤，不仅影响结晶器内钢液的流动模式和流场，还引起结晶器液面严重波动，影响夹杂物的上浮，结瘤物脱落进入钢液会对钢的质量造成影响[102]。图 2-23 为 Al_2O_3 夹杂物形貌，主要呈群簇状。图 2-24 为电子束重熔法冶炼的超洁净轴承钢中 Al_2O_3 夹杂物导致裂纹的图片。图 2-25 为氧化铝夹杂尺寸对疲劳寿命威布尔分布的影响。B1 钢和 B2 钢中主要夹杂物都是氧化铝，B2 钢的氧含量和氧化铝夹杂尺寸均小于 B1 钢，B2 钢的疲劳寿命长于 B1 钢，因此，通过减少钢中氧含量和降低氧化物夹杂尺寸可有效地提高轴承钢的疲劳寿命[85]。图 2-26 为 Y. Susumu 等[103]研究日本山阳生产的

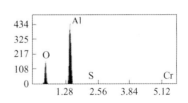

图 2-23 Al$_2$O$_3$夹杂物形貌及成分[45]

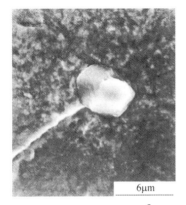

$\sigma = 1053$ MPa; $N_f = 2.03 \times 10^7$

图 2-24 电子束重熔法冶炼超洁净轴承
钢中 Al$_2$O$_3$夹杂物导致表面开裂现象[79]

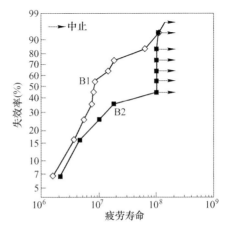

图 2-25 氧化铝夹杂尺寸对轴承钢疲劳
寿命威布尔分布的影响[85]

（B1 钢：O = 30ppm，$\sqrt{Area_{Al_2O_3}} = 51\mu m$；

B2 钢：O = 11ppm，$\sqrt{Area_{Al_2O_3}} = 26\mu m$）

轴承钢中 Al$_2$O$_3$夹杂物数量对轴承钢寿命的影响，由图中可以看出，无论是否进行脱气处理，随着 Al$_2$O$_3$夹杂物含量的增加，轴承钢寿命下降，进行脱气处理可以明显减少 Al$_2$O$_3$夹杂物含量，增加轴承钢的寿命。

铝脱氧钢一是获得低氧含量的钢液，二是保证钢中有合适的 [Al]$_s$，抑制氧化物夹杂粗化趋势[104]。钢液中残留铝量对夹杂物有很大影响，当残铝量过少，会引起球状不变形夹杂物的级别数值增大；当残铝量过大，在出钢和浇注过程由于钢液二次氧化，钢中氧化物级别数值增高。控制钢中夹杂物，应严格控制出钢温度和钢液在钢包中的镇静时间。一般情况下，杜绝 VD 破真空后对钢液喂铝，以防止夹杂物没有充足时间上浮而滞留在钢液中[105]。此外，需要注意钢包、出钢槽等的清洁，以减少外来夹杂物。加入合金时，严格控制 Fe-Si 等合金中 Al、

Ca、Ti、P 杂质含量。Olle Wijk 等[106]研究表明：Al、Ca、Ti、P 主要以金属间化合物形式出现；合金中 Al 含量越高越易生成 Al_2O_3 夹杂。锻轧时增大压缩比，可以改善非金属夹杂物分布和降低夹杂物的级别数值。要求洁净度高的轴承钢，可以采用脱气、真空感应搅拌、电渣重熔等技术。

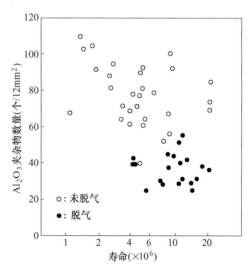

图 2-26　Al_2O_3 夹杂物数量对轴承钢寿命的影响[103]

2.2.2.4　D 类点状夹杂物对轴承钢质量的影响

D 类点状不变形夹杂物是镁铝尖晶石和钙铝酸盐，镁铝尖晶石为渣中或耐火材料中的 MgO 被钢中 [Al] 还原进入钢液，与氧化铝反应生成尖晶石，Ti 元素可以加速耐火材料和渣中 MgO 的溶解，从而含 Ti 轴承钢中更易生成镁铝尖晶石夹杂[107]。此类尖晶石夹杂物虽然不像氧化铝夹杂易聚集成丛簇状，但轧制过程不易变形，对钢质量有害[108]。钙铝酸盐为渣中氧化钙被还原进入钢液，与氧化铝反应生成钙铝酸盐[109,110]，同样作为点状不变形夹杂物，对钢材性能产生不利影响。

图 2-27 为轴承钢中 D 类夹杂的 SEM 照片，主要成分是镁铝尖晶石和钙铝酸盐，含少量 SiO_2 和 FeO。图 2-28 为河北钢铁集团生产的 GCr15 轴承钢缺陷处夹杂物形貌和成分。该夹杂物是以钙铝酸盐为基，并附有少量氧化镁的复合夹杂

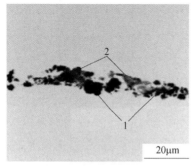

1：70%Al_2O_3-27%MgO-3%FeO
2：89%Al_2O_3-1%MgO-2%FeO-8%CaO

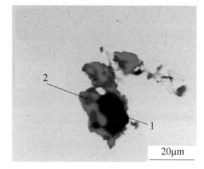

1：70%Al_2O_3-27%MgO-3%FeO
2：52%Al_2O_3-38%CaO-6%SiO_2

图 2-27　轴承钢中 D 类夹杂 SEM 检测结果图[65]

物，夹杂形状不规则、尺寸较大，很容易在随后的轧制过程中造成裂纹等缺陷[20]。图 2-29 为兴澄特钢缺陷处夹杂物形貌及成分，主要是基体中的大颗粒含 Mg-Al-Ca 复合夹杂物引起探伤缺陷[111]。

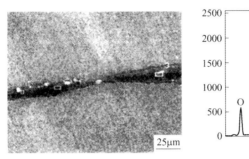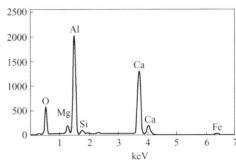

图 2-28 GCr15 轴承钢缺陷处夹杂物形貌及能谱[20]

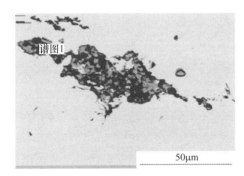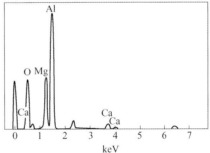

图 2-29 轴承钢缺陷处典型的 $MgO-Al_2O_3$ 夹杂[111]

2.2.2.5 TiN 夹杂物对轴承钢质量的影响

轴承钢中的 TiN 是一种有棱角的脆而硬的夹杂物，棱角易划伤钢基体成为裂纹源，对轴承钢的疲劳寿命造成极大影响[45]。图 2-30 为 S. Fujita 等研究 SAE52100 轴承钢试验过程 TiN 夹杂物[112]，左侧图为 TiN 产生孔洞现象。图 2-31 为 TiN 与 Al_2O_3 形成的复合夹杂物。图 2-32 为钢中氧化物和氮化物夹杂附近局部应力与疲劳寿命的关系。由图可知，平均尺寸 $8\mu m$ 的氮化钛夹杂物与平均尺寸 $25\mu m$ 的氧化物夹杂对疲劳寿命的影响相当。在夹杂物尺寸相同的情况下，TiN 夹杂物的危害作用大于 Al_2O_3 夹杂，控制钢中 TiN 夹杂物是高品质轴承钢的基本要求之一[14]。

2.2.2.6 夹杂物尺寸的影响

在多种夹杂物评级方法中，夹杂物尺寸统计法已作为相当可靠和定量的评级方法[113-116]。轴承钢对夹杂物尺寸的要求很高，Ds 类夹杂为直径大于 $13\mu m$ 的单

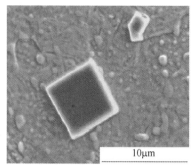

图 2-30　SAE52100 轴承钢中观察到的 TiN 夹杂[85,112]

颗粒夹杂物，大尺寸夹杂物易导致裂纹萌生，是引起轴承钢探伤不合的主要原因[117]。超低氧轴承钢中大型夹杂物数量尽管极少，但所引起轴承疲劳寿命波动会对轴承服役可靠性造成显著影响。为了解决这一问题，山阳特殊钢公司对轴承钢采取了新的控制策略[118]，由以往主要"控制钢总氧含量"转为"控制钢总氧含量 + 控制钢中最大夹杂物尺寸"。山阳特殊钢将既控制总氧又控制最大夹杂物尺寸的轴承钢称为 SP 钢，即超高洁净度钢，2013 年又将其称为高信赖长寿命轴承钢[119]。

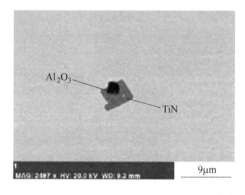

图 2-31　TiN 与 Al_2O_3 形成的复合夹杂物[30]

夹杂物对 GCr15 轴承钢疲劳寿命的影响，一直以来都认为随着夹杂物含量的增加和尺寸的增大，疲劳寿命是逐渐降低的。点状夹杂物尺寸对疲劳寿命的影响如图 2-33 所示。随着点状夹杂物尺寸增大，轴承钢疲劳寿命降低，特别是夹杂物尺寸大于 $13\mu m$，轴承钢疲劳寿命显著降低。图 2-34 为 J. Monnot 等研究氧化物夹杂尺寸平均值与轴承钢旋转弯曲实验疲劳极限关系图。图上点是

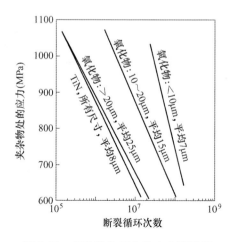

图 2-32　氧化物和氮化物夹杂附近局部应力与疲劳寿命的关系[14]

很长一段时间从不同资源总结得到的，高的疲劳极限（≥800MPa）由法国 Fos-Sur-Mer（滨海福斯）钢厂得到，该条件氧化物尺寸小于 20μm 可引起疲劳破坏，整体趋势上随着夹杂物尺寸平均值的增大，轴承钢旋转弯曲疲劳寿命降低[120]。图 2-35 为 T. Lund 等研究的导致疲劳破坏的氧化物尺寸分布。夹杂物尺寸在几微米至 100μm 范围内最易导致疲劳破坏，随着夹杂物直径的增大，疲劳破坏的概率增加[121]。T. Ota[91] 也做过类似研究，图 2-36 和图 2-37 为夹杂物总长度与轴承钢疲劳寿命关系。图 2-36 为大尺寸氧化物（$d>10\mu m$）的总长度与疲劳寿命关系图。L_{50} 和 L_{10} 趋势相同，随着夹杂物总长度的增加，轴承钢疲劳寿命降低。图 2-37 为 B 类氧化铝夹杂（宽度大于 3μm）的总长度与疲劳寿命关系图。与大尺寸氧化物相似，随着夹杂物总长度的增加，轴承钢疲劳寿命降低。图 2-38 为 H. Yamada 等研究的硬化轴承钢疲劳寿命与夹杂物平均长度的关系。由图可见，随着夹杂物平均长度的增加，轴承钢疲劳寿命下降[122]。

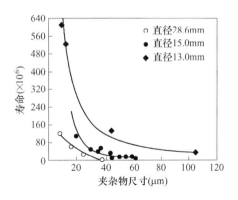

图 2-33 点状夹杂物尺寸对疲劳寿命的影响[123]

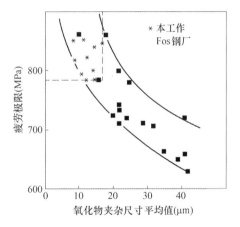

图 2-34 氧化物夹杂尺寸平均值与轴承钢旋转弯曲实验疲劳极限关系图[120]
（每个点代表一个炉号）

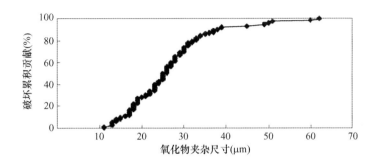

图 2-35 导致疲劳破坏氧化物夹杂的尺寸分布[121]

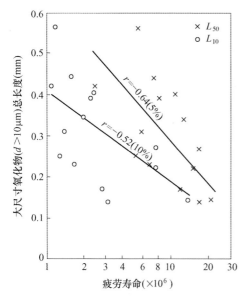

图 2-36　大尺寸氧化物（$d>10\mu m$）的
总长度与轴承钢疲劳寿命的关系[91]

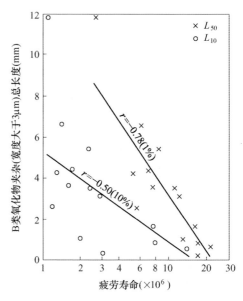

图 2-37　B 类氧化物夹杂（宽度大于 $3\mu m$）
的总长度与轴承钢疲劳寿命的关系[91]

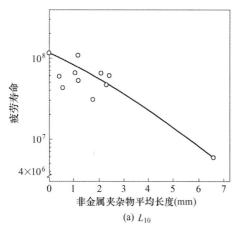

(a) L_{10}

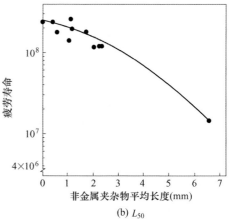

(b) L_{50}

图 2-38　硬化轴承钢疲劳寿命与夹杂物平均长度的关系图[122]

　　目前，国内高水平特殊钢厂在轴承钢冶金质量控制方面的最大难题是：即便实现了超低氧含量控制，但钢中较大尺寸的不变形 Ds 类夹杂物仍难以达标。分析原因可能是 RH 真空精炼时间较短，没有充分发挥 RH 精炼去除夹杂物的作用；连铸过程二次氧化控制不严，国内特殊钢厂大多数仍采用生产普钢用中间包封闭结构，包内难以维持非氧化性气氛，浇注过程尤其开浇阶段，有较严重二次氧化；采用弧形连铸机，在铸坯内弧侧大型夹杂物数量多。对文献轴承钢中大尺寸夹杂物成分和尺寸进行总结，结果如表 2-1 所示。

表 2-1　轴承钢中大尺寸夹杂物总结

企业	主要夹杂物及尺寸	改进工艺	年代	文献
日本山阳	镁铝尖晶石与钙铝酸盐复合态，个别包裹（Mn，Ca）S，尺寸大于 10μm	LF 合适的搅拌工艺；防止精炼渣卷入，增加 RH 脱气时间；防止中间包覆盖剂污染	1996	[15]
法国 Ascometal	主要是 Al_2O_3、MgO，少量 CaO、SiO_2，尺寸大于 15～20μm	连铸过程减少保护渣卷入；选择性能好的耐火材料，减少剥落	2007	[65]
瑞典 Ovako	丛簇状 Al_2O_3 和镁铝尖晶石，尺寸为几十微米	控制浇注过程外来污染及二次氧化	1998	[121]
石钢	铝酸盐，少量氧化镁的复合夹杂，形状不规则，尺寸大于 25μm	加强 LF 精炼过程渣控制；优化精炼后期配电、氩气搅拌和碳化硅加入制度；优化软吹工艺，提高软吹效果；控制钢液中的铝含量；使用碱性低钛覆盖剂，加强保护浇注	2013	[20]
兴澄特钢	含镁的铝酸钙，有时外边包裹有少量的硫化钙、硫化锰	精炼渣的选择；良好的保护浇注；选用优质耐火材料	2008	[125]
兴澄特钢	镁铝尖晶石与钙铝酸盐复合态，个别包裹 CaS，尺寸大于 30μm	控制钢中的［Al］、［Ca］、［O］含量；控制渣系的成分	2007	[19]
兴澄特钢	大颗粒镁铝尖晶石与少量 CaS 和 MnS 复合夹杂，尺寸为 50～100μm	提高中间包耐火材料指标和质量	2015	[111]
湖北新冶钢	初期脱氧夹杂：SiO_2、Al_2O_3、MnO 和 TiO_2 复合，尺寸为 10.9～40.8μm；精炼内生夹杂：CaO、MgO、Al_2O_3 复合，尺寸为 4.1～107.5μm；卷渣夹杂物，尺寸为 11～71.8μm	避免钢水过氧化，降低钢中 T.O，避免大量产生脱氧夹杂；尽可能避免钢渣反应，如采用 RH 和无渣浇注工艺，或降低 LF 炉渣还原势，避免大量产生内生夹杂；合理调整钢水搅拌强度，避免发生严重卷渣或大量生成内生夹杂	2015	[126]
北满特钢	中心为钙铝酸盐复合氧化物，外面包裹 CaO，尺寸为 13～71.9μm	控制 VD 过程真空度和氩气流量，防止钢包渣的卷入	2016	[32]
杭钢	球形 Al_2O_3 系夹杂，尺寸 100μm；含 K 块状夹杂，尺寸为 300～1000μm	适当延长软吹时间，促进大型夹杂物上浮；适当减小电磁搅拌强度，防止结晶器保护渣卷入铸坯	2014	[109]

企业	主要夹杂物及尺寸	改进工艺	年代	文献
大冶特钢	以氧化铝夹杂为主，另有少量的氧化镁、氧化钙和硫化锰等，尺寸为 $100 \sim 500 \mu m$		2011	[127]

大尺寸夹杂物来源可能有以下几种原因：精炼过程仍有少量较大尺寸夹杂物未由钢液中去除，这也是山阳特殊钢等日本特殊钢厂近年来采用更加"极致"工艺装备，以增强夹杂物去除效果为重点，实现夹杂物"小径化"主要原因；微小夹杂物被凝固前沿"捕捉"或"推动"与凝固前沿推进速度（凝固速度）和夹杂物尺寸有关，凝固速度越慢，夹杂物尺寸越小，夹杂物越容易被凝固前沿"推动"至中心区域，最终聚合成大尺寸夹杂物；钢液中微小夹杂物聚合还与夹杂物与钢液之间表面张力有关，与液态夹杂物相比，高熔点固态夹杂物与钢液之间表面张力大[124]，更易聚合为大尺寸夹杂物；超低氧轴承钢钢液中存在 $MgO \cdot Al_2O_3$、$CaO \cdot 2Al_2O_3$、$CaO \cdot 6Al_2O_3$ 等微小夹杂物粒子，由于熔点高和与钢液间表面张力较大，这些夹杂物粒子在连铸过程会在浸入式水口内壁粘结堆积，当水口内壁夹杂物堆积到一定程度时，有可能被钢水流冲落，进入结晶器钢液中被坯壳捕捉成为大型夹杂物；钢水精炼特别是连铸过程，耐火材料、精炼渣、覆盖渣、保护渣等颗粒进入钢液并保留至铸坯中，会成为钢中大型非金属夹杂物。

图 2-39 为 Ascometal 钢厂轴承钢中内生和外来夹杂物分布曲线及夹杂物评估方法图。由图中可以看出，内生夹杂物等效直径约为 $1 \mu m$ 至几十微米，它们或多或少符合显微夹杂物，夹杂物的数量与尺寸之间服从对数正态分布。对于外来夹杂物，尺寸分布曲线向大尺寸方向移动，夹杂物对轴承钢疲劳寿命有害的标准尺寸为 $10 \sim 20 \mu m$，这个尺寸范围存在于内生夹杂物分布曲线的结尾处以及外来夹杂物分布曲线的开始处。

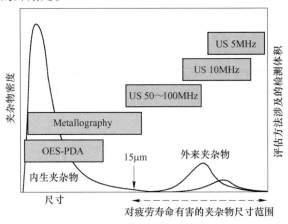

图 2-39　Ascometal 钢厂轴承钢中内生和外来夹杂分布曲线及夹杂物评估方法图[65]

2.3　钢中杂质元素对轴承钢中夹杂物的影响

钢中的化学成分直接影响到钢的物理、化学和机械等性能。严格控制钢中的化学成分，再通过热加工工艺等方法，可以获得满足相应要求的组织和结构。不同杂质元素在不同用途的钢种中所起的作用是不一样的。硫在易切削钢中可以有效提高切削加工性能，但是在一般钢中却被视为有害杂质元素；在轴承钢、弹簧钢中钛是危害性很大的杂质元素，对钢的疲劳寿命影响很大，但是在含钛齿轮钢中钛是作为微合金化元素来使用的，加入少量的钛可以增加碳化物的形成，抑制奥氏体晶粒粗大，大大提高使用性能；氮在不锈钢和热轧带肋钢筋中可以替代一部分钒合金，起到固溶强化和弥散强化作用，提高强度，但在一般钢中都是以有害杂质元素形式存在的，影响疲劳寿命[128]。

普通 GCr15 轴承钢成品成分波动较大，有害杂质元素含量较高（P:0.015%~0.025%,S:0.005%~0.010%,Ti:0.0035%~0.0060%,T.O:0.0007%~0.0010%），使用性能不稳定，疲劳寿命短。而高洁净度 GCr15 轴承钢的化学成分采用高 Cr、低 P、S、Ti、O 的控制原则。高 Cr 的设计主要是为了得到较高的淬透性，使组织均匀，并增加回火稳定性。低 P、S 是为了得到较高的塑韧性，以及降低偏析。低 O、Ti 是为了减少氧化物夹杂和含钛夹杂的产生，提高疲劳寿命[128]。钢中全氧、残余钙含量以及钛含量三者之和与成品夹杂物评级之间的关系如图 2-40 所示。随着全氧、残余钙含量以及钛含量三者之和的增大，夹杂物评级增高。

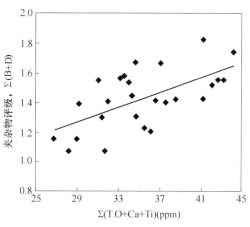

图 2-40　钢中 T.O、Ca 和 Ti 之和与夹杂物评级的关系[26]

2.3.1　钢中氧含量对轴承钢中夹杂物的影响

钢中氧含量的增加会降低钢材的延性、冲击韧性和抗疲劳破坏性能，提高钢材的韧-脆转换温度，降低钢材的耐腐蚀性能等。此外，含氧高的钢材还容易发生时效老化，在高温热加工时由于晶界处的杂质偏析形成了低熔点钢膜，还会导致钢产生热脆。钢中氧含量与钢中氧化物夹杂有一定的对应关系，对钢的性能和疲劳寿命有重要影响，因此，炉外精炼一个很重要的任务就是脱除钢中的氧，减少氧化物夹杂含量。

　　在 20 世纪 70 年代以前，国内外主要使用无脱气冶炼，钢中的氧质量分数高达 30 ~ 40ppm；70 年代到 90 年代以脱气钢为主，钢中氧质量分数已经降到 15ppm；90 年代后期由于三脱工艺与真空脱气技术的联合应用，钢中的氧质量分数可以降到 10ppm 以下。到了 21 世纪的今天，国外发达国家钢中氧质量分数已经可以降低到 5ppm 以下，钢中的夹杂物含量得到大幅度降低，分布更加均匀，尺寸更加细小。图 2-41 为日本几十年来氧含量变化情况，1973 年下降至 10ppm。山阳特殊钢不同工艺流程生产轴承钢中氧化物夹杂物尺寸与数量如图 2-42 所示。由图中可知，随着氧含量的减少，夹杂物数量也相对减少。传统工艺氧含量为 6 ~ 7.5ppm，出现了尺寸大于 15μm 的夹杂物；而新精炼工艺生产的轴承钢氧含量为 3 ~ 5.2ppm，对应夹杂物尺寸小于 10μm。日本山阳特殊钢公司生产轴承钢疲劳寿命与总氧含量关系如图 2-43 所示。随着生产工艺技术进步，钢总氧含量由 25ppm（20 世纪 60 年代）降低至 5ppm 左右（1985 年后），轴承钢的接触疲劳寿命（L_{10}）由 1.5×10^6 提高至 4.5×10^7，增加了 30 倍左右。

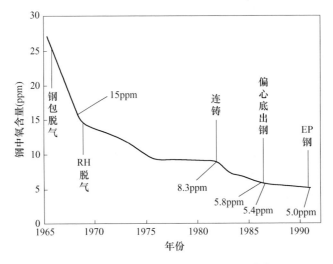

图 2-41　日本轴承钢中氧含量的变化[83]

　　钢的脱氧方式主要有三种，分别为扩散脱氧、沉淀脱氧和真空脱氧。对国内外钢铁生产企业所生产轴承钢 T. O 含量进行总结，结果如表 2-2 所示。国外瑞典、日本生产的轴承钢洁净度方面达很高水平。

　　沉淀脱氧是选用与氧亲和力比铁与氧亲和力强的元素做脱氧剂，生成对应氧化物，达到脱氧的目的。炼钢上常用的脱氧剂有 Cr、Mn、Si、Al、Mg、Ca、Ti 等。Mg、Ca 等活泼元素的蒸气压很高，很难溶于钢水中，一般轴承钢不采用 Ca 处理，尽管其生产的钢氧含量较低，但容易产生点状夹杂物，影响轴承寿命；Cr 和 Mn 元素是主要的合金化元素，而 Ti 容易产生钛夹杂，因此钛也应控制在很低

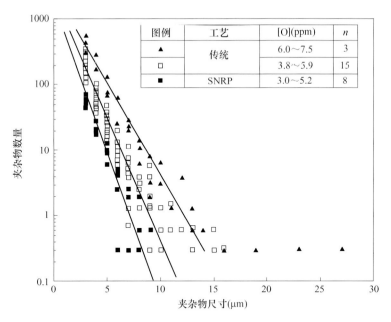

图 2-42 山阳公司不同工艺生产轴承钢对应氧含量及夹杂物尺寸分布图[15]

水平，不能作为主要的脱氧元素；Si、Mn 和 Al 为常用的脱氧元素，可以一种也可多种复合一起脱氧，脱氧能力方面 Al 最强，其次是 Si、Mn 和 Si 的合金能促进 Al 脱氧。因此，一般轴承钢生产均采用复合脱氧工艺。现代轴承钢生产工艺，一般采用铝进行沉淀脱氧，成本较低，便于采购和使用，容易加入，效果良好。铝能使钢液中的溶解氧降到很低的水平，同时铝的脱氧产物一般呈絮团状，容易从钢液中排出。因此，只要加强 LF 精炼过程和真空处理过程对脱氧产物的脱除，就能使钢中的总氧含量降到较低水平。精炼过程中，随着钢中铝的氧化以及

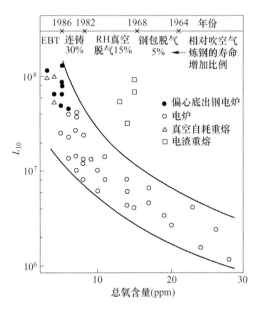

图 2-43 轴承疲劳寿命与总氧含量关系[5]

夹杂物的排出，铝含量也相应降低，需要及时向钢液中补加铝，保持一定的铝含量，避免精炼结束后再补加铝[129]。脱氧剂的加入方式一般为直接加入，对于某

些比较轻或较易气化的脱氧剂（Al、Ca 等）多采用钢液喂线或喂包芯线的方法加入钢液。

表 2-2　各钢厂轴承钢中 T. O 含量总结表

企　业	T. O（ppm）	年　份	文　献
瑞典 Ovako	4 ~ 6	1997，1998，2006	［56，130，131］
日本山阳	3 ~ 5	1995，1996，2005	［12，15，132］
日本神户	4 9	2005，2015 2014	［12，36］ ［133］
日本大同	5	2005	［12］
日本爱知	7	1998	［134］
日本 NSK	6	2013	［112］
德国蒂森	12	2011	［135］
韩国浦项	8	2013	［17］
意大利布尔扎诺	6 ~ 10	1988	［136］
兴澄特钢	4 ~ 8	2008	［137］
北满特钢	7.5	2006	［138］
大冶特钢	6.5 ~ 6.7 4.0 ~ 6.9	2008 2007	［139］ ［140］
宝钢特钢	7 ~ 8	2011	［135］
马钢	8 6 ~ 11 5	2013 2011 2015	［141］ ［26］ ［27］
本钢	8	2013	［142］
邢钢	5.93	2013	［143］
西王特钢	12 8	2013 2015	［24］ ［23］
中天钢铁	6.6	2014	［144］
石钢	6.5 9.3	2013 2006	［20］ ［37］
包钢	10.8	2012	［145］
攀钢	8.5	2006	［146］
莱钢	8.3	2006	［147］
西宁特钢	8 9	2003 2012	［148］ ［149］
杭钢	10	2014	［109］

企　业	T. O（ppm）	年　份	文　献
武钢	11 6	2008 2011	［150］ ［151］
邯钢	5. 5 ~ 9. 0	2016	［25］
淮钢	8. 84	2011	［22］
首钢京唐	12	2013	［152］

　　扩散脱氧是通过驱使钢液中的氧化物 FeO、MnO 等向炉渣扩散而进行脱氧的方式，使反应充分进行，一般要求精炼渣中的（TFe + MnO）控制在 0. 5% 以下。这就要分批向炉内精炼渣面上加入脱氧剂（如电石、碳化硅、炭粉、铝粒等），使精炼渣中的高活度的氧化物含量很低，钢中的氧会向炉渣中扩散以维持其在渣-钢间的分配平衡，从而实现降低钢中的氧含量的目的。渣色多呈白色，扩散脱氧时，脱氧剂与炉渣进行反应，反应的产物一般较难进入钢水中，一般对钢水的洁净度影响较小。因此，扩散脱氧是提高钢水质量的良好脱氧方法，而扩散脱氧也有缺点，扩散脱氧速度很慢[129]。

　　真空脱氧是指将钢液置于真空条件下，通过降低 CO 分压来促进钢液内碳氧反应进行，并利用此反应达到脱氧的目的。真空脱氧方法最大的特点是脱氧产物 CO 全部从钢液排除，不玷污钢液，但其设备投资和生产成本要高于其他脱氧工艺。

2. 3. 2　钢中钙含量对轴承钢中夹杂物的影响

　　轴承钢中的 Ca 主要以钙铝酸盐、硫化钙、硅铝酸钙等形式存在，此类夹杂物轧制过程不易变形，夹杂物周围易出现应力集中而形成裂纹。在钢液冷却过程中硫化钙常在钙铝酸盐等夹杂物表面析出，呈包裹状态。有些钢种为了改善夹杂物的形态和分布，提高钢材的机械加工性能，在冶炼过程中对钢液进行钙处理，对氧化铝夹杂物进行变性，生成低熔点的钙铝酸盐[153-158]。对于轴承钢而言，禁止钙处理，残余钙主要来源于钢渣和与钢水接触的炉衬。轴承钢若采用 Ca 或 Ca-Si 脱氧，必定在钢中产生危害性极大的 D 类夹杂，使轴承钢疲劳寿命大大降低。

　　另外，精炼渣碱度对钢中钙含量有重要的影响，如图 2-44 所示。随着精炼渣碱度的增加，精炼前后钢中钙含量均增加。若将精炼渣碱度控制在 2. 5 以下，精炼后钢中钙含量一般不会超过 20ppm。当精炼渣碱度小于 3 时，精炼前后钢中含钙量随碱度的升高增加的幅度较大。图 2-45 为碱度和渣中（Al₂O₃）对钢中钙含量的影响。碱度越高对应钢中钙含量越高，渣中（Al₂O₃）越高，钢中钙含量越低。图 2-46 为不同温度下渣中的 CaO 活度对钢中的钙含量的影响。由图中可以看出，随着温度的上升，钢中钙含量是增加的。随着渣中氧化钙含量的增加，钢中的钙含量增加。如果钢中的钙要控制在 20ppm 以下，则渣中 CaO 在 1600℃时，活度需小于 0.15。如果钢中的钙要控制在 10ppm 以下，则渣中 CaO 在 1600℃时，活度需小于 0.075[159]。精炼渣的性能对于钢中夹杂物的上浮去除至关重要，但对于高碱度精炼渣，由于 CaO 含量高，

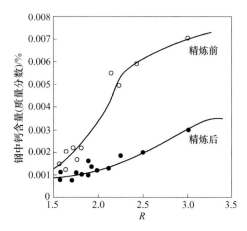

图 2-44　精炼渣碱度对钢中钙含量的影响[35]

易生成 D 类夹杂，同时高碱度使精炼渣熔点变高，成渣慢，流动性变差，易造成卷渣。因此控制钢中的钙含量至关重要[160]。对钢厂生产轴承钢中钙含量进行总结，结果如表 2-3 所示。

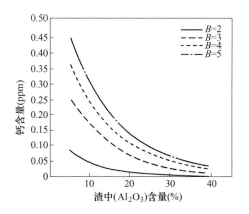

图 2-45　精炼渣碱度和渣中（Al₂O₃）
含量对钙含量的影响[19]

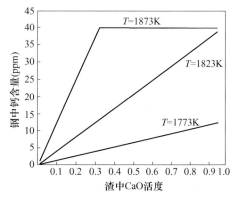

图 2-46　渣中 CaO 活度对钢中钙
含量的影响[159]

表 2-3　各钢厂轴承钢中钙含量总结表

企　业	Ca（ppm）	年　份	文　献
瑞典 Ovako	10	2014	[161]
宝钢	1~5	2015	[162]
兴澄特钢	1~5	2008	[137]
	5	2006	[163]
大冶特钢	3	2008	[139]
	2.2~2.8	2007	[140]

企　业	Ca（ppm）	年　份	文　献
本钢	10	2013	[142]
	8	2013	[164]
	2	2013	[50]
武钢	< 20	2011	[151]
重庆特钢	11 ~ 15	1981	[165]

炉渣碱度与磷的控制：磷会导致晶间裂纹、力学性能不良和凝固时的微观偏析。磷一般溶于铁素体中，具有较强的固溶强化作用，使钢的强度、硬度增加，但塑性、韧性显著降低。这种脆化现象在低温时最为严重，故称为冷脆。为避免发生冷脆，一般希望工件工作温度高于冷脆转变温度。而磷在结晶过程中也容易产生晶内偏析，使局部含磷量偏高，导致冷脆转变温度升高，从而易发生冷脆。冷脆对低温条件下工作的工件具有严重的危害性，此外磷的偏析还使钢材在热轧后形成带状组织。因此，磷在 GCr15 轴承钢中是有害元素，对其疲劳寿命有不利影响，应严格控制其含量。

图 2-47 为炉渣氧化性对炉渣去磷能力的影响。图中表明，随着渣中（FeO）的增大，L_P 逐渐升高，这是因为随着（FeO）的增大，炉渣氧化性增强，磷在炉渣和钢水中的分配比随炉渣氧化性的增大而增大，证明了氧化性有利于脱磷反应的进行[166]。

图 2-48 为炉渣碱度对去磷能力的影响。当 R 为 4.5 左右时，L_P 获得最大值；当 $R < 4.5$ 时，L_P 随 R 的降低而降低，这是因为随着碱度降低，炉渣的磷容量变小，脱磷能力减弱；而当 $R > 4.5$ 时，L_P 随 R 的升高而降低，这是因为当炉渣碱

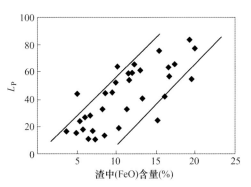

图 2-47　各试验炉次炉渣氧化性对炉渣
去磷能力的影响[166]

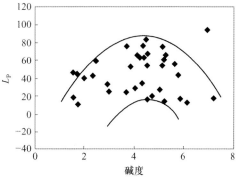

图 2-48　各试验炉次炉渣碱度对炉渣去
磷能力的影响[166]

度达到 4.5 左右后再继续升高，炉渣熔点将剧烈升高，炉渣黏度剧烈增大，使炉渣脱磷的动力学条件变差，从而降低了脱磷能力[166]。

2.3.3　钢中钛、氮含量对轴承钢中夹杂物的影响

虽然氮能使钢材强化，但是会显著降低塑韧性，增加时效倾向和冷脆性，特别是氮元素易与钛元素在钢液凝固过程中析出 TiN 夹杂，显著降低钢材疲劳寿命。在凝固过程中钢中钛或氮的含量越高，TiN 夹杂物开始析出温度就越高，析出物的尺寸就越大，因此加入低钛合金来减少 TiN 的生成[51,157]。图 2-49 为瑞典 Ovako 钢厂生产的轴承钢中钛含量与铬含量关系图。由于钛作为铁铬合金的夹入元素，钛含量与铬含量有密切的相关程度，因此控制轴承钢中钛含量重点在于合金化元素的适当选择和加入原料的质量控制[130]。图 2-50 为抚顺特钢不同标准合金料条件下相对应的钢液成品钛含量，抚顺特钢根据钢种要求钛含量的不同选择不同等级的入炉原料。图 2-51 为不同温度以及氧活度条件下钢水中的钛含量。随着冶炼温度的升高，使钛的去除反应更加困难。同时，随着钢水中氧浓度的提高，钛含量将显著降低[167]。图 2-52 为下渣量与钢水增钛量的关系。为获得低钛轴承钢，应尽量减少转炉出钢过程的下渣量。对下渣量较大的炉次，可以在出钢后实施扒渣操作[168]。

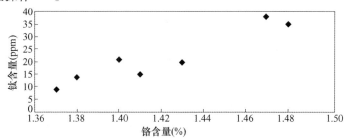

图 2-49　生产过程使用高纯铁铬合金的轴承钢中钛含量与铬含量关系[130]

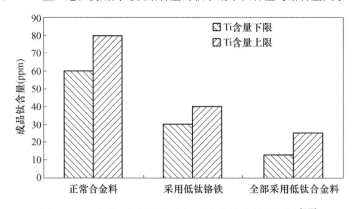

图 2-50　不同标准合金料对钢液成品钛含量的影响[167]

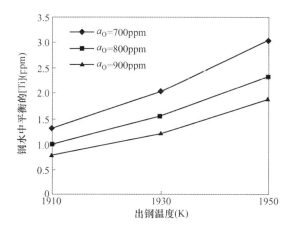

图 2-51 出钢时 a_O、T 与钢水中平衡 [Ti] 的关系[167]

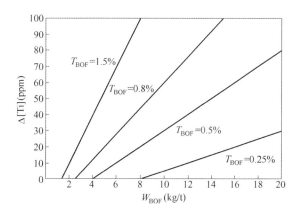

图 2-52 转炉下渣量对增钛量的影响[168]

对国内外钢厂生产轴承钢中钛含量进行总结，结果如表 2-4 所示。瑞典、日本轴承钢中钛含量控制在较低水平。图 2-53 为渣中的 TiO_2 对钢中钛含量的影响。随着炉渣中 TiO_2 的升高，钢中钛含量升高，因此，采用碳化硅或炭粉而不用铝粒进行扩散脱氧，防止铝还原渣中的 TiO_2 生成 Ti 进入到钢液中增钛。同时，控制造渣材料中的 TiO_2 含量[167]。由热力学计算，顶渣中 SiO_2 含量对钢中 [Ti] 含量的影响如图 2-54 所示。随着顶渣中 SiO_2 浓度提高，钢液中与其平衡的 [Ti] 含量是下降的，有利于控制钢中氮化钛夹杂物的数量[169]。

图 2-55 为钛含量对轴承钢中碳氮化钛面积分数的影响结果。随着钛含量增加，碳氮化钛面积分数增大。控制钢中碳氮化钛含量要严格控制钛含量。R. Baum 曾研究钛含量对 Ti（C，N）数量的影响（图 2-56），钛含量在 10 ~ 50ppm 变化，对应 $100mm^2$ 面积上尺寸大于 $5\mu m$ 的 Ti（C，N）夹杂数量均增加，

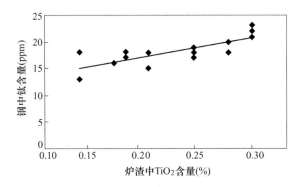

图 2-53 炉渣中 TiO_2 含量与钢中钛含量的关系[167]

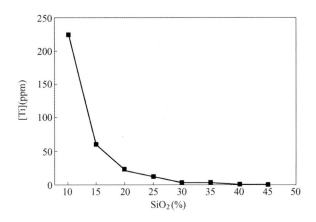

图 2-54 顶渣 SiO_2 含量对钢中 [Ti] 的影响[169]

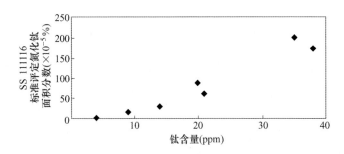

图 2-55 SS111116 标准评定氮化钛面积分数与钛含量关系图[130]

无论是最大最小还是平均值，可见控制钢中碳氮化钛含量要严格控制钛含量[170]。图 2-57 为钛对轴承钢疲劳寿命影响的示意图。曲线的 AB 段，疲劳寿命对钛含量变化不敏感，受氧化物夹杂和高钙的硫化物影响比较大，但是，在 CD 段，随着钛含量的增加，疲劳极限迅速降低，大多数断裂是由氮化钛引起的。曲线的折点与冶炼工艺息息相关。

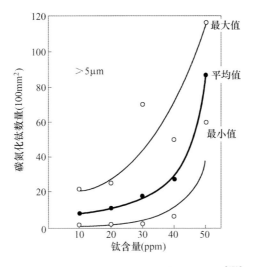

图 2-56 钛含量对 Ti(C, N) 数量影响图[170]

表 2-4 各钢厂轴承钢中钛含量和氮含量总结表

企 业	Ti(ppm)	N (ppm)	年份	文 献
瑞典	10	58 ~ 100	1998	[130]
	11	88	1988	[4]
日本山阳	10 ~ 20	45 ~ 55	1998	[173]
	20		2005	[12]
	14 ~ 15		2004	[55]
日本神户	7		2005	[12]
	15		2004	[55]
	30	70	2014	[133]
日本大同	5	30	2005	[12]
日本爱知	15		1998	[134]
日本 NSK	20		2013	[112]
和歌山	12 ~ 22		2012	[167]
兴澄特钢	6 ~ 20		2008	[137]
大冶特钢	17 ~ 19		2008	[139]
	21 ~ 30		2007	[140]
宝钢	12 ~ 25		2011	[135]
	15		2005	[169]
本钢	25	38	2013	[50, 142]
	30		2013	[164]
莱钢		54. 8	2006	[174]

企　业	Ti(ppm)	N(ppm)	年份	文　献
南钢		42	2010	[175]
承德建龙		60	2014	[176]
西宁特钢	25	71	2012	[149]
东北特钢		68	2016	[32]
北满特钢		50 ~ 80	2014	[31]
马钢	18	40	2015	[27]
武钢	45		2011	[177]
	40	42	2011	[151]
攀钢	33		2006	[146]
邯钢	20		2016	[25]
抚钢	20		2012	[167]
邢钢	30	33	2009	[178]

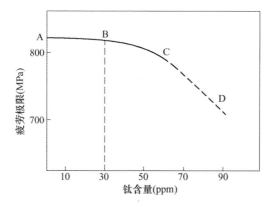

图 2-57　钛含量对 GCr15 钢疲劳寿命的影响[90]

　　轴承钢中钛含量越高越容易形成水口结瘤，具体原因前人解释为：（1）形成 $FeO \cdot TiO_2$。钛含量高会形成 $FeO \cdot TiO_2$，在浇注温度时是液态，$FeO \cdot TiO_2$ 起到粘结剂的作用使 Al_2O_3 更容易在水口沉淀，含钛的轴承钢夹杂物更容易被钢液润湿，因此含钛的轴承钢比不含钛的轴承钢更容易形成水口结瘤[171]。（2）形成 $TiO_x \cdot Al_2O_3$。钢液对不同夹杂物的润湿性不同，$TiO_x \cdot Al_2O_3$ 易被钢液润湿，钢液易陷入夹杂物的丛簇间形成凝钢，从而加剧水口结瘤[172]。

　　另外研究表明[106]：含钛轴承钢更易生成镁铝尖晶石，原因是钛对 Mg 的活度相互作用系数为负值，因此含钛轴承钢中 Mg 的活度系数 f_{Mg} 更小，相同温度条件下，钢液中平衡 [Mg] 含量越大，因此含 Ti 轴承钢加速炉渣和耐火材料中

MgO 的侵蚀，增加钢中［Mg］含量，更易生成镁铝尖晶石夹杂。

控制钢中的氮含量，首先，要控制原材料中带入的氮含量，提前造泡沫渣，实现钢水熔化后埋弧操作，尽量避免空气中的氮电离进入钢水中。提高电炉中的配碳量，强化脱氧操作，保持炉内良好沸腾，利用碳氧反应脱氮，尽量降低出钢钢水中的氮含量。其次，钢包炉精炼过程增氮的主要原因是电弧区增氮、钢液与大气的接触和原材料中的氮，因此为防止弧区钢液面裸露，减少因电弧区钢液的增氮，LF 精炼过程中也必须要造好泡沫渣。LF 精炼时，由于氧、硫的表面活性作用而阻碍钢液吸氮作用基本消失，只要钢液面裸露就有可能吸氮，在精炼过程中要制定合理的搅拌工艺，控制好吹氩搅拌功率，避免钢液面裸露。喂铝线脱氧时要尽量减少钢液面的裸露面积，减少喂线时间，同时避免补加大量合金和增碳。从精炼气氛控制角度应该采取微正压操作。最后，提高真空氩气搅拌功率，加强保护浇注，避免吸收大气中氮气[123]。

图 2-58 为攀钢 GCr15 轴承钢 RH 真空处理时间与钢液脱氮效果的关系。随着真空处理时间的延长，钢中氮含量减少，经真空处理后钢水［N］完全能够控制到 60ppm 以下，最低达到 30ppm[28]。

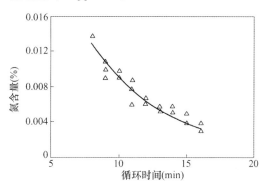

图 2-58　真空处理时间与钢液中氮含量的关系[28]

2.4　精炼渣操作对轴承钢中夹杂物的影响

2.4.1　精炼渣氧化性对夹杂物的影响（强扩散脱氧技术）

众所周知，炉渣的氧化性越高，在精炼过程中越难以形成脱氧、脱硫效果良好的白渣，要实现 LF 精炼效果的目的，首先要降低渣中（FeO）含量，因此渣中（FeO）含量是炉渣脱氧能力的重要标志[179]。除了控制渣中 FeO 和 MnO 含量的稳定，渣中 SiO_2 也常认为是钢中氧的来源，钢中［Al］可还原渣中的 SiO_2 生成 Al_2O_3，控制渣中 SiO_2 含量的稳定对于钢脱氧及夹杂物控制也非常重要[180]。

图 2-59[143,179,181,182] 为总结前人研究中精炼渣中的（FeO + MnO）的含量与全氧含量关系。随着熔渣中的（FeO + MnO）的含量增加，钢液全氧含量有一定程度的增加。炉渣氧势对脱氧过程影响较大，氧势越低，脱氧速度越快。而降低炉渣氧势的可靠措施是降低炉渣中的（FeO + MnO）含量，使其低于与钢液相平衡的氧量，氧将从钢液向熔渣内转移，即钢液被脱氧。要实现上述脱氧，必须把熔渣的（FeO + MnO）含量控制在 0.5% ~ 1.0% 以下。为了降低熔渣中氧势，便于钢液中氧向熔渣中扩散，提出冶炼轴承钢时应在 LF 精炼时加入了电石/铝粒/SiC 等辅料对炉渣脱氧。在渣中加入电石块时，因密度比渣小，又和炉渣的结构相似，可溶于渣内（而 C、Si 则不能溶于炉渣），是一种脱氧能力很强的脱氧剂。当（FeO + MnO）<1.0% 时，（FeO + MnO）对 T. O 影响不大。试验表明，准钢冶炼轴承钢时精炼渣中（FeO + MnO）含量控制在 0.5% ~ 0.75% 之间，具备了良好的脱氧气氛。此时若加入炭粉配合使用，可获得更好的脱氧效果。这是因为用炭粉做脱氧剂，脱氧产物为 CO 气体，不存在钢液被非金属夹杂物污染的问题，同时能使炉内具有还原气氛，能降低炉内氧的分压力，减少炉气对炉渣的氧化[183]。

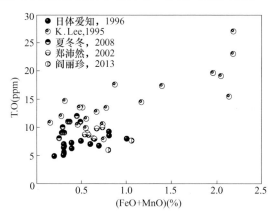

图 2-59　精炼渣中的（FeO + MnO）与 T. O 关系图[143,179,181,182]

表 2-5 为对钢厂精炼渣成分的总结。为了实现 LF 精炼效果的目的，降低渣中（FeO）含量，炉渣 FeO 含量在 1% 以下，特别是在 0.5% 以下，不仅减少了炉渣氧化钢液的氧源，也有利于脱硫和夹杂物的转变。同时，为提高精炼渣脱氧能力，各钢厂炉渣一般选用高碱度精炼渣。瑞典 SKF 则选用低碱度或中性渣。

表 2-5　各钢厂精炼渣成分及对应 T. O 值总结表　　　　（%）

钢厂	CaO	SiO$_2$	Al$_2$O$_3$	CaF$_2$	MgO	T. Fe + MnO	碱度 R	T. O（ppm）	文献
山阳	57.8	13.3	15.8	7.8	4.3	<0.7	4.35	5.4	[83]
	58	14	15	8	5		4	5.8	[184]
神户				<10		<1.1	≥5	5.8	[185]

钢厂	CaO	SiO₂	Al₂O₃	CaF₂	MgO	T. Fe + MnO	碱度 R	T. O（ppm）	文献
瑞典 SKF	18	25	38		2	2	0.72		[35]
	40	20	20		10	2	2		
巨能特钢	52	9	15	10	≤8	≤0.5	5.8	5.6	[186]
	48	16	15	10	≤8	≤1	3.0	9.6	
	56	7	15	10	≤8	≤0.8	8.0	9.7	
上海五钢	46.72	21.08	15.09	4.56	0.7	1.66		10.25	[35]
莱钢	45 ~ 50	9 ~ 13	9 ~ 13		7 ~ 8		4.0 ~ 5.0	7.9	[187]
大冶特钢	55 ~ 60	17 ~ 20	10 ~ 13		8 ~ 9		3.0	6.6	[139]
邢钢	50 ~ 60	11 ~ 16	20 ~ 28		5 ~ 10	≤1	3.5 ~ 4.0	5.93	[143]
西宁特钢	55 ~ 58	12 ~ 15	12 ~ 16	6 ~ 8	3 ~ 6	≤0.5	2 ~ 4	14.8	[29]
	46 ~ 50	20 ~ 24	10 ~ 15	0 ~ 2	14 ~ 18		2 ~ 3	12.3	
东北特钢	55 ~ 58	12 ~ 16	16 ~ 24		3 ~ 10	< 1	3.4 ~ 4.8	5 ~ 12	[32]
北满特钢	44.18	20.31	7.47	6.27	14.26		2.17	7.71	[138]
	57.30	12.83	18.02	1.89	7.48		4.46	7.5	
马钢	54.5	17.7	15.0		8.6	1.08	3.08		[26]
	56.8	17.4	16.37		8.9	0.36	3.26	6.9 ~ 13.4	
	58.2	16.9	14.7		7.5	0.56	3.44		
	50 ~ 60	8 ~ 15	15 ~ 25			< 0.5	4 ~ 6	< 5	[27]
武钢	63.15	14.8	13.25		3.23	1.109	4.3	11	[188]
宝钢	55 ~ 60		25 ~ 30				4 ~ 6	10	[189]
杭钢	50 ~ 55	6 ~ 10	28 ~ 35		5 ~ 8	≤0.5	5 ~ 8	7 ~ 10	[190]

　　铝脱氧钢中脱氧示意图如图 2-60 所示。实际生产中，当渣与大气接触时，在炼钢温度很高的情况下，渣中 FeO 易被氧化成 Fe_2O_3，当渣中 Fe_2O_3 与钢液接触时，与钢中 [Fe] 反应再次生成 FeO，大气中的氧通过氧化渣的方式将氧传递给钢液。氧的传递是一个连续过程，由于氧传递给钢液中，钢中氧活度上升，铝氧平衡被打破，通过消耗铝脱氧的方式建立了新的铝氧平衡。由此可见，铝脱氧钢不仅钢中需要脱氧，渣中也需要脱氧，因此，需要向渣中加入一定量铝粒作为脱氧剂并减少渣中 FeO 含量；同理，在钢中要保证一定量的 [Al] 含量来控制低的溶解氧活度。实际生产中，控制钢中 [Al] 含量相对较容易，因此控制渣中 FeO 含量显得非常重要[180]。

　　轴承钢冶炼过程中，为了实现 LF 精炼效果的目的，降低渣中（FeO）含量，炉渣 FeO 含量在 0.5% 以下不仅减少了炉渣氧化钢液的氧源，也有利于脱硫和夹杂物的转变。如果炉渣中 FeO 含量较高，当钢渣反应时，首先发生的反应是

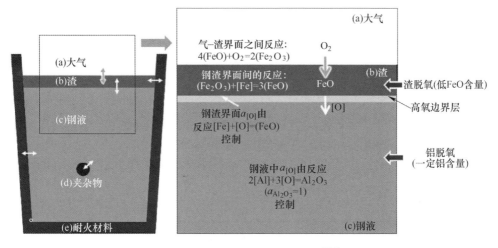

图 2-60　铝脱氧钢中脱氧示意图[180]

[Al] 与 (Fe_tO) 之间的反应, 而推迟了 [Al] 与 (MgO)、(CaO) 之间的反应, 导致钢液中 [Mg]、[Ca] 含量增加较慢, 不利于最终夹杂物向低熔点区转变。LF 精炼为控制渣中 FeO 含量, 主要靠向渣中加入 SiC 等合金进行强扩散脱氧, 由于渣中 SiO_2 含量的上升, 导致精炼渣碱度较精炼开始有所下降, 避免碱度过高生成大量的钙铝酸盐等 D 类夹杂。

硫的分配比与精炼渣中 (FeO + MnO) 含量成反比关系, 即随着 (FeO + MnO) 含量的降低, 硫的分配比随之升高, 能够促进精炼渣的脱硫。精炼渣中 (FeO + MnO) 含量对硫分配比的影响如图 2-61 所示, 从图上可以看出, 只有精炼渣 (FeO + MnO) 的含量在 1.0% 以下, 才能实现精炼脱硫脱氧的效果。在冶炼低硫钢或超低硫钢时, (FeO + MnO) 含量应不大于 0.3%[191]。

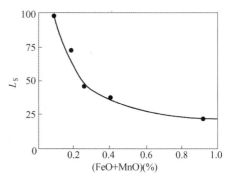

图 2-61　精炼渣中 (FeO + MnO) 含量对硫分配比的影响[191]

当炉渣的氧化性较高时 (FeO 含量高), 炉渣发泡困难, 甚至不能发泡。迪林等[192] 研究表明: FeO 对炉渣发泡性能的影响主要是通过增加渣系的密度, 同时也降低了渣系的黏度, 增加了渣系的表面张力。要使精炼渣系具有良好的发泡能力, 具有良好的夹杂物去除能力, 必须严格控制炉渣的氧化性。LF 精炼过程中渣中 FeO 应控制在 1% 以下, 最好能控制在 0.5% 的范围内。在冶炼上应采取无渣出钢或挡渣出钢工艺, 控制 FeO 含量较高的炉渣进入 LF 精炼工序, 以利于夹杂物的上浮去除。表 2-6 总结了前人对轴承钢精炼渣氧化性对夹杂物影响的研究结果。

表 2-6　精炼渣氧化性对夹杂物的影响

作者	研　究　结　果	年代	文献
黄晓斌	随炉渣氧化性增强，钢中氧含量增加，对应氧化物夹杂增多。因此要得到高洁净度的钢，必须控制炉渣氧化性在较低的水平	2006	[194]
W. Zhou	磷在炉渣和钢水中的分配比随炉渣氧化性的增加而增加。渣中（FeO）在脱磷过程中起双重作用，一方面是作为磷的氧化剂起氧化磷的作用；另一方面充当基础化合物生成（3FeO·P$_2$O$_5$）	2008	[195]
迪林	随着精炼渣中氧化亚铁含量的增加，精炼渣系的泡沫化指数是持续降低的，发泡性能逐渐降低	1998	[192]
彭波	钢液中氧通过扩散进入精炼渣，因此要保证钢渣氧化性低，只有钢渣之间具有一定的氧势差，钢中的氧才能不断地向渣中扩散	2013	[152]
李海波	炉渣（FeO）含量在 0.5% 以下不仅减少了炉渣氧化钢液的氧源，也有利于脱硫和夹杂物的转变。如果炉渣中（FeO）含量较高，当钢渣反应时，首先发生的反应是 [Al] 与（Fe$_t$O）之间的反应，而推迟了 [Al] 与（MgO）、（CaO）之间的反应，导致钢液中 [Mg]、[Ca] 含量增加较慢，不利于夹杂物的转变	2009	[196]
E. Turkdogan	使精炼终点硫质量分数小于 5ppm，必须保证精炼渣中（FeO + MnO）含量在 0.6% 以下	1985	[197]
B. Yoon	当精炼渣中 FeO、MnO 含量高时，轴承钢中容易生成非金属夹杂物，因此减少渣中（MnO）、（FeO）非常重要	2013	[17]
李明钢	降低渣中（FeO + MnO）含量，保持钢液较低氧势，从而保证钢液中一定的 [Ca]，有利于最终夹杂物向低熔点区转变	2014	[46]
闫丽珍	精炼渣中（FeO + MnO）由 1.06% 降至 0.80%，降低精炼渣向钢水传氧，有利于吸附钢水中的夹杂物，轴承钢全氧含量由原来的平均 7.61ppm 降低至 5.93ppm	2013	[143]

H. Suito 等[193]对汽车发动机阀门弹簧钢、轴承钢、帘线钢等钢种中的非金属夹杂物的控制进行了热力学计算，其计算结果如图 2-62 和图 2-63 所示。图 2-63 中 P 点对应成分为 CaO/SiO$_2$ 摩尔比为 5.2，SiO$_2$ 摩尔分数为 0.1，其对应氧质量分数为 3.3ppm，实际测得值为 5.2ppm。图 2-62 中阴影区对应的（Fe$_t$O）和（MnO）质量分数分别为 0.06%~0.07% 和 0.015%~0.03%。实际观测到夹杂物为 Al$_2$O$_3$，而不是 P 点所对应的顶渣成分，意味着生产中的溶解氧高于 P 点所对应的平衡氧含量 3.3ppm。

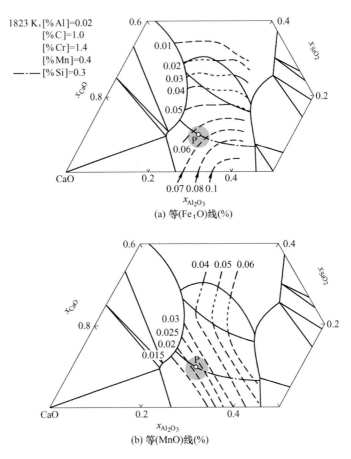

图 2-62　1823K 轴承钢与 CaO-Al$_2$O$_3$-SiO$_2$ 渣系平衡时的等（Fe$_t$O）、（MnO）线[193]

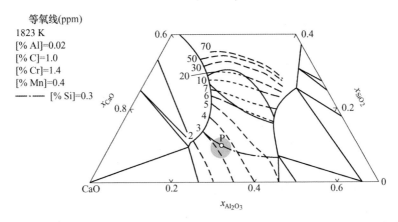

图 2-63　1823K 轴承钢与 CaO-Al$_2$O$_3$-SiO$_2$ 炉渣系统平衡时的等氧线（ppm）[193]

2.4.2 精炼渣碱度对夹杂物的影响（高碱度渣技术）

设计合理的精炼渣系有利于降低氧含量，控制钢中夹杂物[198]。目前应用最广泛的渣系是 CaO 基合成渣，渣系主要有以下几种：$CaO-CaF_2$ 渣系、$CaO-Al_2O_3$ 渣系、$CaO-Al_2O_3-CaF_2$ 渣系、$CaO-Al_2O_3-MgO-SiO_2$ 渣系等。$CaO-CaF_2$ 渣系具有很强的脱硫能力，虽然精炼成渣速度迅速、脱硫效果好，但是其加快侵蚀钢包内衬、缩短钢包的正常使用寿命、影响埋弧精炼、污染环境等缺点也不可小视。精炼渣中 CaO 的主要作用是提高其碱度，而 CaF_2 的主要作用是降低精炼渣的熔化温度，提高精炼渣的流动性，有助于创造脱硫的条件，但精炼过程挥发的 F_2 危害工人的健康和污染大气[199]。由于 $CaO-Al_2O_3$ 渣系硫容量比较大，因此具有很强的脱硫能力，可生产超低硫轴承钢。与 $CaO-CaF_2$ 渣系相比，该渣系对钢包耐火材料的侵蚀、埋弧操作等方面都有所改进。但由于 CaO 含量高，熔点高，精炼渣成渣速度慢、流动性差、精炼效果不太理想[197]。$CaO-Al_2O_3$ 熔体溶解耐火材料形成 $CaO-Al_2O_3-MgO$、混入炼钢炉渣形成 $CaO-Al_2O_3-SiO_2$ 系熔渣。

$CaO-Al_2O_3-MgO-SiO_2$ 渣系是目前冶炼轴承钢最常用的渣系，此渣系有如下优点[51]：具有高的硫容量，有很好的脱硫效果；渣中氧化铁活度低，可以有效地减少炉渣向钢中供氧；具有低的渣钢界面张力，有利于吸收上浮至渣-钢界面的氧化铝夹杂；有很好的发泡作用，在精炼过程中可以遮蔽电弧，减少钢水吸气（电弧电离空气中的 N_2 是钢中氮的主要来源）。

根据碱度的不同，精炼渣可分为高碱度渣和低碱度渣。高碱度渣具有很高的脱氧脱硫能力，效率高，可生产超低硫轴承钢。缺点为大量吸附 Al_2O_3 夹杂物，由于渣中 CaO 含量高，易被钢中 [Al] 还原而进入钢液，从而生成 D 类夹杂，对轴承钢产生不利影响，因此要求严格控制钢中的铝含量。另外，高碱度使精炼渣熔点变高，成渣慢，炉渣流动性变差，会影响脱氧脱硫效果，有可能引起卷渣[160]。低碱度渣由于碱度低，降低了钙铝酸盐 D 类夹杂的影响，对 Al_2O_3 夹杂有一定的吸附能力，以便在精炼搅拌过程中最大限度地降低氧化物夹杂的数量，由于有一定的脱硫能力，轴承钢中硫化物夹杂物的数量控制在一定范围之内。缺点为脱氧能力下降使得氧化物夹杂上升[123,160]。对于不同厂家使用精炼渣碱度及对应轴承钢洁净度结果总结如表 2-7 所示。

表 2-7　各钢厂精炼渣碱度及对应轴承钢洁净度结果总结表

企业	精炼渣碱度	洁　净　度　结　果	文献
山阳	高碱度：>4	硫含量达到 0.002%～0.003%，氧含量降到 5.4ppm，B 类夹杂很少，D 类夹杂平均达 0.9 级	[55]
瑞典 SKF	中性、低碱度	硫含量达到 0.015%～0.024%，不存在 C、D 类夹杂物，B 类夹杂很少	[184]

续表 2-7

企业	精炼渣碱度	洁 净 度 结 果	文献
韩国浦项	高碱度：4.5~7.0	全氧含量为 5~8ppm，Al 在 Si、Mn 之前氧化，SiO_2 在钢中稳定存在，不作为氧的提供来源	[17]
寿光巨能特钢	高碱度：5.8	氧含量为 5.6ppm，硫含量为 0.005%~0.009%，夹杂物 0~0.5 级	[186]
莱钢	高碱度：4~5	全氧含量平均为 7.9ppm，夹杂物级别低，分布均匀，未出现 C 类和 D 类夹杂物	[187]
本钢	低碱度	脱硫率达 50%~70%，脱氧 50%，消除了含 CaO 的 D 类夹杂物。GCr15 轴承钢材的 A、B 类夹杂物为 1.0 级，C、D 类 0 级，全氧含量小于 10ppm	[205]
大冶特钢	低碱度：1~2	氧含量为 10ppm，A 类夹杂平均 1.35 级，B 类平均 1.24 级，不出现 D 类夹杂，成品钢的硫含量可以稳定地降到 0.005%~0.009%	[206]
	3	氧含量为 6.5~6.7ppm，A 类夹杂物 0.5~1.5 级，B 类夹杂 0~1.0 级，C 类 0 级，D 类 0.5~1.0 级	[139]
邢钢	3.5~4.0	全氧含量为 5.93ppm	[143]
西王特钢	3.5~4.0	全氧含量为 9ppm，解决了钢水大颗粒 B 类夹杂物上浮和 D 类夹杂物超标的问题	[24]
	3.5~5.0	全氧含量为 8ppm，B 类夹杂粗系 0~0.5 级、细系 0~1.0 级；D 类夹杂粗系 0~0.5 级、细系 0~0.5 级；Ds 类夹杂 0 级	[23]
西宁特钢	2~3	控制硫含量，平均硫含量为 0.012%，硫化物评级细级 1.13，粗级 0。全氧含量为 12.3ppm，几乎不含点状夹杂物	[29]
东北特钢	高碱度	全氧含量为 5~12ppm，部分轴承钢线材 Ds 类夹杂评级超标	[32]
北满特钢	4.46	全氧含量为 7.5ppm	[138]
包钢	2.8~4.5	全氧含量为 10.8ppm	[145]
马钢	2.9~3.3	全氧含量为 9.63ppm	[26]
	4~6	全氧含量低于 5ppm，[N] ≤40ppm，[Ti] ≤18ppm，夹杂物指数 1.8，D 类夹杂不超过 1.0 级、Ds 类夹杂不超过 1.0 级	[27]
武钢	4.3~4.7	全氧含量为 11ppm，有利于钢水脱硫，脱硫率达 85.2%，但不利于改善钢中夹杂物的性质和形态；GCr15 钢中夹杂物主要是由呈菱形的氮化钛和硅铝镁氧化物夹杂组成	[188]
宝钢	前期高碱度，后期低碱度	氧含量不大于 10ppm，钛含量不大于 20ppm，D 类夹杂满足 SKF D33-1Grade3S 要求	[189]
杭钢	5~8	全氧含量小于 7~10ppm	[190]
首钢京唐	4.5~5.0	全氧含量小于 12ppm，脱硫率 80%	[152]

图 2-64[17,35,129,179,200-203]为精炼渣碱度对钢中氧含量的影响。由图中可以看出，随着精炼渣碱度的提高，钢中全氧含量不断降低，分析表明，在钢水铝脱氧的情况下，低碱度渣中的 SiO$_2$ 将成为供氧来源，导致钢中的氧含量增加，随着炉渣碱度的增加，炉渣中 SiO$_2$ 的含量和活度均呈下降趋势。但个别试验中开始随着精炼渣碱度的提高，钢中全氧含量不断降低，之后随着炉渣碱度的继续增大，钢中氧含量变化趋势渐缓，并有增加的趋势，这是因为随着炉渣碱度的继续提高，炉渣熔点增大，流动性变差，导致对夹杂物的吸附能力下降[35,202]。同理，图 2-65 为精炼渣碱度对铸坯中氧含量的影响。W. Ma[190] 对杭钢精炼渣进行改

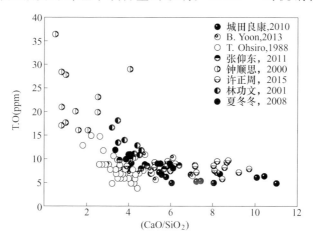

图 2-64　碱度对钢中氧含量的影响[17,35,129,179,200-203]

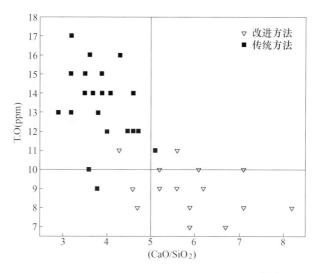

图 2-65　精炼渣碱度对铸坯中氧含量的影响[190]

进，传统精炼渣碱度为 3 ~ 4.5，铸坯中全氧含量为 12 ~ 17ppm，改进的精炼渣碱度为 5 ~ 8，对应铸坯中全氧含量为 7 ~ 10ppm，当碱度大于 5 后，提高碱度对全氧含量影响变小，因为渣黏度上升使得脱氧效果下降，这与 Jonsson[204]、Saka-ta[160] 观点一致。图 2-66 为不同 SiO$_2$ 活度对钢水中氧含量的影响。随着炉渣中（SiO$_2$）活度的升高，钢中氧含量增大，主要是 SiO$_2$ 向钢中供氧，渣中（SiO$_2$）活度一定时，钢中 [Si] 含量增加，对应钢中 [O] 含量降低[27]。

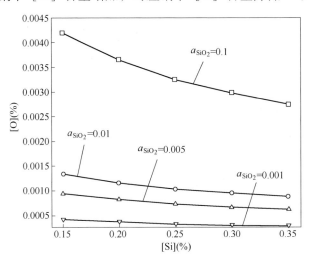

图 2-66　渣中不同 SiO$_2$ 活度对钢水中氧含量的影响[27]

阮小江等[207]研究得出，二元碱度在 2.0 ~ 4.5 的实验范围内，随着精炼渣碱度的提高，精炼终点钢中全氧含量显著降低，夹杂物的数量、尺寸也明显减小。高碱度渣精炼的钢液中典型的夹杂物为 Al$_2$O$_3$ 和镁铝尖晶石等脆性夹杂物，尺寸不大于 5μm；低碱度渣精炼的钢液中夹杂物成分含有不低于 20% 的 SiO$_2$，塑性较好，夹杂物的尺寸为 15 ~ 20μm。适当提高 Al$_2$O$_3$ 的含量或添加 CaF$_2$，减少 MgO 的含量，可以显著提高精炼渣吸附夹杂物的速度和能力。在较低的碱度范围内，精炼渣的脱硫效率及硫的分配系数随碱度的增加而提高，如图 2-67 和图 2-68 所示。实践证明，将精炼渣碱度控制在 2.5 以下，钢中硫含量可降至 0.020% 以下，平均可达 0.009%。

采用对钢液进行钙处理（喷钙粉或喂钙线）的方法可以生成 12CaO·7Al$_2$O$_3$、CaO·Al$_2$O$_3$ 等低熔点夹杂物，但同时会生成许多高熔点夹杂物（CaO·6Al$_2$O$_3$、CaO·2Al$_2$O$_3$ 等）和大尺寸 CaO-Al$_2$O$_3$ 系夹杂物，但对于轴承钢来说，D 类或 Ds 类夹杂常引起探伤不合，且研究表明钙处理不当生成的钙铝酸盐可能成为水口结瘤的主要原因，使钢材疲劳寿命大幅度降低，美国 ASTM A295、日本 JIS G4805、ISO-683-17 等标准均规定对轴承钢禁止采用钙处理工艺。王新华等[208-211]

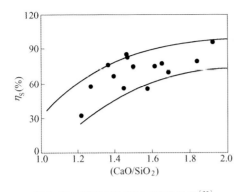

图 2-67　精炼渣碱度与脱硫效率[35]

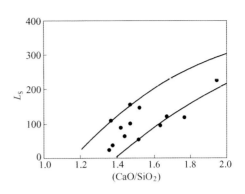

图 2-68　精炼渣碱度与硫的分配系数[35]

开发了利用渣-钢反应对夹杂物进行较低熔点化的工艺方法，对特殊钢在实施超低氧含量控制的同时，通过采用高 Al_2O_3、高碱度精炼渣系控制钢液［Ca］、［Mg］、［O］等，进而通过钢液［Ca］、［Mg］、［O］与夹杂物反应，控制钢中夹杂物向较低熔点化转变，该项技术已成功用于超低氧含量（T. O:4.5～

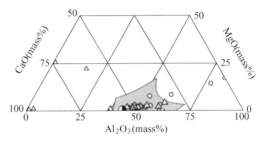

图 2-69　超低氧高铁车轴钢（T. O：4.7ppm）非金属夹杂物组成分布

6ppm）高铁车轮钢、车轴钢、弹簧钢、轴承钢等（图 2-69）。ASEA-SKF 钢包炉精炼轴承钢时采用中性渣（CaO:Al_2O_3:SiO_2 = 1:1:1），既能有效地吸收夹杂物，又不会侵蚀包壁，其他理化指标如熔化温度、流动性、表面张力等性能均好[55]。为避免 D 类或 Ds 类夹杂引起探伤不合，以及钙处理不当生成的钙铝酸盐可能成为水口结瘤的主要原因，使钢材疲劳寿命大幅度降低，轴承钢禁止钙处理。

2.4.3　精炼渣成分控制对轴承钢中夹杂物的影响

改善精炼渣成分，首先应设计出碱度合适、熔点低、流动性好、吸收 Al_2O_3 夹杂物能力强、精炼效果好的精炼渣；其次，利用熔渣组分活度计算的热力学模型计算精炼渣中组元的活度，为轴承钢中金属和熔渣反应的热力学计算提供必要的热力学数据，分析不同精炼渣系的脱氧、脱硫和夹杂物控制效果。在实验室条件下，考察添加稀土氧化物的不同精炼渣系对轴承钢氧含量和夹杂物的影响，测定精炼渣吸收 Al_2O_3 夹杂物的能力，为确定适合现场生产使用的轴承钢精炼渣系提供参考数据。

控制渣的组成，控制脱氧条件，使钢液脱氧产物组成分布在多元塑性区，这也是夹杂物形态控制技术的关键。夹杂物的成分可以用钢液与夹杂物间的平衡热力学来预测，当钢渣间达到热力学平衡时，夹杂物的成分与钢渣的成分相同。在冶金生产过程中，绝对的钢液与夹杂物之间的平衡是少见的，但可达到局部的钢与夹杂物、渣与钢、炉衬与钢渣、炉衬与钢液的准平衡状态。夹杂物的成分在很大程度上受顶渣成分和炉衬材料的影响[212]。

　　图 2-70 为 CaO/Al_2O_3 与铸坯中 T. O 的关系图。杭钢传统生产渣中 CaO/Al_2O_3 为 2 ~ 4，实验将 CaO/Al_2O_3 控制在 1.3 ~ 2.5 之间，随着 CaO/Al_2O_3 的降低，铸坯中全氧含量明显降低[190]。CaO/Al_2O_3 与硫分配比的关系如图 2-71 所示。硫分配比随着 CaO/Al_2O_3 含量比值的升高而增大，精炼渣硫容量增加[213]；但是 CaO/Al_2O_3 含量比值过大，精炼渣的熔化温度将会不断升高，影响精炼成渣速度，延长冶炼周期，增加电耗。因此，将 CaO/Al_2O_3 控制在一定范围内至关重要。

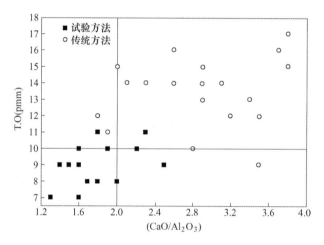

图 2-70　精炼渣 CaO/Al_2O_3 与铸坯中 T. O 的关系[190]

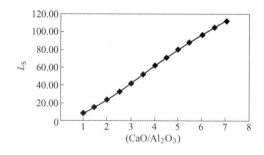

图 2-71　精炼渣 CaO/Al_2O_3 与硫分配比的关系[213]

　　酸性渣是人工配制一种以 SiO_2 和 MnO 为基础有时还含有 Al_2O_3 的合成渣料，其熔点不大于钢的熔点，密度也小于钢。这样实际形成的渣不含有钙和镁，它们和钢中所有夹杂物发生作用，一部分上浮到钢液表面，其余则转化成可塑性变形的夹杂物。酸性合成渣料当以 MnO 和 SiO₂ 为组元时，存在一个低熔点区，这个低熔点区相当狭小。当添加其他组元（如 Al₂O₃）后，则低熔点区可以扩大，除了 SiO₂、MnO、Al₂O₃ 外，Na₂O、K₂O、NaF 都可作为添加剂。合成渣料加入方式一般有以下三种，典型操作程序是在一个碱性炉中初炼钢液，主要任务是脱碳、脱硫、脱磷，可用铝脱氧，然后扒去碱性渣。第一种方法是接着向熔池加入合成酸性渣料，熔化完毕即可出钢，可有意让钢液与酸性渣混冲。钢包内壁应是酸性或中性材料衬砌。第二种方法是将酸性渣料随钢流加入钢包，使之混冲。第三种方法是用氩气作为载体的喷枪将渣料喷入钢液。不管用哪种加入方法，最终都需要用氩气对钢液进行搅拌，以清除钢液中的夹杂物[35]。酸性渣处理钢液只是在小容量的试验炉中进行，大规模工业生产并未得到应用。究其原因在于酸性渣精炼不能进一步脱硫，这就会给初炼炉带来负担，或对原材料提出苛刻的要求，否则硫化物夹杂量会显著增加。另外，一般来说，尽管酸性渣比碱性渣熔点低，但因渣中 SiO₂ 以离子团形式存在，使得同样温度的酸性渣比碱性渣黏度大，易增加夹杂物的含量。

Bertrand 等[214] 做了夹杂物变性实验。他们通过改变脱氧方式和低碱度合成渣精炼获得了具有酸性渣特性的夹杂物，这种夹杂物成分以 SiO₂ 为主，含有少量的 Al₂O₃ 和 MgO，其具有很好的热变形能力。在经过夹杂物变性处理后，实验钢种 55SiCr6 的疲劳寿命大幅增加。张家雯等[215] 研究酸性渣电渣重熔 Si-Ca、Si-Fe 脱氧 GCr15 轴承钢结果表明，自耗电极中夹杂物形成锰铝硅酸盐和锰钙硅酸盐类型塑性夹杂，提高了钢的疲劳寿命。周德光等[216] 研究大冶钢厂的 GCr15 轴承钢，发现 Al 脱氧的电渣母材，无论用碱性渣还是用酸性渣重熔，钢中的夹杂物都以脆性的 Al₂O₃ 为主；Si-Ca 和 Ca-Si + Fe-Si 脱氧的电渣母材经酸性渣系重熔后，钢中的夹杂物变成以硫化物和硅酸盐为主的塑性夹杂物，钢材的疲劳寿命提高。

Yang 等[217] 采用高温熔炼试验研究了不同 Ce₂O₃ 含量的精炼渣对铝镇静钢脱氧、脱硫及改善 Al₂O₃ 夹杂物的影响。结果表明，Ce₂O₃ 代替 Al₂O₃ 有利于促进渣吸收 Al₂O₃ 夹杂，含适量 Ce₂O₃ 的高碱度精炼渣具有较好的熔化和流动性能。在精炼渣中加入少量 Na₂O 时，精炼渣的硫容量是原来的 3 倍多。由此可见，Na₂O 能大大提高精炼渣的脱硫能力。朱立新等[218] 发现，在高碱度炉渣中，Na₂O 对炉渣的硫容量有十分明显的影响；在低碱度炉渣中，Na₂O 对炉渣的硫容量影响不大。因为 Na₂O 在 1600℃ 下不稳定，所以其对精炼渣的影响需要进一步探索研究。BaO 的碱性比 CaO 更强，精炼渣中加入适量的 BaO 能起到提高硫容量、硫分配比的作用，有利于钢液快速脱硫。BaO 能够与精炼渣中的其他成分反应生成低熔化温度的化合物，从而改善精炼渣的流动性，促进脱硫反应的进行。

周宏等[219]研究表明在常用脱硫精炼渣系 CaO- Al_2O_3- MgO- SiO_2 中加入 7% 左右 BaO 能够显著提高精炼渣的硫容量。因此，通过用部分 BaO 来代替 CaO 的方式来对精炼渣进行改良的方式是可行的。

除了精炼渣碱度、成分、氧化性等方面，精炼渣的熔化温度、黏度、密度、表面张力等物理性能对夹杂物的去除也有着重要影响。在特定的温度下，其熔化温度越低，流动性就越好，钢-渣之间反应越充分。而在精炼过程，如果精炼渣的黏度过大，会使其流动性变差，造成精炼夹杂物去除效果差。提高精炼渣的流动性，能够减小乳化渣滴的直径，增大钢-渣界面的面积，有利于夹杂物去除；若精炼渣黏度过低，则会加剧对精炼钢包的包衬侵蚀、大大降低吸附夹杂物的能力、造成埋弧效果差、升温困难。在描述炉渣与钢液之间的界面作用时，通常用钢液与炉渣之间的润湿角表示，润湿角越大，越有利于炉渣与钢液之间的分离。当润湿角为 0° 时，说明钢液与炉渣完全润湿，有利于炉渣与钢液之间反应的进行；而当润湿角大于 90° 时，表明润湿程度不好，炉渣与钢液容易分离。因此，为保证精炼过程取得良好的效果，应控制好渣系的各种性能。

2.5　碱土金属对轴承钢中夹杂物的影响

目前多采用钙的复合脱氧剂及喂硅钙线对钢液进行脱氧和夹杂物变性，但对于轴承钢来说，为避免 D 类夹杂对钢材质量带来不利影响，不进行钙处理。Mg 和 Ca 一样具有很强的脱氧、脱硫能力。但由于镁在炼钢温度下具有密度小、沸点低、蒸气压高的特点，所以很少用在炼钢生产中。国内外学者对钢中 Al_2O_3 夹杂物变性处理进行了大量研究，结果表明，对夹杂物进行变性，是降低夹杂物危害的有效手段[220]。对前人关于碱土金属对夹杂物变性处理的研究进行总结，结果见表 2-8。

表 2-8　碱土金属对夹杂物变性效果总结

作者	碱土金属变性	变　性　效　果	年代	文献
S. Saxena	Mg 处理	镁可以使簇状 Al_2O_3 夹杂变成尺寸细小、不变形、随机分布、边缘圆滑的 $MgO \cdot Al_2O_3$ 尖晶石夹杂	1982	[221]
于桂玲	Al 脱氧后 Ba 处理	轴承钢中氧含量下降，夹杂物中 Al_2O_3 的百分比从铝脱氧轴承钢的 68% 降至 41%，疲劳寿命提高 63.55%	2003	[148]
王博	镁铝合金处理	钢中全氧含量显著下降；生成镁铝尖晶石夹杂物尺寸细小、形状接近于球形，变性效果显著则生成 MgO	2006	[222]
王超	Ba-Si 终脱氧	钢中的氧含量进一步降低，而且消除了钢中点状夹杂物，同时，使钢中的脆性夹杂有所减少	2009	[29]
孙伟	Ni-20% Mg 合金变性	镁处理氧化物和硫化物的变性效果比较明显，钢中 Al_2O_3 和 MnS 夹杂转变成 MgO-MgS、镁铝尖晶石类和 MgO-MgS-MnS 复合夹杂	2010	[223]

作者	碱土金属变性	变 性 效 果	年代	文献
石伟炜	VD 前喂 Ba-Si 线	形成低熔点铝钡酸盐，来改变钢液的流动性，提高钢液的可浇性，减少连铸时中间包水口、结晶器浸入式水口结瘤	2013	[24]
W. Ma	喂 Mg 线	Mg 处理对钢中全氧含量无明显影响；将不规则大尺寸群簇状 Al_2O_3 变性为球状、尺寸较小的 $MgO \cdot Al_2O_3$ 或 MgO	2014	[224]
付鹏冲	VD 前喂 Ba-Si 线	Al_2O_3 类夹杂物转化为钡铝硅酸盐类夹杂物（$mBaO \cdot nAl_2O_3 \cdot xSiO_2$），来改善钢液的流动性，提高钢液的可浇性，减少连铸时中间包水口、结晶器浸入式水口结瘤造成的二次污染	2015	[23]

铝脱氧轴承钢，脱氧产物为群簇状 Al_2O_3，该夹杂物轧制过程不易变形，容易导致应力集中，降低钢材的疲劳寿命。同时 Al_2O_3 夹杂物在浇注过程容易造成水口结瘤，不仅影响结晶器中的流场，结瘤物脱落，还对钢材质量产生不利影响。铝脱氧后随着耐火材料和渣中的 CaO、MgO 被还原进入钢中生成镁铝尖晶石和钙铝酸盐。减少钢中群簇状 Al_2O_3 对于提高钢的质量有重要意义。

Mg、Ba 碱土金属对夹杂物的改性：Mg、Ba 等碱土金属作为变性剂加入钢中，Mg 经过气化、形成气泡上浮，在上浮过程中发生脱氧、脱硫及溶解反应，不仅能与钢中的氧和硫反应起到脱氧脱硫的效果，还能对 Al_2O_3 和 MnS 夹杂物进行变性处理，夹杂物变性的结果是在钢中形成细小弥散分布的 $MgO \cdot Al_2O_3$ 夹杂物，减少了簇状 Al_2O_3 的形成，大大降低了大尺寸 Al_2O_3 夹杂物对钢的危害。而采用钡合金对钢液脱氧则形成大尺寸的低熔点钡系夹杂物，来改变钢液的流动性，提高钢液的可浇性，减少连铸时中间包水口、结晶器水口结瘤。

2.6 耐火材料对轴承钢中夹杂物的影响

钢水从冶炼、运输到浇注整个过程都与耐火炉衬接触，因而耐火材料与钢水之间要发生物理和化学反应，从而对钢水洁净度产生影响，特别是以钢包冶金为代表的炉外精炼用耐火材料对钢水质量有着重要影响。耐火材料在洁净钢冶炼过程中的作用与选择引起了人们的高度重视[225]。提高耐火材料的抗侵蚀性能，对提高炉衬和其他砌筑体的使用寿命，提高设备的生产效率，降低成本，减少产品因为耐火材料引起的污染，提高产品质量都有重要意义[225,226]。

冶炼的钢种不同应选用不同材质的耐火材料[227]。例如，冶炼超低碳钢、IF钢、铝镇静钢宜采用高铝尖晶石浇注料或高铝砖，不宜采用含碳的镁碳砖和镁铝碳砖。而冶炼含锰量和含氧量较高的钢种，宜用抗侵蚀的镁碳砖和铝镁碳砖，而不宜选用高铝砖。对于浇注含钛和铝的不锈钢宜用锆英石砖。对于要求含铬量极低的钢种，不宜用镁铬质砖。对于低磷、低硫钢种以及要求夹杂物少的特殊钢种，宜用白云石质类的碱性砖，不宜用黏土砖、叶蜡石砖。在浇注沸腾钢时，应尽量避免选用含有石墨的砖种和浇注料，否则内衬使用寿命较低。钢包是炼钢生产过程中重要的转运和精炼容器，其内衬材料多采用含碳材料，如 MgO-C 砖、Al_2O_3-MgO-C 砖和铝镁尖晶石碳砖等。随着精炼技术的发展，不含碳的镁铬砖及 Al_2O_3-MgO 浇注料等也被用于钢包工作层。

耐火材料的使用寿命主要取决于两个因素：（1）耐火材料本身的化学稳定性，从热力学的角度决定了耐火材料本身的稳定性和可能与高温熔体发生化学反应的可能性；（2）耐火材料的致密度，从反应动力学的角度在很大程度上决定着耐火材料与高温熔体之间的化学反应进行的快慢。

因耐火材料形成的大型夹杂物组成可大致分为两大类[228]：一类是耐火材料碎片直接被物理卷入到钢液内部，尚未来得及从钢液中排除，它的组成和原来耐火材料组成基本相似，它的产生属于偶然性的；另一类耐火材料夹杂是耐火材料与钢液或熔渣之间的反应产物，它是在炼钢浇注过程中形成的，或者是耐火材料被卷入后又成为后来钢液在冷却凝固时继续脱氧析出的核心，这使它的成分变化相当大，形成的夹杂物新相大部分与原耐火材料不同。

钢包内衬材料的种类对初次脱氧产物的排除有一定影响。如用 Si 脱氧时，脱氧产物的排除速度随耐火材料材质的不同而变化，其排除速度按 SiO_2、MgO、Al_2O_3、$CaO + CaF_2$ 的顺序依次增大。也就是说，随着内衬材料对 SiO_2 亲和力的提高排除速度加快。针对不同的脱氧剂应使用与脱氧产物亲和力较强的耐火材料做内衬材料。

轴承钢中耐火材料侵蚀机理：轴承钢冶炼过程渣和钢液界面在耐火材料上往复运动，使钢渣界面处的耐火材料被侵蚀面积扩大；耐火材料材质中含有一定的 SiO_2 和 MgO，钢液、渣与耐火材料界面由于电化学反应形成 SiO 和 CO[225]；伴随气体的溢出，耐火材料界面的致密度和强度会进一步下降，钢渣界面与耐火材料的接触面积会随着致密度的下降而显著增加，耐火材料的侵蚀会加重。关于轴承钢中耐火材料侵蚀机理总结为以下三种反应模型：碳还原模型[229]、氧化物直接反应模型[230]和置换反应模型[231]。

（1）碳还原模型。关于 MgO 耐火材料内衬和钢水之间的相互作用，Brabie 提出了以下机理，如图 2-72 所示。首先 MgO 先和耐火材料中的碳发生还原反应（2-2），产生 Mg 和 CO 气体。产生的 Mg 和 CO 气泡流向钢水一侧，在钢水和耐火材料界面处发生反应（2-3）和（2-4）[229]。

$$MgO_{(s)} + C_{(s)} =\!=\!= Mg_{(g)} + CO_{(g)} \tag{2-2}$$

$$Mg_{(g)} =\!=\!= [Mg] \tag{2-3}$$

$$CO_{(g)} =\!=\!= [C] + [O] \tag{2-4}$$

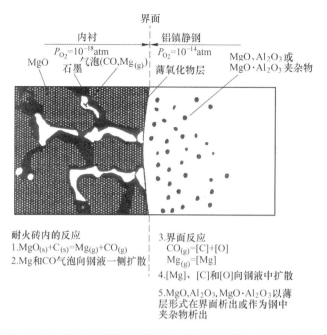

图 2-72　Brabie 的 MgO 基耐火材料引起的钢水中镁铝尖晶石的模型[229]

另外，有可能直接在钢水和耐火材料的界面发生钢水中的碳对 MgO 的还原反应（2-5）

$$MgO_{(s)} + [C] === [Mg] + CO_{(g)} \qquad (2-5)$$

[Mg]、[C] 和 [O] 向钢水中扩散，在钢水中 MgO、Al_2O_3 形核和析出，生成 $Al_2O_3 \cdot MgO$ 镁铝尖晶石，对应反应（2-6）～（2-8）

$$[Mg] + 4[O] + 2[Al] === MgO \cdot Al_{2}O_{3(s)} \qquad (2-6)$$

$$3[Mg] + 4Al_{2}O_{3(s)} === 2[Al] + 3MgO \cdot Al_{2}O_{3(s)} \qquad (2-7)$$

$$3[Mg] + Al_{2}O_{3(s)} === 2[Al] + 3MgO_{(s)} \qquad (2-8)$$

（2）氧化物直接反应模型。钢水中的 Al_2O_3 夹杂物直接和耐火材料中的 MgO 组分发生化学反应（2-9），K. Fujii 等[230] 和 D. Komninou[232] 等研究了这一反应模型。K. Fujii 等得出了图 2-73 夹杂物的生成情况。

石钢试验研究中的钢中 [Al]、[Mg] 和 T. O 值所对应的夹杂物大致在镁铝尖晶石夹杂物范围内。

$$MgO_{(s)} + Al_{2}O_{3(s)} === MgO \cdot Al_{2}O_{3(s)} \qquad (2-9)$$

（3）置换反应模型。G. Okuyama 等[231] 针对铝脱氧铁素体不锈钢在实验室 20kg 真空感应炉内研究了含 MgO(10%) 渣对钢水中镁铝尖晶石夹杂物形成的影响，他们的研究发现随着时间的延长，夹杂物中的 MgO 含量明显增加，直到 26% 左右后稳定下来。他们提出的模型示意图参见图 2-74。模型为：首先在钢渣

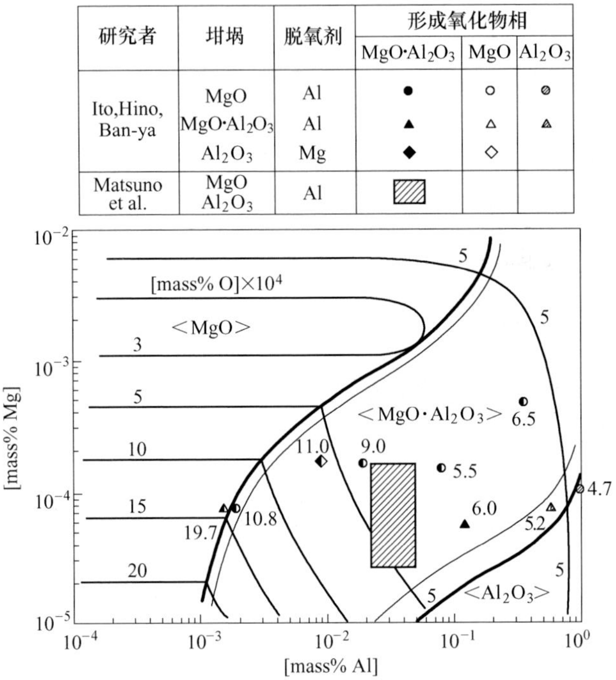

研究者	坩埚	脱氧剂	形成氧化物相		
			MgO·Al₂O₃	MgO	Al₂O₃
Ito,Hino, Ban-ya	MgO	Al	●	○	◎
	MgO·Al₂O₃	Al	▲	△	△
	Al₂O₃	Mg	◆	◇	
Matsuno et al.	MgO Al₂O₃	Al	▨		

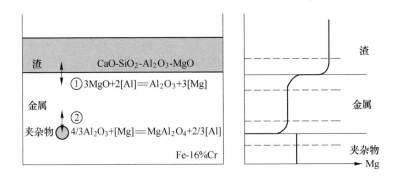

图 2-73　Fujii 等人得出的 1873K 温度下镁铝尖晶石夹杂物的生成情况[230]

图 2-74　渣、金属和夹杂物的反应以及 Mg 在三相中的传递[231]

界面酸溶铝和渣中的 MgO 发生置换反应（2-10），置换反应产生的酸溶镁又和钢水中的 Al₂O₃ 夹杂物发生置换反应（2-11）。

$$2[Al] + 3MgO \Longrightarrow Al_2O_3 + 3[Mg] \qquad (2-10)$$

$$[Mg] + 4/3(Al_2O_3) \Longrightarrow MgAl_2O_4 + 2/3[Al] \qquad (2-11)$$

　　侵蚀后的耐火材料也极易剥落，形成含 MgO 类大颗粒夹杂物。通过优化中间包耐火材料质量，提高耐火材料致密度和耐压强度，降低耐火材料中 MgO、SiO₂ 含量，中间包耐火材料的侵蚀反应大幅度降低[111]。镁铝尖晶石夹杂物的产生和长大由钢渣 MgO 置换反应以及钢水和夹杂物的反应所控制。如果［Mg］在钢水中的传递和扩散为反应的控制环节，则可以推出：

$$\frac{(\text{MgO\%})}{100} \cdot \frac{M_{\text{Mg}}}{M_{\text{MgO}}} = \frac{[\text{Mg\%}]}{100} \cdot L \cdot \left[1 - \exp\left(-\frac{12D_{\text{m}} \cdot \rho_{\text{m}}}{d_{\text{p}}^2 \cdot L \cdot \rho_{\text{s}}}t\right)\right] \quad (2\text{-}12)$$

式中，（MgO%）为夹杂物中的 MgO 浓度，%；［Mg%］为钢水中 Mg 浓度，%；D_{m} 是［Mg］在钢水中的扩散系数，$3.5 \times 10^{-9} \text{m}^2/\text{s}$；$\rho_{\text{m}}$ 和 ρ_{s} 为钢水和夹杂物的密度，分别为 7000kg/m^3、2700kg/m^3；L 为 Mg 在钢水和夹杂物之间的分配系数，4.0×10^{-5}；d_{p} 为夹杂物直径，m。用公式（2-12）计算的预测结果示于图 2-75。表明越小的夹杂物、钢水中 Mg 越高，夹杂物中的 MgO 含量越快达到饱和。在该研究条件下，几乎所有的夹杂物都达到饱和，这就是为什么很多发现的镁铝尖晶石夹杂物中大致 $\text{Al}_2\text{O}_3:\text{MgO} = 72\%:28\%$ 的原因。当然也可能发生置换反应（2-13）和（2-14）[233]。

$$4\text{MgO}_{(\text{s})} + 2[\text{Al}] = \text{MgO} \cdot \text{Al}_2\text{O}_{3(\text{s})} + 3[\text{Mg}] \quad (2\text{-}13)$$

$$3\text{MgO} \cdot \text{Al}_2\text{O}_{3(\text{s})} + 2[\text{Al}] = 4\text{Al}_2\text{O}_{3(\text{s})} + 3[\text{Mg}] \quad (2\text{-}14)$$

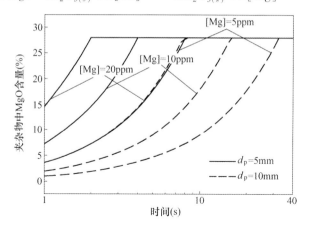

图 2-75 镁铝尖晶石夹杂中 MgO 含量和夹杂物大小、钢水中 Mg 浓度和时间关系

马文俊等[109]研究铝脱氧轴承钢精炼过程钢液与耐火材料之间的反应发现，随着精炼的进行，渣或耐火材料中的 MgO 被还原，钢液中存在少量的 Mg，发生反应（2-15），随着钢液中溶解 Mg 增多，$\text{MgO} \cdot \text{Al}_2\text{O}_3$ 继续与钢液中的 Mg 发生如下反应（2-16），随着精炼的进行，钢液中溶解了少量的 Ca，与钢液中的 $\text{MgO} \cdot \text{Al}_2\text{O}_3$ 发生反应（2-17），钢液中生成了 $\text{CaO} \cdot \text{Al}_2\text{O}_3 \cdot \text{MgO}$ 类夹杂物。

$$4(\text{Al}_2\text{O}_3) + 3[\text{Mg}] = 3(\text{MgO} \cdot \text{Al}_2\text{O}_3) + 2[\text{Al}] \quad (2\text{-}15)$$

$$(\text{MgO} \cdot \text{Al}_2\text{O}_3) + 3[\text{Mg}] = 4(\text{MgO}) + 2[\text{Al}] \quad (2\text{-}16)$$

$$[\text{Ca}] + \text{MgO} \cdot \text{Al}_2\text{O}_3 = \text{CaO} \cdot \text{Al}_2\text{O}_3 + [\text{Mg}] \quad (2\text{-}17)$$

V. Pirozhkova 等[234]研究镁铝尖晶石夹杂物形成机理时认为不只是方镁石

MgO，镁橄榄石 2MgO·SiO₂ 中的 Mg 也可能被还原，进行包括铝氧化物 AlO 和 Al₂O 的复杂多级反应，生成镁铝尖晶石。

中间包到铸坯过程，钢水中 Mg 的升高说明中间包大量 Mg 从内衬进入钢水中，由反应（2-18）造成。以 S20C 钢种为例，钢水中 Mg 的升高而损耗的内衬中 MgO 的量如图 2-76 所示，浇注到 300t 的时候，中间包内衬中的 MgO 损耗可达 56kg。

$$（MgO）\Longrightarrow[Mg]+[O] \quad (2-18)$$

耐火材料的研究和设计的目标首先是要开发满足特定高温工业所需要的耐火材料，在耐火材料与熔体的接触面上建立起抗侵蚀的热力学屏障，减少耐火材料因为侵蚀所引起的变质，其次是如

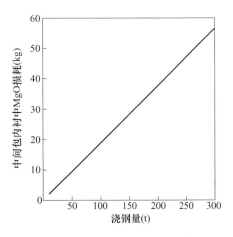

图 2-76 浇注过程中间包内衬中 MgO 的损耗

何改变耐火材料的组织结构，减小其与熔体接触后的相互扩散与渗透速率，从反应速率上来减少因为耐火材料变质所带来的损耗。因此，选择耐火材料首先是要从热力学的角度考虑其高温稳定性，而对于已经选定的耐火材料来说，可以从提高其致密度，减小熔渣与耐火材料作用的表面积，也可以增大工作层中耐火材料重量与被吸收的侵蚀介质的比例。熔渣对耐火材料的渗透速度受渣的黏度、渣对耐火材料的润湿性以及静压等的影响。

关于耐火材料的研究多关注于炉渣对耐火材料的侵蚀。M. Cho 发现[235]，在镁铝质耐火材料与渣的界面上有 MgO·(Al，Fe)₂O₃ 形成，减缓了渣对耐火炉衬的直接侵蚀，在高铝质耐火材料中添加尖晶石，发现随着炉衬中 MgO 含量的提高，其抗渣侵蚀能力提高，而抗炉渣的渗透能力却没有提高。A. Ghosh 通过系统的研究发现[236]，添加 20% 镁铝尖晶石形成的高铝质耐火材料的综合性能最优。

2.7 炉外精炼过程对轴承钢中非金属夹杂物的影响

钢中非金属夹杂物主要来源于冶炼过程中产生的脱氧产物、钢液凝固时析出的硫化物和碳氮化物，以及出钢时残留的钢渣、连铸过程中钢液对耐火材料的侵蚀以及钢液的二次氧化等[237-239]。减少钢中非金属夹杂物，实现洁净钢的生产，是近十几年来炼钢科学技术研究的重点。为减少钢中非金属夹杂物，必须严格控制冶炼和浇注的操作规程。以国内生产轴承钢比较成熟的工艺：BOF/EAF→LF

→VD/RH→CC，对轴承钢中夹杂物工艺控制措施进行总结，结果见表 2-9。

表 2-9 轴承钢中夹杂物控制措施

阶段	各工序常见夹杂物控制要点及手段
原料要求	精料原则，配碳量适宜，减少由合金等原料带入钢中的杂质和气体
铁水预处理	采用铁水预处理技术，控制有害残余元素 S 和 Ti 含量
电炉/转炉	1）保证充足的碳氧反应沸腾强度和时间 2）终点温度和碳含量的控制 3）合理的供氧制度和供电制度 4）远红外成像测渣系统自动判渣 5）EAF 偏心炉底出钢，出钢防止下渣 6）转炉出钢使用挡渣球、挡渣锥、气动挡渣等，出钢扒渣技术 7）脱氧剂种类、加入时间和加入量的控制，保证收得率和脱氧效率 8）出钢避免脱氧剂和精炼渣一起加入，防止卷入钢液
LF 精炼	1）精炼渣系的选择 2）钢包内衬及耐火材料的选择 3）合金有害元素的控制 4）高碱度渣强扩散脱氧技术，有利于降低氧含量，提高钢水洁净度 5）吹氩搅拌强度的控制
VD/RH	1）由于渣钢反应较平静，优选 RH 精炼，降低 D 类夹杂 2）VD 真空度的选择，浅真空技术减弱渣钢反应 3）氩气流量的控制，合理的软吹时间 4）RH 循环流量的控制
中间包	1）防止吸气，防止二次氧化，中间包全封闭技术 2）中间包加热技术，降低钢水过热度，促进等轴晶组织，控制中心偏析；控制钢液温度，保证顺利浇注 3）选择合适包衬耐火材料和熔池覆盖剂 4）堰、坝等控制流场，防止短流 5）中间包容量和内部结构的合理设计 6）控制水口结瘤，防止结瘤物脱落污染钢液
结晶器	1）控制结晶器内的流场，防止卷渣 2）保护渣的物理性能 3）合适的 SEN 吹氩量 4）电磁搅拌技术 5）结晶器液位自动控制技术
连铸机及二冷	1）连铸机的选择，为促进夹杂物上浮，减少夹杂物被凝固坯壳捕捉，增加连铸机直立段长度，最好采用直立式连铸机 2）连铸拉速的控制 3）控制冷却强度

　　控制夹杂物主要有以下两种手段：一是减少钢中夹杂物数量；二是控制夹杂物的形态与分布。采取铁水预处理、炉外精炼等方法，根据不同生产设备和生产条件，最大化地降低钛、氧含量，减少耐火材料侵蚀和二次氧化；依靠精炼渣成分和变性处理的方法，改善夹杂物形态与分布；减少出钢过程带渣量，实现无渣出钢，可以提高钢液洁净度、减少铝的消耗、提高脱硫率、防止回磷。20 世纪50 年代出现了对钢液进行工业性炉外处理，发展至今，其手段不断完善，有吹氩、真空、渣洗、加热、合金化、调温、成分微调等。其发展阶段主要有三个：脱气装置的诞生到加热功能，再到整个炉外精炼工艺的优化。中间包作为重要的冶金反应器，选择合适的包衬耐火材料和熔池覆盖剂至关重要，既减少热损失，又有利于吸附分离上浮的夹杂物。结晶器保护渣除了防止钢液面二次氧化外，更主要的是吸收钢液上浮的夹杂物，并借助渣的保温和润滑作用，改善铸坯表面和低倍质量。

　　夹杂物去除的具体方式主要有以下几种[240]：（1）上浮至钢液顶部被渣层吸收。（2）由于湍流等作用，夹杂物有足够的机会和足够的数量相互接触、碰撞而聚合成大颗粒夹杂物。这对夹杂物的去除有两个方面的作用：一是碰撞后小颗粒夹杂物减少，大颗粒夹杂物增多。二是碰撞聚合成大颗粒夹杂物，上浮速度增大，更易于从系统中去除。（3）夹杂物与耐火材料内衬表面及流动控制装置固体表面相接触，使夹杂物粘附于固体表面上，从而从系统中去除。（4）利用气泡对夹杂物进行吸附，使夹杂物上浮去除。（5）采用电磁装置，利用电磁力的驱动对夹杂物的去除起到促进作用。

2.7.1　VD 吹氩的影响

　　氩气搅拌改善了钢包精炼的动力学条件，除了使成分、温度均匀化以外，更重要的是能去除钢中非金属夹杂物，达到降低氧含量的目的。氩气是惰性气体，吹入钢液不参与化学反应，不溶解于钢液。氩气泡对于钢液中的溶解气体相当于一个个细小的"真空室"，分压几乎为零，钢中溶解氮、氢不断向气泡中扩散，最后随气泡逸出钢液。氩气泡上浮过程推动钢液运动起到搅拌作用，促进钢液温度和成分的均匀，去除夹杂物。夹杂物的上浮速度与吹氩压力、流量、时间、气泡大小关系密切。精炼初期采用较大的吹氩强度；抽真空时，随着真空度的提高，搅拌功率增大，氩气流量相应减少；真空结束后，继续以较小氩气流量进行软吹氩。软吹氩十分重要，有利于夹杂物通过碰撞长大并上浮到炉渣中。吹氩流量的控制非常重要，吹氩流量过小，夹杂物粘附的氩气泡数量减少，造成氩气带入渣中的夹杂物数量下降，影响夹杂物去除效果；吹氩流量过大，有可能使上浮的夹杂物随钢流的循环重新进入钢液或造成卷渣，引起夹杂物及全氧含量增加[14,241]。

由于各厂的工况不同，对钢水浇注软吹氩时间控制并不完全一样。李京社[242]研究认为，真空后软吹时间超过15min 对降低钢中的氧含量没有意义。王文军[243]得出的结论是随着软吹氩气时间的增加，钢中氧含量不断降低，在软吹氩 12min 后，钢水氧含量变化不明显，从软吹氩过程中钢中夹杂物含量变化来看，钢包软吹氩时间应保持在 15min 以上。李强[244]研究 X80 管线钢，综合夹杂物的去除效果认为软吹时间控制在 20 ~ 25min 为宜，时间过久，钢中全氧含量略有回升，25min 内大尺寸夹杂物基本去除完毕，且吹氩时间过久使钢水温降增大。

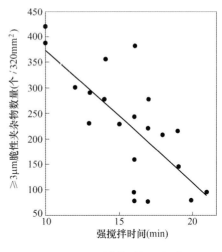

图 2-77 VD Ar 强搅拌时间对钢中≥3μm 夹杂物个数的影响[137]

耿克研究统计了氧化类脆性夹杂物（≥3μm）的个数与 VD 真空脱气吹氩搅拌时间的相关性（图 2-77），适当延长强搅拌时间可显著减少夹杂物的数量[137]。

2.7.2 VD 真空处理的影响

VD 法是把钢包真空脱气法和吹氩搅拌相结合产生的一种方法。在真空状态下吹氩搅拌钢液，一方面增加了钢液与真空的接触面积；另一方面包底上浮的氩气泡相对于钢液中溶解的气体就像一个个细小的"真空室"，分压几乎为零，吸收钢液内溶解的气体，加强了真空脱气效果，同时上浮的氩气泡还能粘附非金属夹杂物，促使夹杂物从钢液内排除，使钢的洁净度提高。另外，VD 过程渣钢剧烈反应，渣中 CaO、MgO 被还原为［Ca］和［Mg］进入钢液，与钢中 Al$_2$O$_3$ 夹杂物反应生成镁铝尖晶石和钙铝酸盐，导致钢中 Ds 类夹杂数量增加，可能导致水口结瘤和最终轧材中出现 Ds 类夹杂缺陷，影响轴承钢的质量水平。

真空过程钢液脱气是依据氩气泡携带法脱氮脱氢的，原理为平方根定律。氩气泡所受的总压力与钢液高度呈线性关系，包括钢液引起的静压力，真空造成的顶压力和钢液表面张力引起的附加压力。由于钢液表面张力引起的附加压力很小，可以忽略。而当真空度很高时，真空造成的顶压力可以忽略，此时氩气泡所受压力仅为钢液静压力；而当真空度低时，氩气泡所受压力为钢液引起的静压力与真空造成的顶压力之和。VD 过程真空度及真空处理时间的控制对于夹杂物的上浮去除非常重要。

L. Huet[245]研究轴承钢真空脱气处理，分析了尺寸为 1 ~ 10μm 的夹杂物 250 个，其对应尺寸分布如图 2-78 所示，采用真空脱气操作使尺寸大于 5μm 的夹杂物明显减少。胡文豪[246]等研究 GCr15 轴承钢 VD 过程真空度与钢中氧含量的关系，得到真空度与总氧含量的关系，如图 2-79 所示。当真空度大于 80Pa 时，氧含量随着真空度的提高而呈现明显的下降趋势，当小于 80Pa 后曲线下降趋势变缓，氧含量随真空度的提高下降幅度减小；当小于 67Pa 时，氧含量反而呈上升趋势，主要原因是随着真空度的下降，在底吹氩的相互作用下，搅拌功率大幅增加，剧烈搅拌使得精炼渣被卷入，增加钢中的氧含量。

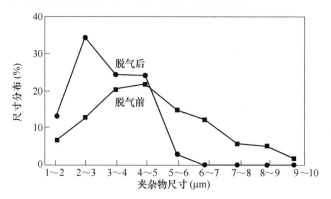

图 2-78　真空脱气处理前后夹杂物尺寸分布[245]

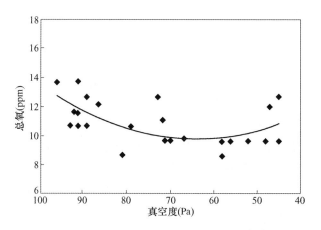

图 2-79　VD 真空度对钢中总氧的影响[246]

轴承钢 VD 冶炼研究表明：温度比较低时，真空度对于渣中 CaO 还原影响有限。当温度高于 1600℃时，真空度对渣中 CaO 还原有明显影响。随着真空度的提高，钢中的钙含量增大，钢中 D 类夹杂增加，从而降低轴承钢寿命[159]。图 2-80 为真空度对钢中钙含量的影响。随着真空度的提高，钢中的钙含量增大，为了减少钢中的钙含量，合理控制进 VD 炉的钢液温度及真空度。

VD 真空过程的主要作用是利用真空条件下良好的动力学条件，使未能在 LF

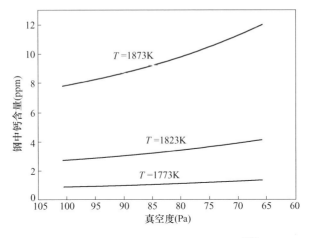

图 2-80 真空度对钢中钙含量的影响[159]

炉上浮的 Al_2O_3 等一次脱氧产物和二次脱氧产物充分上浮排出钢液，所以在极限真空度下的保持时间是真空精炼的重要工艺参数之一[246]。真空处理时间不足则影响夹杂物的上浮去除；时间过长则使钢液温降严重，影响后续浇注等工艺，影响生产顺行。前人研究发现，杭钢轴承钢精炼 VD 真空时间在 16min 之内，钢中的总氧量随着真空时间的延长明显降低，而且 16min 后氧含量下降速度减慢，大于 20min 后，氧含量几乎不变，但温降仍保持进行。

2.7.3 RH 精炼过程的影响

2.7.3.1 RH 精炼工艺的发展及特点

1959 年，联邦德国鲁尔钢（Ruhrstahl）公司（后改为莱茵钢（Rheinstahl）公司，现为 ATH 公司）和赫拉乌斯（Heraeus）公司共同开发了钢水循环脱气法（RH）[247]。德国 MESSO 公司首先建立了 RH 工艺。在当时应用 RH 的主要目的是对钢水进行脱氢处理，从而防止钢中白点的产生。RH 处理工艺仅限于对气体有较严格要求的钢种，如大型锻件用钢、厚板钢、硅钢及轴承钢等。图 2-81 为 RH 真空处理设备示意图。

1967 年，我国大冶钢厂从德国引进第一代 RH 真空处理设备和平炉相配套生产轴承钢。1972 年，新日铁室兰厂依据采用 VOD 技术生产不锈钢的原理，开发了 RH-OB 真空吹氧技术。RH-OB 真空精炼工艺技术，利用 RH-OB 真空吹氧法进行强制脱碳、加铝吹氧升高钢水温度、生产铝镇静钢等，从而减轻了转炉负担，提高了转炉作业率，降低了脱氧铝耗[248]。但该工艺也存在缺点，RH-OB 喷嘴寿命低，降低了 RH-OB 设备的作业率，喷溅严重。RH 真空室易结瘤，辅助作业时间延长，要求增加 RH 真空泵的能力。这些问题阻碍了 RH-OB 真空吹氧技术的进一步发展[249]。图 2-82 为 RH-OB 法示意图。

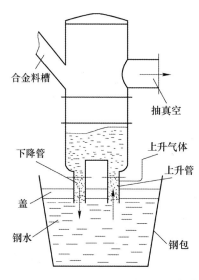
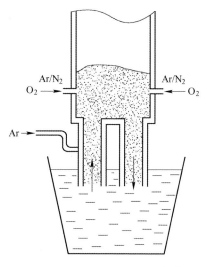

图 2-81 RH 真空处理设备示意图[259]　　　　图 2-82 RH-OB 法示意图[259]

1982 年，徐匡迪发表了 RH-IJ 技术（RH 喷粉技术）的实验室报告[250]，这项技术可在一次操作中同时达到脱硫、脱氢、脱碳、减少非金属夹杂物和调整成分的目的。新日铁名古屋厂于 1987 年研制成功 RH-PB 法，不仅可以生产出超低硫、极低碳和超低磷钢，而且在处理过程中氢含量是降低的[251]。它利用原有 RH-OB 法真空室下部底吹氧喷嘴，使其具有喷粉功能，依靠载气将粉剂通过 OB 喷嘴吹入钢液。RH 真空室下部装有两个喷嘴，可以利用切换阀门来改变吹氧方式还是喷粉方式。同时通过加铝可使钢水升温。此法还具有良好的去氢效果，不会影响传统的 RH 真空脱气的能力，更不会有吸氮之忧[252]。

RH 技术发展到今天，KTB、MFB 和 MESID 枪均具备诸如吹氧脱碳、加铝升温、喷粉脱硫磷及吹燃气加热的功能。图 2-83 为 RH-KTB 法示意图。该法提高了脱碳速率，缓解了 Al_2O_3 造成的水口堵塞问题，减轻了 RH 真空室的冷钢粘结。1993 年 8 月新日铁在广畑厂建立了第一台 RH 多功能喷嘴设备，简称 RH-MFB 真空装置（图 2-84）。该法具有如下优点：即使在出钢碳含量高的情况下，也能安全地生产低碳钢；用价格便宜的高碳合金取代价格昂贵的低碳合金，节约成本；减少脱碳时间；增加了脱硫喷粉装置。RH-MFB 法的主要功能是在真空状态下的吹氧强脱碳、铝化学加热，在大气状态下吹氧或天然气燃烧加热烘烤真空室及清除真空室内壁形成的结瘤物，真空状态下吹天然气或氧气燃烧加热钢水及防止真空室顶部形成结瘤物[253]。其冶金功能与 KTB 真空顶吹氧技术相近。

为了更好地去除夹杂物，Nippon Kokan Keihin Works 发明了一种新的方法 NK-PERM[254]。该方法要点是：钢水中由顶枪鼓入气体（如 N_2），呈饱和状态；

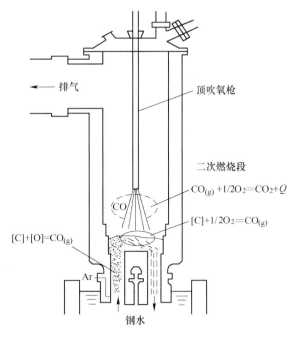

图 2-83 RH-KTB 法示意图[259]

当钢中溶解足够多气体时再进行脱气。图 2-85 为 NK-PERM 方法与传统 RH 方法脱氮、脱氧结果对比图,由图中可以看出随着 RH 处理时间的延长,钢中氮含量和氧含量均显著下降。PERM 方法处理钢中氮含量高于传统方法,但氧含量达到很低水平。

图 2-86 为 1959~1992 年德国 Thyssenstahl AG 公司 RH 设备几何外形的发展情况,RH 高度不断增加,至 1992 年达 10 米以上[255]。

RH 基本工艺中大都包括本处理(脱氢)工艺、深脱碳(脱碳本处理)工艺、轻处理和中间处理工艺、深脱氧工艺、喷粉工艺等。正确地选择和组合这些基本工艺,合理地制定不同钢种的处理方法(真空度、真空下保持时间和循环次数、环流气体流量的变化、

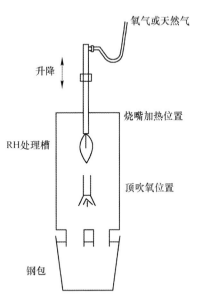

图 2-84 RH-MFB 法示意图[259]

顶吹供氧量、喷吹粉剂成分及数量等),即可生产大多数高附加值钢种(如 IF 钢及 DI 材等超低碳钢、冷轧取向和无取向硅钢、管线钢、合金结构钢、弹簧钢、

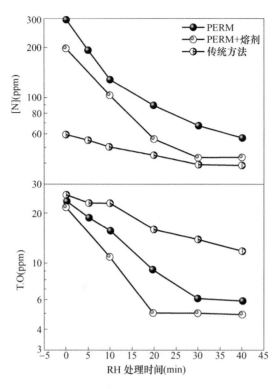

图 2-85　NK-PERM 方法与传统方法脱氮、脱氧结果对比图[254]

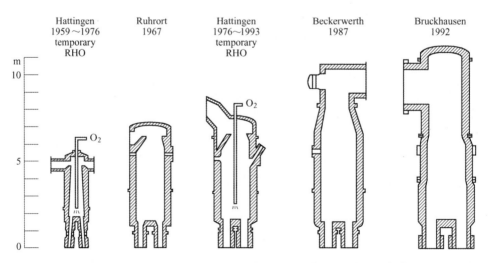

图 2-86　德国 Thyssenstahl AG 公司 RH 设备几何外形的发展[255]

轴承钢、SPCC 类一般深冲用钢、焊接高强度钢、耐候钢、锅炉及压力容器用钢等）。为了减少钢中的有害气体和夹杂物，净化钢水，提高钢材的内在质量，改善机械性能，国内外各大钢厂均采用了各种脱气方法，其中 RH 真空循环脱气法生产能力大，脱气效果好，适用于高生产率的氧气顶吹转炉。钢水的脱气就是溶解在钢水中的气体向气相迁移的过程，其步骤为：通过扩散，钢水中的气体原子逐渐迁移到钢水表面；原子由溶解状态转变为表面吸附状态；吸附在钢水表面的同类原子相互作用生成气体分子；吸附的气体分子进入气相后被真空泵抽走。RH 先行处理是对钢种进行正规处理前，根据钢水处理前温度、成分所做的调整处理。RH 轻处理技术是在较低真空度下对钢液温度、成分进行调整的处理。RH 本处理技术又叫脱氢处理，是在 67Pa 的高真空度下，钢水以最大环流速度处理一段时间，使得钢液中 [H] < 2ppm，[N] 低至 20ppm。中间处理是真空度介于轻处理和本处理之间时对钢水的处理。RH 的主体设备包括真空室及附属设备、气体冷却器、真空排气装置、合金称量台车及加料装置。

RH 工艺特点为：（1）反应速度快，表观脱碳速度常数 k_C 可达到 3.5min^{-1}，处理周期短，生产效率高，常与转炉配套使用；（2）反应效率高，钢水直接在真空室内进行反应，可生产 H ≤ 0.5ppm，N ≤ 25ppm，C ≤ 10ppm 的超纯净钢；（3）可通过吹氧脱碳和二次燃烧进行热补偿，减少处理温降；（4）可进行喷粉脱硫，生产 [S] ≤ 5ppm 的超低硫钢。

溶解的氢使钢变脆，其程度与钢的成分有关。氢可在钢中形成白点，对某些重要钢材，如锻件、钢轨、型钢、容器和管道，氢诱导裂纹可引起使用过程中的损坏，使其延展性、疲劳寿命等性能降低[256,257]。氢脆现象在高强钢中更明显[258]。熔体中的氢来源很多，主要来源是炼钢原料和与钢接触的介质中的水分，特别是石灰与空气中的水分。在电弧炉炼钢过程中，暴露的电弧从大气中吸收水分速度较快，埋弧操作吸收水分的速度较慢，造泡沫渣有助于减少水分的吸收。

RH 真空脱气原理如图 2-87 所示。在 1600℃ 下，氢、氮的平衡含量与氢气、氮气在气相中的分压成正比例关系。炼钢炉渣有很强的吸水能力，炉渣碱度越高吸湿性越强。因此在出钢前，熔池中氢含量会有所增高。如果通过真空或者吹入氩气等手段降低 H$_2$、N$_2$ 的分压，对应钢液中氢、氮的平衡含量将降低。氢在精炼工序中经真空处理很容易去除[55]。通常的电炉钢氢含量为4 ~

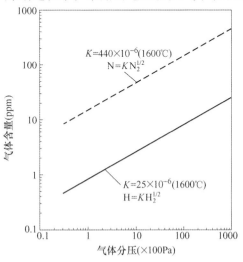

图 2-87 钢中气体含量与压力的关系
（SMS Mevac 公司）[260]

7ppm，经一定时间真空处理后可降至 1~2ppm。在实际生产中，很难达到完全平衡状态。另外，脱气效果还受钢中其他元素的影响，铬元素可以减小氮的活度，而碳元素增加氮的活度，因此高铬不锈钢很难除氮，而高碳钢容易除氮。研究发现，硫或氧非常低的钢容易除氮，因为 S/O 被称为 "表面活性元素"[260,261]。Ti、Nb、Zr、Th 及稀土元素 Ce、La、Nd 等能提高氢的溶解度；C、Si、B、Al 等元素能降低氢的溶解度；Mn、Mo、Co、Ni、Cr 等元素对氢的溶解度影响不大[35]。

关于钢中溶解气体 H、N 形核去除存在不同的机理，如图 2-88 所示[262]，以 H 为例的原因是它不和钢中其他元素反应。溶解气体的去除包括：（1）自发形核，理论估计该种形核机理需要的形核能表明，在实际钢厂生产条件下不会发生自发形核。（2）异相形核，溶解氢向耐火材料孔隙扩散，形成颗粒，当孔隙中气压达一定值后形成气泡，意味着气泡直径超过临界直径。气泡离开孔隙并在钢液中上升，上升的同时气泡直径增大并吸收钢中其他气体。（3）向钢中通入净化气体，钢中溶解气体 H、N 向净化气体或已经存在的 CO 气泡中扩散。（4）直接向气相中扩散。前人研究表明轴承钢热处理过程氢含量会有所增加。氢含量的增加主要是加热时金属从大气中吸氢的缘故[35]。Akbasoglu 和 Edmonds[263]研究表明贝氏体轴承钢抗氢脆性能优于马氏体轴承钢。

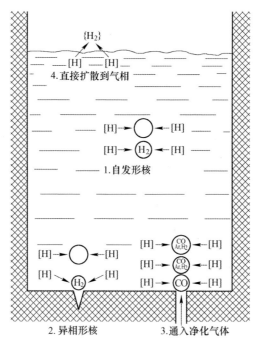

图 2-88　不同脱气机理阐释图[262]

循环流量是指单位时间内通过 RH 真空槽的钢液量，它反映了 RH 精炼能力的大小。循环流量是 RH 精炼过程的操作和工艺中最重要的参数，它决定着整个体系内钢液的流动状态、混合特性和平均停留时间。反应动力学过程受到钢水循环流量和钢水传质系数的限制，这些参数对脱碳、脱氧、脱氢、去除夹杂物及钢水混合效率起着重要作用。表 2-10 为对前人研究得到 RH 循环流量计算公式的总结。由表中可知，影响钢液循环流量的主要工艺参数为：气体流量 Q_g、浸渍管内径 D、吹气深度 H 及气体压力 P。

表 2-10 RH 循环流量的计算公式总结

研究者	关联公式	年份	文献
D. Miyagawa	$Q_1 = 0.04D_u^{1.8}Q_g^{0.1}$	1967	[265]
H. Watanabe	$Q_1 = 0.02D_u^{1.5}Q_g^{0.33}$	1968	[266]
田中英雄	$Q_1 = k(HQ_g^{5/6}D_u^2)^{1/2}$	1978	[267]
K. Ono	$Q_1 = 0.0038D_u^{0.3}D_d^{1.1}Q_g^{0.31}H^{0.5}$	1981	[268]
V. Seshadri	$Q_1 = 5.89Q_g^{0.33}$	1986	[269]
T. Kuwabara	$Q_1 = 11.4Q_g^{1/3}D_u^{4/3}\left\{\ln\left(\dfrac{P_1}{P_2}\right)\right\}^{1/3}$	1988	[270]
区铁	$Q_1 = 10.9Q_g^{1/3}D_u^{4/3}\left\{\ln\left(\dfrac{P_1}{P_2}\right)\right\}^{1/3}$	1993	[271]
彭一川	$Q_1 = \alpha Q_g^{1/3}$	1994	[272]
郁能文	$Q_1 = 0.0271Q_g^{0.26}D_u^{0.72}D_d^{0.84}$	1997	[273]
贾斌	$Q_1 = 15.3Q_g^{1/3}D_u^{4/3}[0.346P_1' + 0.371\ln(P_1/P_2)]$	2000	[274]
朱德平	$Q_1 = 0.0333Q_g^{0.26}D_u^{0.69}D_d^{0.80}$	2001	[275]

RH 纯脱气时间对钢水中氧含量的影响很大，一方面 RH 工艺要有足够的循环时间来保证夹杂物充分的碰撞长大和去除。另一方面，RH 工艺的脱氧时间不能太长，脱氧时间长会影响生产的节奏，而且钢水的温降也很严重。图 2-89 为 RH 纯脱气时间与轴承钢全氧含量关系。前 14min 氧含量下降比较快，脱氧速率相对较高，因为脱氧初期钢中的夹杂物的数量相对较多，夹杂物相对

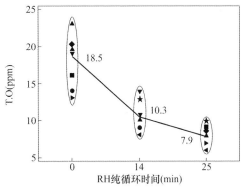

图 2-89 轴承钢 T. O 与 RH 纯循环时间的关系[264]

容易碰撞长大、上浮去除。14 ~ 25min，氧含量下降较慢，脱氧的速率也比较低，因为脱氧时间越长，夹杂物数量越少，夹杂物碰撞的几率也小，夹杂物相对不容易碰撞去除。结果表明采用 RH 工艺生产轴承钢可以显著降低钢水中的氧含量，RH 纯脱气时间由 14min 增加到 25min，可以使钢中最低 T. O 降至 6ppm，达到很好的脱氧效果[264]。图 2-90 为国内某厂生产轴承钢 RH 真空处理时间与钢

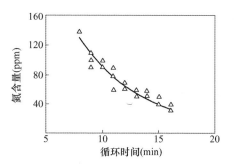

图 2-90 RH 真空处理时间与轴承
钢氮含量的关系[28]

中氮含量的关系。钢水进站 N > 80ppm，经真空处理后钢水氮含量完全能够控制到 60ppm 以下，最低达到 30ppm。同时，T. O 完全控制在 10ppm 以下，H 控制在 1.5ppm 以下。

RH 吹氩量对钢水洁净度影响较大，选择氩气的原因是其既不与钢液反应，又不溶解于钢液。钢中大颗粒夹杂物易于上浮去除，而小颗粒夹杂物需要通过碰撞聚合后才能上浮去除，RH 工艺生产轴承钢去除夹杂物的关键环节是夹杂物的碰撞长大。试验增大 RH 吹氩量，提高了 RH 的循环流量，进而加强了对钢包内钢水的搅拌[183]，增加夹杂物的碰撞率，加快夹杂物的长大去除。在一定范围内增大 RH 吹氩量，有利于提高氧化物夹杂去除的速度，降低钢水中的氧含量。图 2-91 为 RH 处理 14min 时，吹氩量为 60m³/h 和 72m³/h 的钢中 T. O 的对比情况。吹氩量为 72m³/h 比 60m³/h 的平均 T. O 低 11.2%，在试验的 RH 吹氩量范围内，增加吹氩量加快了氧化物夹杂去除速度，提高脱氧能力[264]。

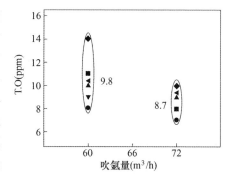

图 2-91 RH 吹氩量与轴承
钢 T. O 关系图[264]

2.7.3.2 RH 生产轴承钢的优越性

RH 作为炼钢过程中重要的精炼手段，具有精炼效率高、适应批量处理、装备投资少、易操作等优点；并且 RH 处理工艺具有良好的脱碳、脱氢及脱氧去夹杂的功能，经循环处理后，脱氧钢可脱氢约 65%，未脱氧钢可脱氢 70%；循环处理时，碳有一定的脱氧作用，特别是当原始氧含量较高，这种作用就更加明显，实测发现，处理过程中的碳含量和溶解氧的降低量之比约为 3:4，这表明钢中溶解氧的脱除主要依靠真空下碳的脱氧作用。RH 的脱氧优势在国外的轴承钢

生产中早就得到了很好的应用，RH 较多配备大吨位转炉和板坯连铸车间，并且 RH 的生产节奏与 VD 相比较快，更适合与转炉配合使用。山阳特殊钢轴承钢真空精炼原采用 VD 真空精炼工艺。1968 年改为采用 RH 真空精炼工艺，对轴承钢总氧含量降低起到了非常重要的作用。与 VD 精炼工艺相比，在 RH 精炼中渣-钢界面相对"平静"，炉渣卷入钢液形成的夹杂物量减少，避免了渣钢剧烈反应导致渣中 CaO 大量被还原进入钢液，钢中 Ds 类夹杂数量增加，影响轴承钢的质量水平。此外，RH 精炼过程渣-钢间基本不发生式（2-19）的脱硫反应，由于脱硫而生成的 Al_2O_3 夹杂物量减少。山阳特殊钢 RH 真空抽气能力为 400kg/h（67Pa 时），精炼时间为 20 ~ 60min[276]。值得注意的是，日本的特殊钢厂生产轴承钢，RH 精炼时间大多较长，如 JFE 仓敷钢厂轴承钢 RH 精炼时间延长至与连铸周期相当[277]。

$$3(CaO) + 2[Al] + 3[S] \Longrightarrow 3(CaS) + (Al_2O_3) \qquad (2-19)$$

图 2-92[278] 为深冲钢 RH 循环脱气法处理时间与全氧含量的关系。设备容量为 250t，BOF 深脱碳后非镇静情况下出钢进入 $ZrO_2 \cdot SiO_2$ 质钢包，由于 CO 的生成，真空处理 8min 左右氧含量由 300ppm 减少至 150ppm。之后加入一定量的 Al，真空处理 15min，氧含量下降至 50ppm，处理 29min，氧含量在 20 ~ 35ppm 之间。连铸过程氧含量继续下降，铸坯中全氧含量达 10 ~ 15ppm。

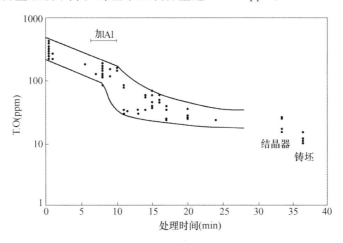

图 2-92 RH 循环脱气处理氧含量变化情况[278]

图 2-93 为采用 EAF + LF + RH + FT 喂线生产线生产不同钢种氧含量与原生产线 EAF + VD + LF + FT 喂线变化情况。可见采用 RH 精炼工艺后，浇注钢水样的氧含量下降 11% ~ 26%，轴承钢下降最多，达 26%。用 RH 取代 VD 脱气后，钢包需要的自由空间减少，出钢量增加 20 ~ 40t，生产能力提高约 20%，能耗和电极消耗降低，连铸坯的收得率提高[279,280]。

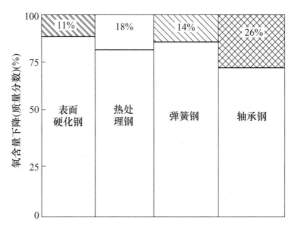

图 2-93　德国克虏伯公司二次精炼制度改进与氧含量降低结果[55]

　　VD 真空精炼过程是一个渣洗的过程，钢渣充分接触，为钢渣反应提供了很好的动力学条件。但处理结束后钢渣完全分离需要较长时间，是现代高效炼钢越来越不可接受的。对于轴承钢钢渣充分接触、充分反应，使得渣中 CaO 大量被还原进入钢液，钢中 Ds 类夹杂数量增加，影响轴承钢的质量水平，而 RH 的高效恰恰满足了现代炼钢高效的需要，同时 RH 精炼渣很少，避免了渣钢反应，减轻了轴承钢 Ds 类夹杂的危害。表 2-11 为传统 BOF—LF—VD 工艺和某钢厂新建的 EAF/BOF—LF—RH 工艺优点对比情况。传统 BOF—LF—VD 工艺有着成本低等优点，而 RH 有着生产率高、温降小、周期短等优点。表 2-12 为循环脱气与钢包脱气特点对比。RH 循环脱气与 VD 钢包脱气相比，有占地空间小、对渣无特殊要求、周期短、终点碳含量低、温降小等优点；但也存在脱硫受限、投资高等缺点[281]。

表 2-11　两种工艺优点对比

挑战：低 [S]，减少 [N]	
传统工艺路线 　BOF—LF—VD 有利条件： 　—　低成本 　—　良好的脱碳 　—　脱硫和脱气	新选择工艺路线 　EAF/BOF—LF—RH 有利条件： 　—　高生产率 　—　温降小 　—　良好的脱碳 　—　精确合金化 　—　循环周期短

表 2-12 循环脱气与钢包脱气特点对比表[281]

项　目	钢　包　脱　气	循　环　脱　气
高度	总体≥1000mm	≥2000mm
	超低碳和低氮级别≥1300mm	
透气塞	1 个或多个	无要求
无渣出钢	要求	无要求
循环时间	长	短
终点碳含量	≈20ppm	≈15ppm
脱硫	良好	未应用
脱氮	比循环脱气略好	受限制
温降	比循环脱气高（取决于设计）	低
耐火材料消耗	钢包渣线磨损增加	真空室耐火材料寿命更长
投资成本	低	高

2.7.4 温度控制的影响

　　转炉—精炼—连铸过程钢水的温度控制，对于保证生产顺行及连铸坯的质量至关重要。其温度制度的制定依据是保证连铸的浇注温度处于最佳的目标值范围，同时在节奏上要为多炉连浇创造条件，从连铸浇注温度出发向前逐一对 VD 处理终点温度、LF 炉精炼终点温度和出钢温度提出要求。图 2-94 为 Huet 等研究瑞典 Ovako 钢厂轴承钢出钢温度与 LF 精炼开始阶段夹杂物数量关系图。随着出钢温度的增加，夹杂物数量增多[245]。原因可能是出钢温度增加，使得 LF 精炼时

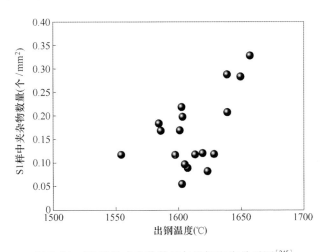

图 2-94 LF 进站夹杂物数量与出钢温度关系图[245]

间减少，夹杂物上浮去除效果变差。LF 炉有调温功能，VD 处理期间是降温过程，并且终点温度直接影响连铸的浇注，因此对 VD 过程钢水温度变化进行精确预报和控制尤为重要。VD 钢水温度过高，耐火材料严重冲蚀，使得钢中夹杂物增多，连铸过程拉速降低，破坏生产节奏，不仅造成能源的浪费，对于连铸操作和铸坯质量也不利；但温度过低，重新回 LF 工位加热，会破坏生产的节奏，影响生产顺行，如果不加热直接进行连铸生产，则钢水温度过低可能产生凝壳，钢水黏稠使得夹杂物不能上浮而聚集，还可能导致水口冻结，影响铸钢质量，严重时造成生产中断。因此，为了控制 VD 过程温度变化，考虑钢包状况、精炼时间、真空温降、精炼渣性能等诸多方面，建立合理的温度制度，精确控制钢液温度，保证生产顺行至关重要[241]。

2.8 中间包冶金对轴承钢中夹杂物的影响

为了保证生产顺行，为连铸提供温度适宜、洁净度良好的钢液，钢液成分范围要尽可能精确控制，钢液温度和过热度要在较长时间保持稳定。中间包作为钢水的最后一个耐火材料容器，不仅仅是简单的过渡容器，而是一个连续的冶金反应器，对钢水洁净度至关重要，中间包冶金应该发挥的作用包括[25,51]：（1）改善钢液流动条件，最大可能去除钢中非金属夹杂物，提高钢水洁净度；（2）防止短路流，减少死区，改进流线方向，增加钢液的停留时间；（3）选择合适的包衬耐火材料和熔池覆盖剂，既减少热损失又有利于吸附分离上浮的夹杂物；（4）清除钢液再次污染的来源，即防止二次氧化、减轻耐火材料侵蚀、减少钢包渣的卷入以及渣中不稳定氧化物的危害；（5）控制好钢液温度，必要时增加加热措施，使钢液过热度保持稳定[282,123]。关于中间包设计及操作工艺要点总结如表 2-13 所示。

表 2-13 中间包设计及操作工艺核心

内容	设计及工艺操作核心
中间包设计	1）中间包容量的确定，决定着钢水在中间包中停留的时间 2）中间包液面高度是设计中间包的重要工艺参数之一 3）中间包流体力学最佳化，钢液无死区，保证温度均匀性，设置挡渣墙、坝、过滤器 4）中间包内衬耐火材料的选择
注流和中间包液面稳定	1）钢包注流在中间包内的落点位置必须选择适当 2）保证中间包液面相对平静
稳定的拉坯速度	为减少因拉速提高对排渣率的不良影响，可适当增加中间包的液面高度，保持拉速稳定

内容	设计及工艺操作核心
保护浇注的 工艺操作	1）惰性气体保护浇注，氩气流量的选择 2）长水口保护浇注 3）合理的加盖密封技术
中间包保护渣 选择	1）绝热保温，减少热损 2）隔开空气，防止钢水二次氧化 3）吸收从钢液中上浮到钢渣界面上的夹杂物，以利于净化钢液
相关监测控制 技术	1）下渣监测系统、液面控制系统等 2）加热、合金微调、夹杂物形态控制技术

2.8.1 中间包全封闭技术

为保护钢水不被空气、炉渣、耐火材料等二次氧化，控制中间包内氧气含量，采用中间包全封闭结构。该技术不采用常规长水口结构，在控制二次氧化发生的同时可消除覆盖剂对钢液的污染。图2-95[5,83]为山阳特殊钢生产轴承钢采用

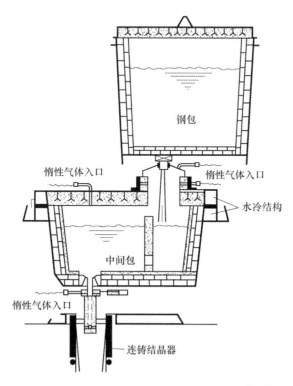

图2-95 山阳特殊钢连铸中间包密封结构图[5,83]

的连铸中间包全密封结构示意图。与大多数钢厂为促进钢液中夹杂物上浮而采用大容量中间包和在包内设置复杂坝、堰结构有所不同，山阳特殊钢认为，在经 RH 精炼处理后钢水总氧含量降低至 4～6ppm，连铸中间包的主要任务不再是促进夹杂物上浮，而是保护钢水不被空气、炉渣、耐火材料等二次氧化。为此，山阳特殊钢采用了容量相对较小的中间包（20t），并发明了其称之为"完全断气"的全封闭式中间包。该中间包包体与包盖相接部位采用水冷箱框架以保证密封，钢水包与中间包之间采用耐火帘布加充氩密封方式（不采用常规长水口结构），包盖上所有开孔（取样测温孔、观测孔等）全部封闭，并向包内充入适量氩气。山阳特殊钢中间包内气氛氧气含量接近于零[276,283]，非常有效地抑制了钢水二次氧化，对减少钢中夹杂物（尤其是大尺寸夹杂物）发挥了非常重要作用。山阳特殊钢"完全断气"中间包防止钢水二次氧化的效果可由其钢水可浇性的优良证明，对［Al］含量大于150ppm轴承钢，该厂曾创造了单一中间包连续浇注88小时、78炉钢、11500t 钢水，浸入式水口无 Al_2O_3 等夹杂物粘结、堵塞的纪录[284]。

　　表 2-14 为瑞典 Ovako 公司浇注过程氩封对钢中氧含量和氮含量的影响。由表中结果可以看出，采用氩封的试样 1 氮含量平均值为 88ppm，低于未采用氩封的试样 2（氮含量 97ppm），氧含量影响较小。采用氩封保护浇注可以有效减少钢液吸气量[4]。

表 2-14　试样 1（氩封）与试样 2（无氩封）氧氮含量比较[4]

炉　号	出　钢　过　程			
	有　氩　封		无　氩　封	
	O（ppm）	N（ppm）	O（ppm）	N（ppm）
1	11.0	79	11.0	92
2	14.0	100	13.5	107
3	12.0	100	13.0	108
4	8.5	72	9.0	79
平均	11.4	88	11.6	97

2.8.2　中间包加热技术

　　连铸过程中非常重要的一方面就是控制温度，温度控制好才能稳定连铸坯的质量；另一方面，低过热度的恒温浇注对高效连铸也非常重要。但是，在浇注过程中，温度损失不可避免，尤其是钢包以及中间包熔池表面的辐射散热、耐火材料包壁的散热，低过热度浇注容易造成钢液温度下降引起粘结，影响连铸工艺顺利进行。中间包外部加热技术是利用外部热源来降低钢水的过热度，从而让钢水进入结晶器时尽可能平稳。20 世纪 80 年代末日本钢铁企业成功开发了连铸中间包加热技术，如今已研究出了多种加热方法，主要有等离子体加热和电磁感应加热、电弧加热、电渣加热、陶瓷电热法等。其中，通道式感应加热技术和等离子体加热技术占大多数。中间包加热技术的主要目的是降低钢水过热度，促进等轴晶组织和控制中心偏析，对于控制夹杂物效果不大；而感应加热的通道可以吸附大量的夹杂物，对夹杂物去除起一定作用[285]。

2.8.2.1　等离子加热

等离子加热[286-291]是用直流或交流电在两个或多个电极之间放电，使气体电离，电离的气体形成的离子流发出明亮的等离子弧。（产生等离子弧的装置称为等离子枪或等离子炬），高温的离子气体通过辐射、对流和分子复合，将电能转换为钢水的热量。离子化程度越高，所产生的温度也越高。可用氩气或氮气作为中间包加热电离的气体，氩气在电离过程中不会使钢液增氮，作为电离气体比氮气更好。中间包等离子加热技术的应用，对改善钢的质量，增加连浇炉数，提高连铸机的作业率，减轻炼钢炉的负担，都起到了重要的作用。

图 2-96 为等离子加热中间包示意图。等离子枪在电极与中间包液面之间放电，电离气体产生等离子弧。由于中间包的液面渣太厚，起弧困难；中间包钢液液面波动大，挡墙发挥不了相应的作用；设备噪声大，工人难以承受等原因，20世纪 90 年代后期以来，国内自主研发或引进的加热设备效果都不好。同时，对于弱电系统，也会受到电磁辐射干扰；等离子火焰往往在固定的区域加热，会造成局部温度过高，进而加快耐火材料的损耗等。因此，尽管国际上还有不断完善使用该技术的相关报道[292-294]，但国内多家钢铁企业已经卸载或停用该设备。

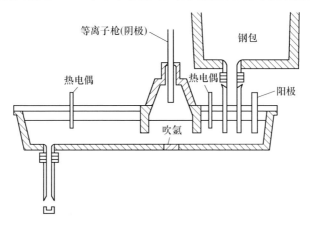

图 2-96　等离子加热中间包示意图

图 2-97[295]给出了采用和不采用中间包等离子加热两种情况下中间包内钢水温度的变化情况。可以看到，没有中间包加热时，在每包钢水浇注后期，钢水温度降低很多，给夹杂物上浮带来很大困难；而采用中间包钢水加热后，中间包内

钢水温度平均提高 10℃ 左右，解决了每包钢水浇注后期温度大幅降低的问题，提高了非金属夹杂物上浮去除效果。

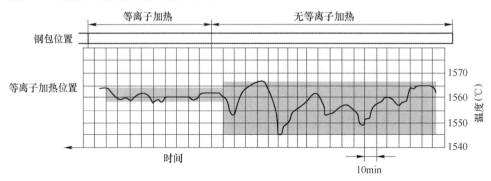

图 2-97 采用中间包等离子加热技术后中间包内钢水温度变化[295]

2.8.2.2 感应加热

感应加热按结构形式分为无芯感应加热和有芯感应加热两种，其中有芯感应加热应用较为常见。供电方式有工频和非工频供电，其优点是加热速度快，热效率、功率因数高，金属烧损少，成本低，操作方便等。一般要求中间包具有大的容量以保证工频加热具有高的电热效率。目前，感应加热的研究已逐步向中间包冶金的方向发展，即借助感应线圈的分布位置和方式达到尽可能去除钢液中夹杂物的目的。国外的感应加热方面，日本的川崎、新日铁、住友等公司取得了较好的效果。

图 2-98 为连铸中间包感应加热原理示意图[296]。感应电流在钢液中的回路方向与初级回路中的电流方向相反，由于钢液存在电阻，钢水中就会产生焦耳热。此外，采用中间包电磁感应加热工艺，钢水流经感应加热通道时，经受向心的夹紧力作用，钢水流与通道内表面之间会形成微小间隙，因而有利于夹杂物在感应加热通道内表面聚集得以由钢液中去除[285]，国内兴澄特钢公司发现在用后的感应加热通道内表面存在夹杂物聚集层。

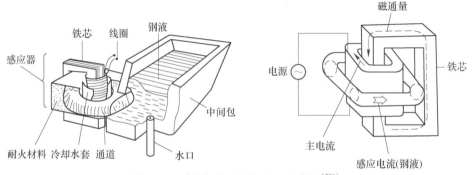

图 2-98 感应加热中间包原理示意图[296]

图 2-99 为通道式电磁感应加热中间包。该技术为实现低过热度恒温浇注以及去除钢液中非金属夹杂物提供了新的思路。因此，在电磁感应加热作用下，进一步认识金属熔体的非等温流动以及金属熔体中非金属夹杂物的尺寸分布、形貌特征和迁移行为有重要意义。

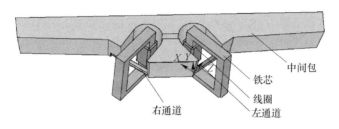

图 2-99 通道式电磁感应加热中间包

无感应加热条件下，前人对 7 流方坯连铸中间包内的流场和温度场进行了数值模拟研究。并对该中间包内典型位置处的流动和温度分布进行了分析。图 2-100 为中间包直通道无感应加热条件下，过通道中心纵截面上钢水速度分布矢量和温度分布。从图中可以看出，在该截面上钢液有 2 个明显的涡旋流，高温部分

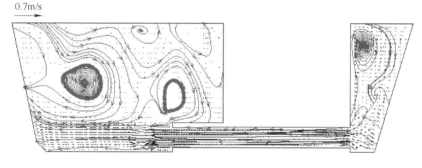

(a) 速度矢量分布

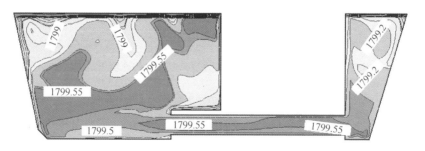

(b) 温度分布

图 2-100 无感应加热条件下，过中间包通道纵截面速度矢量和温度分布

主要集中在中下部，在通道的上方以及截面的左上部存在流动较为缓慢的区域，该区域的温度较低。图 2-101 为在只有焦耳热作用下（240s），不同横截面上的速度矢量和温度分布。由于焦耳热作用，从通道流出的钢液密度较小，钢液很快便流向钢液面，流股向前的动量较小，对中间包耐火材料的冲刷也较弱，在过通道水平截面上流股的右侧有两个较小的涡旋流，其他水平截面上，涡旋流并不明显。图 2-102 为住友金属小仓钢厂采用中间包感应加热后钢中总氧含量和大型夹杂物数量的变化情况。可以看到，钢的总氧含量和大型夹杂物的数量都有明显降低[285]。

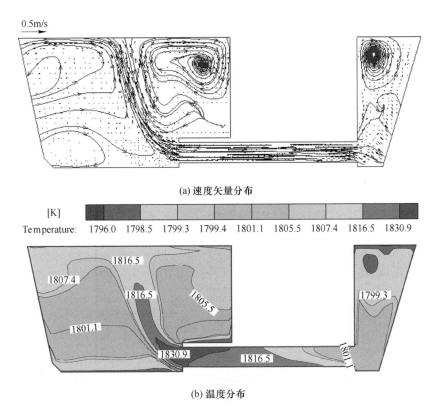

图 2-101　焦耳热作用下（240s），过通道纵截面上的速度矢量和温度分布

2.8.2.3　等离子加热和感应加热的比较

表 2-15 为等离子加热与感应加热技术比较。中间包感应加热具有效率高、加热可控性较好、对内衬耐火材料侵蚀作用小、电磁辐射弱、对钢水成分无影响、操作简单、费用低等优点，在生产中得到广泛应用。而等离子加热由于其自身缺点在生产中逐渐淘汰，多数厂家已暂停使用该方法。

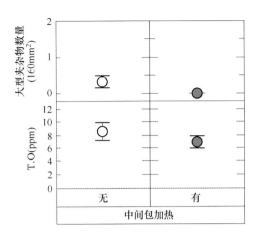

图 2-102 采用中间包感应加热钢中总氧和大型夹杂物数量变化（Al-Si 脱氧钢）[285]

表 2-15 等离子加热与感应加热技术比较

加热方式	感应加热	等离子加热
加热原理	电磁感应产生的交变磁场将电能转化成机械能	高能的等离子体经过辐射、对流和分子复合等方式释放出高度集中的能量，将电能转化成钢水的热能进而加热钢水
加热效率和加热功率	加热功率在 1MW 左右，效率在 90% 以上	加热功率在 1MW 左右，效率在 65% 左右
加热途径	利用电磁场的感应电流将钢水加热	通过等离子体采用热辐射的方式加热钢水表面，主要依靠辐射传热，少部分是通过电流在钢水中传导加热
加热温度的控制	加热可控性较好，温度控制目标在 2～3℃ 左右	等离子火焰局部高温区温度能达到 3000℃，加热可控性较差，温度控制目标可在 5℃ 左右
耐火材料的侵蚀	通道内流动的钢液对通道内耐火材料有一定的侵蚀	等离子弧对内衬耐火材料侵蚀较为严重
环境友好度	基本无电磁辐射	噪声大、电磁辐射强
对钢水的成分改变	不改变	易电离空气，造成增氮
对进入中间包钢水的要求	降低出钢温度 10～20℃，可延长转炉和精炼炉的使用寿命，同时节约能源	降低出钢温度 10～20℃，可延长转炉和精炼炉的使用寿命，同时节约能源
对操作的要求	操作相对简单，只需要调整功率	需要起弧、拉长柱弧，操作较为复杂，且容易熄弧
运行费用	较低	较高

近年来日本越来越多的特殊钢厂采用中间包钢水加热技术，但主要目的是提高钢水浇注温度，促进非金属夹杂物上浮去除。图 2-103 为日本各特殊钢厂采用

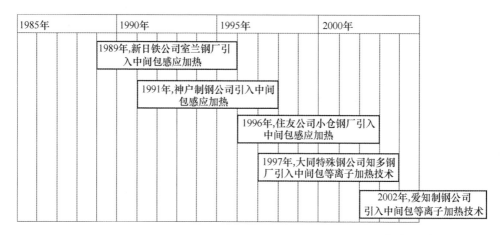

图 2-103　日本特殊钢厂采用中间包钢水加热技术的情况[284]

中间包钢水加热技术的情况。可以看到，日本的特殊钢厂几乎全都采用了中间包加热技术，其中山阳特殊钢原认为对超低氧含量钢水，中间包的主要任务是保护钢水不被氧化，因此选用了较小容量中间包以使钢水快速通过，未采用中间包加热装置[284]；但是，近年来山阳特殊钢的上述理念有了改变，在其 2012 年新建立式大方坯连铸机 10t 容量中间包上装备了感应加热装置[297]。赵沛等[298]以重庆特殊钢厂弧形连铸机、成都无缝钢管厂水平连铸机为原型，研究了中间包感应加热下的温度场和升温效果。研究发现，温度场在感应加热下较为均匀。电渣加热的中间包钢液上部温度较高，均匀性不如感应加热条件好，感应加热效率可达 80% 左右。

2.8.3　水口结瘤对夹杂物及轧材缺陷的影响

浸入式水口是钢水从中间包流入结晶器的导流管。在保护浇注过程中，使用浸入式水口可以防止钢水的二次氧化，控制钢水的流动状态和注入速度，促进夹杂物上浮以及防止保护渣和非金属夹杂物卷入钢水等。浸入式水口是连铸生产中最关键的功能耐火材料之一，目前广泛使用的是铝碳质和铝锆碳质复合水口，基本上能够满足连铸技术的要求。但在浇注铝镇静钢和含钛及稀有元素钢种时，在水口内壁部位易产生 Al_2O_3 的附着，严重影响和限制了连铸生产的效率和质量。国内外对浸入式水口附着堵塞问题进行了广泛的研究[299]。目前，防止 Al_2O_3 类夹杂物附着堵塞仍是一个重要的研究方向，也是高洁净钢浇注过程中最重要的研究课题之一。同时，由于水口结瘤物在浇注过程容易脱落，随着钢液进入铸坯，钙铝酸盐和镁铝尖晶石类夹杂在轧制过程中不易变形，常导致最终轧材出现缺陷，降低轴承钢的质量。因此，有效地控制水口结瘤问题，对于降低水口更换频率，节约生产成本，提高钢材质量等方面具有重要作用。

2.8.3.1 水口结瘤对连铸及钢产品的影响

水口结瘤的根本原因是二次氧化产物或固态氧化产物和硫化物的聚集，如钢水中的 Al_2O_3、$MgAl_2O_4$（镁铝尖晶石）、钙铝酸盐或 CaS。钢包、中间包钢水中的夹杂物比较小（$10\mu m$ 以下），这些夹杂物如果出现在铸坯中害处并不大；但如果在水口大量结瘤为很大的夹杂物（$100\mu m$ 以上），而后脱落，进入钢液，随着浇注的进行进入铸坯，经轧制后必然引起产品缺陷。一般研究认为，夹杂物堆积在水口上，形成结瘤物会给钢产品质量带来许多影响[300-302]：（1）影响结晶器内钢液的流动模式和流场；（2）影响钢液中夹杂物的上浮；（3）引起结晶器液面的严重波动；（4）影响铸坯的内部质量，特别是当结瘤物受钢液冲刷后掉入凝固的铸坯中，形成较大的夹杂时；（5）影响保护渣的成分，增大保护渣的黏度，甚至由于结晶器弯月面渣黏度过大，引起铸坯纵向裂纹；（6）一旦结瘤形成、长大，水口寿命就会大大降低，必须更换新水口，增加吨钢成本。

2.8.3.2 浸入式水口 Al_2O_3 附着堵塞机理[303]

网状氧化铝致密层的生成机理为水口材料与钢液作用的结果，经过各种反应后，氧化成含有 SiO_2、Na_2O、K_2O、B_2O_3 的低熔点玻璃相，促进 Al_2O_3 颗粒的烧结，形成含有 Al_2O_3 的致密层，这是附着现象的开始。在此基础上还形成其他附着层，外层的沉积以物理附着为主，其粘附力通过烧结而强化。钢液中悬浮 Al_2O_3 的附着机理为：边界层水口界面附近钢液流速几乎为零，因涡流作用被吸来的氧化铝与水口接触。若水口界面存在 $20\mu m$ 左右的凹凸，因涡流移动到壁侧的氧化铝，十分容易接触壁面。由于层流边界层的厚度极薄，因此，氧化铝颗粒以垂直于壁面方向的速度冲过层流边界层，接触壁面。水口内壁附近边界层内的氧化铝因界面张力作用附着于水口界面。

2.8.3.3 改善水口结瘤的措施[301,302]

有效地控制水口结瘤问题，对于降低水口更换频率，节约生产成本，提高钢材质量等方面具有重要作用。改善水口结瘤方法可以从以下几方面着手。

第一，从钢液洁净度方面，从根源上减少水口附着物的产生。如：（1）钢液中脱氧生成物低熔点化。（2）钢液洁净化：通过脱气处理、钢液的洁净化减少钢液中悬浮氧化铝的数目，大幅度降低氧化铝与水口壁的接触频率。（3）变性处理。采用向钢水中喂 Ca 丝等方法，将高熔点 Al_2O_3 转化为低熔点的 $12CaO \cdot 7Al_2O_3$，减轻中间包水口堵塞问题。但钙的加入量要合适，加入量太少，不足以让 Al_2O_3 全部转化；加入量过多，又会产生高熔点的 CaS，也会堵塞水口。因此，要根据钢水成分和温度确定 Ca 加入量，对于一般钢种，变性处理在减少高熔点 Al_2O_3 方面效果显著；但对于轴承钢，为了防止生成 D 类和 Ds 类夹杂，造成最终轧材出现缺陷，禁止采用钙处理工艺。

第二，可以从水口形状、材质、表面粗糙度等水口本身性质方面考虑，避免水口几何形状的突变。因为堵塞首先发生在钢水分流之处，因此，（1）应避免水口几何形状的突变，以确保形成层流，减少钢水分散，减少堵塞的发生，对于水口形状的选择要合适；（2）水口耐火材料的工作面必须尽可能光滑，因为粗糙度大于 0.3mm，黏性层下面保护层的作用就消失了。因此，水口耐火材料的工作面必须尽可能的光滑，以保证浇注过程中钢液面完整性。据报道，水口内表面的细小氧化锆-石墨涂层可以使普通氧化铝-石墨水口的粗糙度（摩擦系数）降低 30%；水口主体采用致密纯石墨-氧化铝耐火材料，可以在水口内壁形成透气性极差的惰性无碳涂层；在水口工作面上涂 BN 层，有利于减少堵塞。然而，这些材料只有在高洁净度钢水浇注时才适用。

第三，在生产工艺及操作方面，要求工人操作准确，防止发生二次氧化，并采用电磁搅拌、水口吹氩、水口预热等技术。（1）中间包底部水口安装定位要准确，因为即使有很微小的偏差，也会导致水口内钢水分流，从而产生堵塞。（2）改进水口接缝处密封性，加强固定水口的钢结构，避免空气吸入。（3）合理控制钢水流量，使用设计良好的流量调节计，以延长钢水在中间包中的停留时间，使夹杂物充分上浮。（4）在水口上安装空冷和电磁搅拌设备。日本神户钢铁有限公司的研究人员研究了一种新型防止中间包水口堵塞的技术，设计了一种新型带有空冷和电磁搅拌的水口。采用这种水口可以实现在整个连铸过程中的低过热度浇注而不堵塞水口。（5）水口预热技术对于减少水口结瘤的发生有一定效果。（6）水口吹氩，向水口或塞棒吹氩，以改变钢水在水口内的流态，阻碍钢水中 Al_2O_3 夹杂向水口内壁富集，达到防止水口堵塞的目的，该种方法应用较广泛。

2.9　连铸机直立段长度对轴承钢夹杂物的影响

对弧形连铸机来说，由于夹杂物颗粒在随着下回旋区的钢水回流盘旋逐步向上运动时是朝着内弧方向的[304]（图 2-104[305]），因此弧形结晶器连铸机与直立式（垂直）结晶器连铸机相比，会捕捉更多的夹杂物颗粒[306,307]。在弯月面以下 1~3m 范围大部分夹杂物颗粒会被捕捉，与拉速无关[304,308]，而沿铸坯厚度方向上对应存在一个明确的距离值[309]。通常，夹杂物聚集在表层和距内弧表面1/8~1/4 厚度处[310-312]（图 2-105[312]）。图 2-106[313] 表示弧形连铸机（S 型）和立弯式连铸机（VB 型）沿板坯厚度方向上夹杂物和针孔分布的差异。与弧形连铸机相比，立弯式连铸机夹杂物和针孔较少，且分布较深[307]。如果立弯式连铸机垂直段长度大于 2.5m，就能够减少卷渣缺陷（如铅笔芯缺陷）。

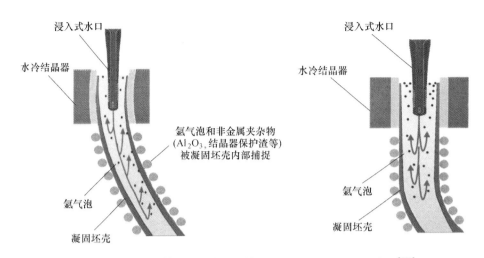

图 2-104 弧形连铸机和立弯式连铸机流场和夹杂物运动示意图[305]

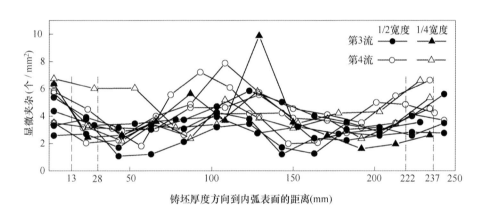

图 2-105 沿连铸板坯厚度方向夹杂物分布[312]

日本钢厂的特殊钢连铸具有以下特点：（1）坚持采用大方坯连铸机，这主要是因为大方坯拉速低（0.35~0.7m/min），有利于夹杂物上浮去除；（2）与世界其他国家（包括中国）大方坯连铸机几乎全部为弧形连铸机所不同，日本特殊钢大方坯连铸机绝大多数为"垂直 + 弯曲"的立弯式连铸机，包括结晶器在内垂直段长度超过 2.5m，主要目的也是为了促进夹杂物上浮去除；（3）山阳特殊钢和大同特殊钢两家特殊钢厂，为了尽可能促进夹杂物上浮去除，采用了完全垂直形的立式连铸机。图 2-107[314]为大同特殊钢公司知多钢厂为生产轴承钢于 1992 年建成的立式大圆坯连铸机（直径 350mm）。

山阳特殊钢立式连铸机为 3 铸流连铸机，中间包容量为 20t，未设置中间包钢水加热装置，铸坯尺寸为 380mm ×490mm，拉速最高为 0.65m/min，设置有结晶器电磁搅拌（M-EMS）、凝固末端电磁搅拌（F-EMS）和轻压下装置[15,315]。

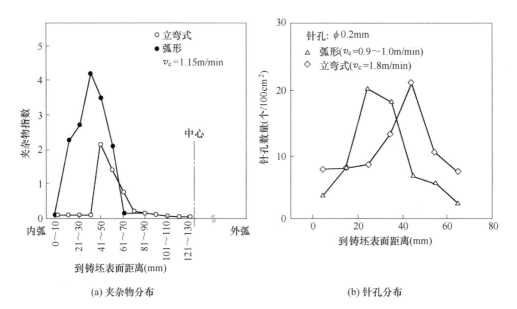

(a) 夹杂物分布　　　　　　　　　　(b) 针孔分布

图 2-106　连铸机弧度对钢洁净度的影响[307]

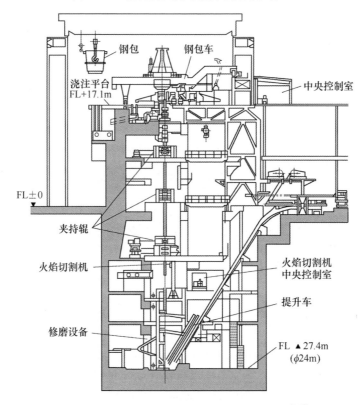

图 2-107　大同特殊钢 2 号立式大圆坯连铸机[314]

1982 年山阳建了 1 号立式连铸机，中间包容量为 20t；2012 年山阳特殊钢在其第一炼钢厂新建了 2 号立式大方坯连铸机[297]，中间包容量为 10t，设置了中间包感应加热装置，铸坯尺寸为 380mm×530mm，拉速最高为 0.60m/min，设置有结晶器电磁搅拌（M-EMS）。山阳特殊钢公司轴承钢冶金工艺，出于降低钢总氧和控制钢中非金属夹杂物目的，在工艺装备的设计、选择等方面做到了近乎"极致"，其研究开发的关键工艺技术，如对轴承钢采用铝脱氧、高碱度精炼渣、真空精炼由 VD 转向 RH、全封闭中间包、立式大方坯连铸等，对推动轴承钢冶金工艺技术水平发展起到了重要作用。

3　钢厂轴承钢洁净度调研结果分析

3.1　钢厂 A 轴承钢调研结果分析

3.1.1　钢厂 A 轴承钢研究意义及方法

作为一种重要的冶金产品，轴承钢被广泛应用于机械制造、铁路运输、汽车制造、国防工业等领域。轴承的工作特点是承受强冲击和交变载荷，要求轴承钢应具备高硬度、均匀硬度、高弹性极限、高接触疲劳强度等性能。为满足以上性能，对轴承钢的成分均匀性、洁净度水平（夹杂物质量分数、类型、尺寸、分布）都提出了很高的要求。钢中氧含量和夹杂物的控制尤为重要，在轴承钢的冶炼和浇注过程中，特别是在炉外精炼过程中，减少夹杂物的数量、改善夹杂物的性质和形态成为炼钢过程的重要任务。因此，研究轴承钢中夹杂物类型、尺寸、成分，夹杂物演变过程，及其对钢材性能的影响等具有重要意义，同时对夹杂物控制提出建议，对轴承钢的生产具有指导意义。

某钢厂生产轴承钢的工艺路线为：电炉→钢包精炼炉（LF）→VD→中间包→连铸。表 3-1 为该厂生产的 GCr15 轴承钢成分。对该厂生产的轴承钢棒材样进行超声波探伤，存在探伤不合现象，找到探伤不合缺陷位置，对该位置进行切割、磨抛光、电镜观察，结果如图 3-1 所示。可以看出，引起探伤不合的主要原因是 B 类和 Ds 类夹杂，对应成分如表 3-2 所示，主要是钙铝酸盐类夹杂和少量镁铝尖晶石。个别大尺寸串状 Ds 类夹杂长度超过 2mm，对钢材性能有很大影响。同时该轴承钢浇注过程水口结瘤现象较严重，浸入式水口结瘤照片如图 3-2 所示。可以明显看出水口内部存在一层较厚的水口结瘤物。

为查清导致轧材探伤不合及水口结瘤的原因，并提出有效的控制措施，开展此次研究。对生产工序中 LF 进站、LF 调成分、LF 出站、VD 破真空、VD 软吹、VD 出站、中间包、铸坯和轧材进行取样；对样品进行制样、磨抛光；采用 AS-PEX 全自动扫描电镜对扫描区域内夹杂物的大小、面积、数量、成分等信息进行统计分析。实验中扫描面积为 100mm² 左右，统计尺寸大于 5μm 的夹杂物。采用 TCH 氧氮氢分析仪对生产全流程各个工序的氧氮含量进行测量。利用 XRF 对 LF 进站至 VD 出站过程渣成分进行测量。

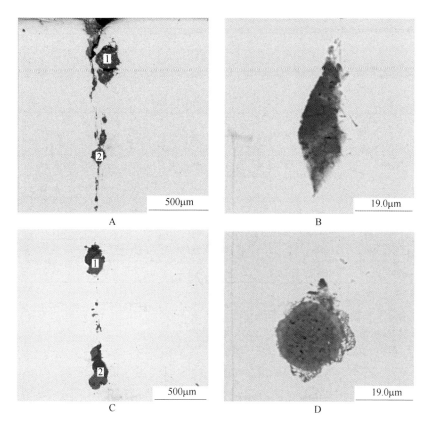

图 3-1 缺陷处 B 类和 Ds 类夹杂形貌图

图 3-2 浸入式水口结瘤照片

表 3-1 GCr15 轴承钢钢液成分（质量分数） （%）

C	Si	Mn	P	S	Cr
0.99 ~ 1.01	0.24 ~ 0.30	0.38 ~ 0.41	< 0.014	< 0.002	1.50 ~ 1.58

表 3-2 Ds 类夹杂对应成分 （%）

夹杂类型 / 图 3-1 位置	MgO	Al₂O₃	SiO₂	CaO	CaS	MnS	SrO	La₂O₃
A-1	25.32	53.60	7.31	0.00	9.63	0.00	0.14	4.00
A-2	17.90	50.73	0.00	22.13	0.00	0.00	1.39	7.85
B	11.48	18.96	4.18	61.01	0.00	0.00	0.00	4.37
C-1	19.81	51.09	1.68	22.24	1.38	0.00	0.72	3.07
C-2	17.94	51.34	1.23	28.31	0.00	0.00	0.78	0.39
D	4.89	44.68	0.00	46.8	0.00	0.00	0.00	3.63

3.1.2 钢厂 A 轴承钢研究初步结果

3.1.2.1 炉渣成分结果

表 3-3、图 3-3 为炉渣主要成分测量结果。该厂所用精炼渣系为 CaO-Al₂O₃-MgO-SiO₂ 高碱度还原渣系，该渣系是目前冶炼轴承钢最常用的渣系，在实际生产中取得了很好的精炼效果，由于具有高硫容，有很好的脱硫效果；渣中氧化铁活度低，可以有效地减少炉渣向钢中供氧；具有低的渣钢界面张力，有利于吸收上浮至渣-钢界面的氧化铝夹杂；有很好的发泡作用，在精炼过程中可以遮蔽电弧，减少钢水吸气。但该渣系 CaO 含量高，易被钢中 [Al] 还原而进入钢液，从而生成 D 类夹杂，对轴承钢产生不利影响[51,160]。同时，高碱度使精炼渣熔点变高、成渣慢、炉渣流动性变差，会影响脱氧脱硫效果，有可能引起卷渣。但若采用低碱度渣，会降低钙铝酸盐 D 类夹杂的影响，使得脱氧能力下降，氧化物夹杂上升。

表 3-3 冶炼过程炉渣成分 （%）

渣成分 / 工序	CaO	Al₂O₃	SiO₂	MgO	La₂O₃	SO₃	FeO	MnO	TiO₂	SrO	K₂O	P₂O₅	$R\left(\dfrac{CaO}{SiO_2}\right)$
LF 进站	57.37	29.81	5.51	3.89	1.37	0.99	0.74	0.16	0.10	0.03	0.01	0.01	10.41
LF 调成分	57.41	29.68	6.44	3.32	1.18	1.31	0.50	0.05	0.08	0.03	0.00	0.00	8.92
LF 调成分	59.10	27.11	7.28	3.39	1.16	1.50	0.27	0.07	0.07	0.04	0.00	0.00	8.11
LF 出站	58.92	27.33	7.05	3.62	1.12	1.51	0.30	0.04	0.08	0.04	0.00	0.00	8.35
VD 破真空	57.17	26.71	7.54	3.80	1.05	1.54	0.00	0.05	0.10	0.04	0.00	0.00	7.58

渣成分 工序	CaO	Al₂O₃	SiO₂	MgO	La₂O₃	SO₃	FeO	MnO	TiO₂	SrO	K₂O	P₂O₅	$R\left(\dfrac{CaO}{SiO_2}\right)$
软吹 15min	55.97	26.90	9.46	3.68	1.00	1.81	0.86	0.06	0.09	0.04	0.11	0.03	5.92
软吹 30min	55.53	25.67	11.65	3.61	0.99	1.51	0.53	0.07	0.09	0.04	0.28	0.04	4.77
VD 出站	35.73	14.87	41.91	2.27	0.54	0.92	0.72	0.16	0.06	0.03	2.57	0.22	0.85

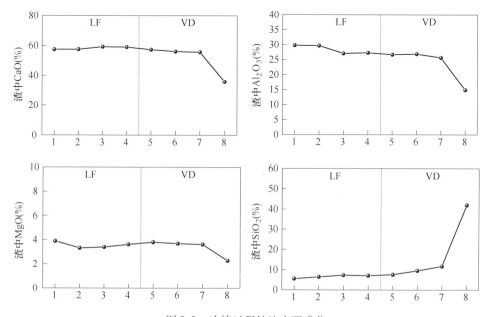

图 3-3 冶炼过程炉渣主要成分
1—LF 进站；2，3—LF 调成分；4—LF 出站；5—VD 破真空；
6—软吹 15min；7—软吹 30min；8—VD 出站

随着精炼进行碱度下降，由于初始精炼渣中 SiO₂ 含量非常低，二元碱度 CaO/SiO₂ 很大，精炼开始时向渣中加入高纯 SiC 进行扩散脱氧，使炉渣碱度逐渐下降。控制合适的精炼渣碱度是保证轴承钢质量的关键因素。

3.1.2.2 氧氮含量分析结果

图 3-4 为全流程氧氮含量分析结果。由图中可以看出，由于出钢加铝脱氧，LF 进站全氧含量为 16.1ppm，LF 精炼采用高碱度还原渣，加上 LF 吹氩气搅拌作用，使得大尺寸夹杂物上浮去除，钢中 T.O 含量持续下降，至 LF 出站 T.O 为 6.9ppm。VD 破真空后，真空过程强烈的搅拌作用使得夹杂物碰撞聚合长大、上浮去除，T.O 含量下降至 3.2ppm。VD 软吹 15min 时 T.O 有所升高，原因可能是 VD 精炼炉渣的卷入，因此 VD 过程真空度和氩气流量应控制合适，防止精炼渣的卷入，至 VD 出站 T.O 含量为 3.3ppm。中间包出口处和铸坯中 T.O 含量略有

增加，分别为 3.9ppm 和 4.7ppm，原因可能是在中间包和结晶器内发生了二次氧化，为减少二次氧化的发生，选择合适的包衬耐火材料和熔池覆盖剂，既可减少热损失又有利于吸附分离上浮的夹杂物。清除钢液再次污染的来源，调节氩封的吹气量，减轻耐火材料侵蚀，减少钢包渣的卷入以及渣中不稳定氧化物的危害[25,51,123]。加强保护浇注，定期更换水口，防止水口结瘤物进入钢液。最终轧材样中 T.O 含量控制为 3.3ppm，达到很高的水平。

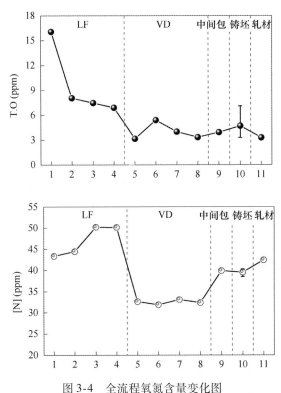

图 3-4　全流程氧氮含量变化图

1—LF 进站；2，3—LF 调成分；4—LF 出站；5—VD 破真空；6—软吹 15min；
7—软吹 30min；8—VD 出站；9—中间包出口；10—铸坯；11—轧材

对于氮含量，LF 进站为 43.4ppm，在 LF 精炼过程中氮含量持续增加，至 LF 出站达 50.2ppm。LF 过程氮含量持续上升的原因可能有两个：一方面，调成分时可能带入杂质气体；另一方面，LF 电极加热过程，电弧放电电离空气中的 N_2，导致钢液增氮[316]。选择合适的精炼渣，埋弧加热可以减少增氮作用，同时还要减少合金等带入的气体杂质。VD 破真空后氮含量迅速下降至 32.6ppm，整个 VD 过程变化量不大，至 VD 出站为 32.3ppm。可见，当氮含量维持在较低水平时，进一步降低略有困难。由于二次氧化的作用，中间包出口处氮含量增加至 39.9ppm，最终轧材中氮含量为 42.4ppm。钢中氮含量越高，TiN 夹杂物开始析出温度越高，析出物的尺寸越大。轴承钢中的 TiN 是一种脆而硬的夹杂物，会对轴承钢的疲劳寿命造成极大危害[14,45,52,317]。在夹杂物尺寸相同的条件下，TiN 的危害作用大于氧化物夹杂，控制钢中 TiN 夹杂物是高品质轴承钢的基本要求之一。

通过以上分析可以看出，该厂生产的轴承钢中氧含量和氮含量均控制在较低水平，不是造成轴承钢缺陷处 Ds 类夹杂及水口结瘤的主要原因。为弄清引起探伤缺陷的 Ds 类夹杂物主要来源，对全流程夹杂物进行分析。

3.1.2.3 夹杂物分析结果

图 3-5 为轴承钢小样电解后得到典型夹杂物形貌及成分图，图 3-6 为电子显

Al_2O_3:100%　　Al_2O_3:100%　　Al_2O_3:100%

MgO:1.22%；Al_2O_3:47.56%
SiO_2:51.22%

Al_2O_3:42.55%；SiO_2:57.45%

MgO:4.95%；Al_2O_3:64.41%
SiO_2:5.76%：CaO:18.87%
CaS:6.01%

MgO:5.29%；Al_2O_3:58.14%
SiO_2:5.32%：CaO:31.25%

MgO:3.67%；Al_2O_3:9.73%
SiO_2:78.77%：CaO:7.84%

MgO:7.12%；Al_2O_3:74.87%
SiO_2:2.64%：CaO:10.14%
CaS:5.13%

图 3-5　小样电解典型夹杂物形貌及成分（质量百分含量）

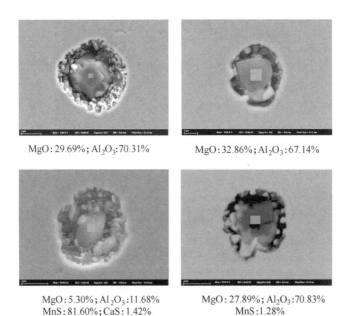

MgO: 29.69%；Al$_2$O$_3$: 70.31%   MgO: 32.86%；Al$_2$O$_3$: 67.14%

MgO: 5.30%；Al$_2$O$_3$: 11.68%   MgO: 27.89%；Al$_2$O$_3$: 70.83%
MnS: 81.60%；CaS: 1.42%   MnS: 1.28%

图 3-6　扫描电镜观察典型夹杂物形貌及成分（质量百分含量）

微镜观察及 EDS 能谱分析得到的夹杂物形貌及成分结果，夹杂物以氧化物为主，硫化物和氮化物较少，由于该轴承钢采用 Al 脱氧，基本不含 MnO，复合夹杂物中个别含 SiO$_2$ 和 CaS，氧化物主要有 Al$_2$O$_3$、Al$_2$O$_3$·MgO、钙铝酸盐和钙铝酸盐与 SiO$_2$ 和 CaS 复合。

图 3-7 为全流程各工序夹杂物的典型形貌，对应成分如表 3-4 所示。LF 进站

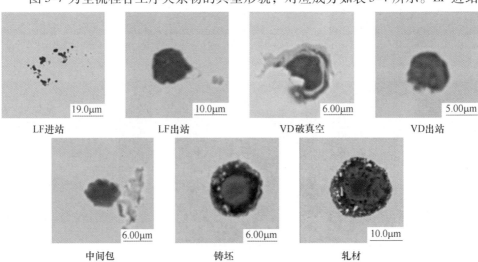

图 3-7　全流程典型夹杂物形貌

以群簇状 Al_2O_3 为主，LF 出站及 VD 过程由于钢液中的 [Al] 将耐火材料及钢渣中的 MgO 还原为 [Mg] 进入钢液，与钢中 Al_2O_3 反应生成 $MgO \cdot Al_2O_3$，VD 处理夹杂物中的 Ca 含量升高，主要是渣钢反应将渣中 CaO 还原为 [Ca] 进入钢液，与 Al_2O_3 反应生成钙铝酸盐，有的含有少量 MgO。

表 3-4 全流程典型夹杂物对应主要成分 （%）

成分\工序	MgO	Al_2O_3	SiO_2	CaO	CaS	MnS	SrO	La_2O_3
LF 进站	3.46	90.52	0.00	2.79	0.00	0.00	0.00	3.23
LF 出站	1.77	96.68	0.00	0.00	0.00	0.00	1.55	0.00
VD 破真空	3.10	20.72	4.52	61.50	2.92	0.00	0.00	7.24
VD 出站	3.50	25.68	3.34	57.70	0.89	2.11	0.00	6.78
中间包出口	29.85	57.52	0.00	6.51	0.00	3.84	2.27	0.00
铸坯	4.81	39.40	2.76	44.42	1.99	0.00	1.24	5.38
轧材	15.05	46.99	4.85	18.50	10.60	0.00	1.55	2.46

对不同工序每个扫描区域内的夹杂物进行统计，不同类型夹杂物百分含量整理结果如表 3-5 所示，以 CaO-Al_2O_3-MgO 类型夹杂物为主。LF 至 VD 过程，随着夹杂物聚集上浮去除，夹杂物数量显著下降。随着渣钢反应进行，钙铝酸盐显著增加，至 VD 出站，夹杂物全部为钙铝酸盐。中间包和铸坯中存在镁铝尖晶石等夹杂物，同时夹杂物数量也有所上升，主要是浇注过程发生了二次氧化。

表 3-5 全流程不同夹杂物百分比 （%）

工序	夹杂物个数	扫描面积（mm^2）	CaO	Al_2O_3	MgO	CaO-Al_2O_3	CaO-MgO	Al_2O_3-MgO	CaO-Al_2O_3-MgO
LF 进站	251	92.033	2.45	28.98	0.00	12.24	0.00	31.43	24.90
LF 出站	98	103.219	38.78	2.04	0.00	5.10	1.02	7.14	45.92
VD 破真空	26	103.219	11.54	11.54	0.00	11.54	0.00	19.23	46.15
VD 出站	6	91.022	0.00	0.00	0.00	0.00	0.00	0.00	100
中间包出口	83	99.113	19.51	3.66	0.00	3.66	3.66	13.41	56.10
铸坯	—	—	21.89	0.20	0.00	1.58	7.50	13.61	55.23
轧材	91	104.857	23.08	1.10	0.00	8.79	20.88	8.79	37.36

图 3-8 为全流程夹杂物中氧化物含量的变化，夹杂物 Al_2O_3 含量呈下降趋势，主要是因为 Al_2O_3 向 $MgO \cdot Al_2O_3$ 或 $CaO \cdot Al_2O_3$ 转变，并且有部分聚合上浮去除。MgO 在 LF 阶段出现上升，主要是钢液中的 [Al] 将耐火材料及钢渣中的 MgO 还原为 [Mg] 进入钢液，与钢中 Al_2O_3 反应生成 $MgO \cdot Al_2O_3$；在 VD 过程显著下降，主要原因是 VD 过程中渣钢反应导致 $MgO \cdot Al_2O_3$ 向 $CaO \cdot Al_2O_3$ 转

变。中间包和铸坯中夹杂物中 MgO 含量上升，主要原因是发生了二次氧化，中间包覆盖剂、耐火材料、渣中 MgO 进入钢液。CaO 在 VD 过程显著上升，主要原因是 VD 过程渣钢反应太剧烈，使得渣中 CaO 被还原为［Ca］进入钢液，与 Al_2O_3 反应生成钙铝酸盐，有的含有少量 MgO。夹杂物中 SiO_2 含量较少，全流程含量呈上升趋势，主要是 LF 精炼开始阶段向精炼渣中加入高纯 SiC 进行扩散脱氧，渣中 SiO_2 被钢中［Al］还原为［Si］进入钢液，生成 SiO_2。由全流程夹杂物成分变化分析可以看出，引起轴承钢缺陷处钙铝酸盐的主要原因是 VD 过程渣钢之间反应太剧烈，造成夹杂物中 CaO 含量显著升高。

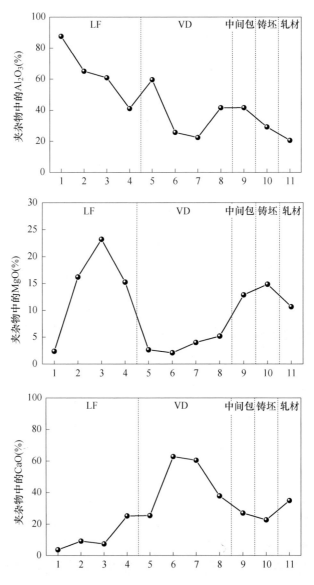

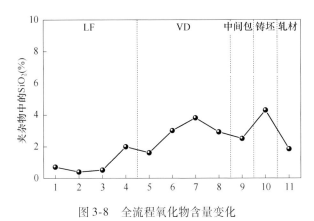

图 3-8　全流程氧化物含量变化

1—LF 进站；2，3—LF 调成分；4—LF 出站；5—VD 破真空；6—软吹 15min；
7—软吹 30min；8—VD 出站；9—中间包出口；10—铸坯；11—轧材

该轴承钢中夹杂物在 CaO-MgO-Al$_2$O$_3$ 三元相图中的分布如图 3-9 所示。LF、VD 过程随着渣钢反应的进行，渣中 CaO 被还原进入钢液，夹杂物中 CaO 含量增加，平均成分向 CaO 一侧靠近，部分夹杂物进入低熔点区。中间包、铸坯中夹杂物又远离低熔点区，主要是发生二次氧化，使得中间包覆盖剂、结晶器保护渣和耐火材料进入钢液，使夹杂物中 MgO 含量升高。采用优化耐火材料性质、选择合适的保护渣、加强保护浇注等措施控制二次氧化的发生。

图 3-10 为钢厂 A 和国内轴承钢生产先进企业江阴兴澄特钢夹杂物在三元相图中的对比结果，可以看出钢厂 A 的 CaO-MgO-Al$_2$O$_3$ 夹杂物尺寸明显大于兴澄特钢夹杂物尺寸。夹杂物尺寸小对轴承钢的性能有利。成分方面，钢厂 A 的 CaO-MgO-Al$_2$O$_3$ 三元相图平均成分 CaO 含量明显高于兴澄特钢，兴澄特钢夹杂物集中在 Al$_2$O$_3$ 一角，含一定量 MgO，含很少量 CaO，这也正符合减少 D 类夹杂的初衷。D 类和 Ds 类夹杂在轧制过程中不易变形，常导致轧材缺陷，降低轴承钢质量水平。控制夹杂物中 CaO 含量，减少 D 类及 Ds 类夹杂的危害，正是兴澄特钢轴承钢质量水平高的原因之一。通过分析该相图可以看出，兴澄特钢生产轴承钢水平在国内名列前茅的原因在于夹杂物尺寸小、夹杂物成分 CaO 含量低。

图 3-11 为水口结瘤物形貌及成分。可见水口结瘤物主要是镁铝尖晶石及钙铝酸盐，与探伤不合缺陷处夹杂物成分相近，浇注过程水口结瘤物脱落随着钢液进入铸坯中，轧制过程不易变形，在轧材中导致探伤不合。为比较水口结瘤物及缺陷样中夹杂物成分，将平均成分在 CaO-MgO-Al$_2$O$_3$ 三元相图中表示，如图 3-12 所示。可见圆圈代表的缺陷样和水口结瘤物成分和方框 4 号代表的铸坯样平均成分较接近，可知之前分析的缺陷处 Ds 类夹杂主要来源是水口结瘤物脱落，浇注过程随着钢液进入铸坯中，轧制过程不易变形，导致轧材探伤不合的想法是正确的。

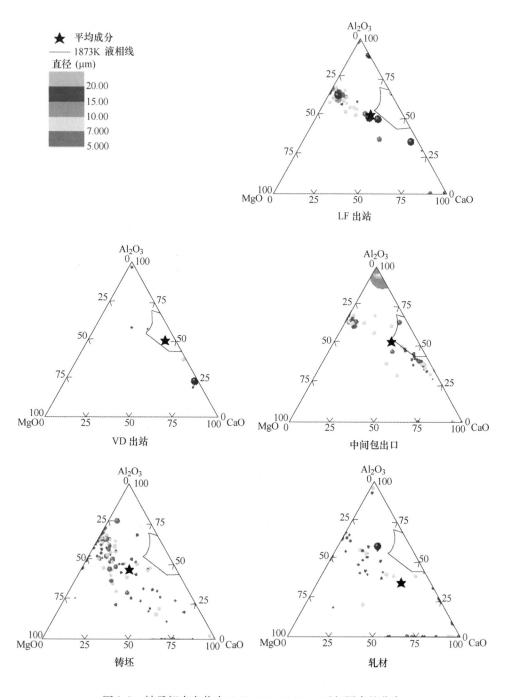

图 3-9 轴承钢夹杂物在 CaO-MgO-Al₂O₃ 三元相图中的分布

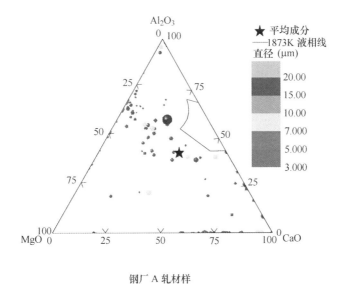

钢厂 A 轧材样

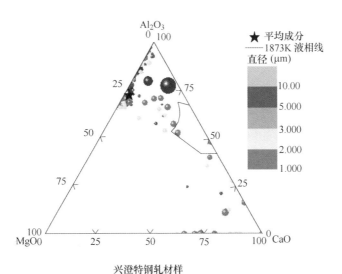

兴澄特钢轧材样

图 3-10　钢厂 A 与兴澄特钢夹杂物在 CaO-MgO-Al₂O₃ 三元相图中的对比结果

MgO:29%；Al$_2$O$_3$:71%

MgO:12.40%；Al$_2$O$_3$:52.83%
CaO:34.77%

MgO:25.24%；Al$_2$O$_3$:70.62%
CaO:4.14%

MgO:22.97%；Al$_2$O$_3$:58.10%
CaO:18.93%

图 3-11　水口结瘤物形貌及成分

　　图 3-13 为夹杂物数密度及尺寸分布。由图中可以看出，LF 进站至 VD 出站，随着夹杂物上浮去除，夹杂物数量呈下降趋势，VD 过程夹杂物数密度和面积分数均维持在较低水平。但在中间包出口处夹杂物数密度和面积分数均上升，主要可能是二次氧化带来的结果。为减少二次氧化的发生，应选择合适的包衬耐火材料和熔池覆盖剂，清除钢液再次污染的来源，调节氩封的吹气量，减轻耐火材料侵蚀，减少钢包渣的卷入以及渣中不稳定氧化物的危害。

　　图 3-14 为全流程夹杂物的尺寸分布，大尺寸夹杂物较少，LF 过程尺寸大于 15μm 的夹杂物很少。至 VD 过程随着渣钢反应的进行，生成钙铝酸盐类夹杂，中间包、铸坯、轧材中相对于 VD 过程大于 15μm 的夹杂物百分含量有所下降，但 5~7μm 小尺寸夹杂呈上升趋势。原因可能是大尺寸夹杂部分上浮去除，二次氧化使得小尺寸夹杂增多。

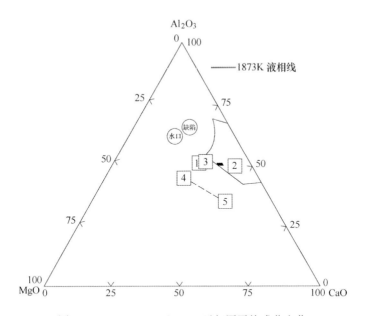

图 3-12 CaO-MgO-Al₂O₃ 三元相图平均成分变化

1—LF 出站；2—VD 出站；3—中间包出口；4—铸坯；5—轧材

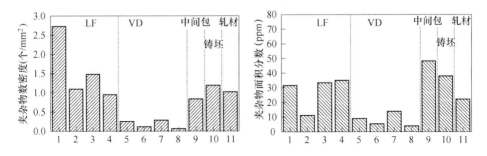

图 3-13 全流程夹杂物数密度及面积分数

1—LF 进站；2，3—LF 调成分；4—LF 出站；5—VD 破真空；6—软吹 15min；
7—软吹 30min；8—VD 出站；9—中间包出口；10—铸坯；11—轧材

3.1.3 研究初步结论及建议

通过以上分析，可以得到以下初步结论：引起轧材出现探伤不合格的原因主要是缺陷处存在大尺寸 B 类和 Ds 类夹杂，主要包括镁铝尖晶石、钙铝酸盐。该类夹杂物的主要来源是水口结瘤物脱落进入钢液，随着浇注的进行遗留至铸坯中，由于在轧制过程中不易变形，造成应力集中，引起轧材缺陷。而水口结瘤物主要是氧化铝、镁铝尖晶石、钙铝酸盐和 CaO-Al₂O₃-MgO-SiO₂ 的复合相，

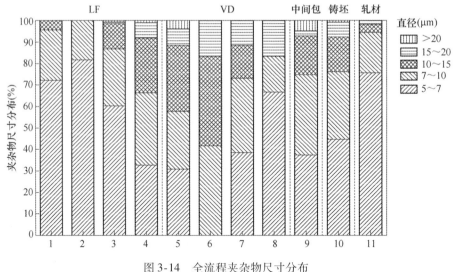

图 3-14　全流程夹杂物尺寸分布

1—LF 进站；2，3—LF 调成分；4—LF 出站；5—VD 破真空；6—软吹 15min；
7—软吹 30min；8—VD 出站；9—中间包出口；10—铸坯；11—轧材

主要来源是 VD 过程，由于渣钢反应剧烈，使得渣中大量 CaO 被还原为［Ca］进入钢液，与 Al_2O_3 反应生成钙铝酸盐，有的含有少量 MgO。为解决水口结瘤及轴承钢探伤不合格的问题，减少水口更换次数，提高生产效率，达到高效、优质、低耗的目标，提出以下几点工艺优化建议：

（1）为降低 VD 过程渣钢之间的反应程度，建议采取 VD 浅真空操作，也可以采用出钢后扒渣操作，出钢后脱氧剂和精炼渣不要同时加入，防止由于出钢液面波动较大引起卷渣，增加钢中 D 类夹杂。VD 浅真空及出钢扒渣操作可以减轻 VD 过程精炼渣中的 CaO 被钢中的［Al］还原为［Ca］进入钢液，与钢中的 Al_2O_3 反应生成钙铝酸盐，以及渣中的 MgO 被钢中的［Al］还原为［Mg］进入钢液，与钢中的 Al_2O_3 反应生成镁铝尖晶石。浇注过程镁铝尖晶石及钙铝酸盐会在水口内壁黏结，导致水口结瘤。

（2）为强化精炼工序真空处理效果，促进大尺寸夹杂物上浮去除，建议采用 RH 真空处理装置。与 VD 相比，RH 精炼过程渣-钢界面相对"平静"，减少了炉渣卷入钢液形成的夹杂物，避免渣钢剧烈反应导致渣中 CaO 大量被还原进入钢液。此外，RH 精炼过程渣-钢间基本不发生脱硫反应，由于脱硫而生成的 Al_2O_3 夹杂物量减少。

（3）该钢厂采用四孔水口，为减少水口结瘤的发生，建议对水口进行预热，及采用直筒型水口。对四孔水口与直筒型水口浇注过程夹杂物吸附情况分别进行模拟，模拟条件为：夹杂物粒径为 5mm，总数为 20160 个，在水口入口处投放。模拟结果如图 3-15 所示。由图中可以看出，直筒型水口夹杂物吸附总个数为 7971，小于四孔水口（9384 个）；四孔水口夹杂物主要吸附在水口内壁、水口内底部和出口侧壁面。直筒型水口夹杂物吸附位置主要是水口内壁面和水口外壁面。直筒型水口夹杂物吸附位置和吸附数量均少于四孔水口，采用直筒型水口代替四孔水口可以有效地减轻水口结瘤。

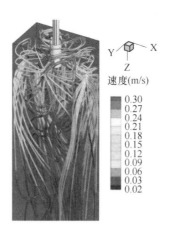

水口内壁：7125个，35.3%
水口底部：98个，0.5%
水口内底部：608个，3.0%
出口上壁面：99个，0.5%
出口侧壁面：1315个，6.5%
出口下壁面：139个，0.7%

(a)四孔水口

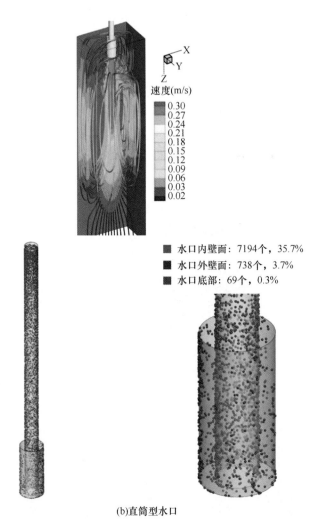

水口内壁面：7194个，35.7%

水口外壁面：738个，3.7%

水口底部：69个，0.3%

(b)直筒型水口

图 3-15　水口中夹杂物吸附情况模拟

3.2　钢厂 B 轴承钢调研结果分析

3.2.1　钢厂 B 轴承钢研究结果

3.2.1.1　夹杂物分析结果

对国内某钢厂轧材样进行取样分析。图 3-16 为钢样 1 的夹杂物电镜观察结果，表 3-6 为对应的钢样 1 中夹杂物成分分析结果。可见，钢样 1 中的夹杂物主要有三类：一类是被轧制成长条状的 MnS 夹杂；另一类是带棱角的 TiN 夹杂；还有一类是近球状不变形的 $MgO \cdot Al_2O_3$ 夹杂，此外还有少量附着生成的 CaS。此试样中除了观察到几个 $20\mu m$ 左右的夹杂物，未观察到其他很大尺寸夹杂物。

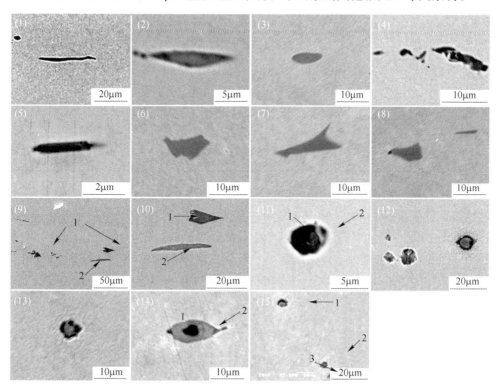

图 3-16 钢样 1 的夹杂物电镜实验结果

表 3-6 钢样 1 的夹杂物成分 （%）

编号	MgO	Al₂O₃	CaO	CaS	MnS	SiO₂	TiN
（1）	0.00	0.00	0.00	0.00	100	0.00	0.00
（2）	0.00	0.00	0.00	0.00	100	0.00	0.00
（3）	0.00	0.00	0.00	0.00	100	0.00	0.00
（4）	0.00	0.00	0.00	0.00	0.00	0.00	100
（5）	0.00	0.00	0.00	0.00	0.00	0.00	100
（6）	0.00	0.00	0.00	0.00	0.00	0.00	100
（7）	0.00	0.00	0.00	0.00	0.00	0.00	100
（8）	0.00	0.00	0.00	0.00	0.00	0.00	100
（9）-1	0.00	0.00	0.00	0.00	0.00	0.00	100
（9）-2	0.00	0.00	0.00	0.00	100	0.00	0.00
（10）-1	0.00	0.00	0.00	0.00	0.00	0.00	100
（10）-2	0.00	0.00	0.00	0.00	100.0	0.00	0.00

编号	MgO	Al$_2$O$_3$	CaO	CaS	MnS	SiO$_2$	TiN
(11)-1	9.56	59.07	0.00	31.37	0.00	0.00	0.00
(11)-2	0.00	29.78	0.00	70.22	0.00	0.00	0.00
(12)	10.5	71.31	12.09	3.29	0.00	2.81	0.00
(13)	18.19	81.81	0.00	0.00	0.00	0.00	0.00
(14)-1	4.99	77.04	0.00	0.00	17.97	0.00	0.00
(14)-2	0.00	0.00	0.00	3.33	96.67	0.00	0.00
(15)-1	19.22	80.78	0.00	0.00	0.00	0.00	0.00
(15)-2	23.56	76.44	0.00	0.00	0.00	0.00	0.00
(15)-3	0.00	0.00	0.00	0.00	0.00	0.00	100

图3-17为钢样2的夹杂物电镜观察结果，表3-7为对应钢样2中夹杂物成分分析结果。可见此试样中夹杂物也主要为三类，包括 TiN 夹杂、MgO·Al$_2$O$_3$ 夹杂和一些 MnS 夹杂。与钢样1相比，钢样2中观察到的 TiN 夹杂物尺寸更大，MnS 夹杂物数量更少、尺寸也更小。此外观察到如图3-17中（13）和（14）所示的较大尺寸链状分布的 MgO·Al$_2$O$_3$ 夹杂。同样没有观察到 100μm 以上的大尺寸夹杂物。

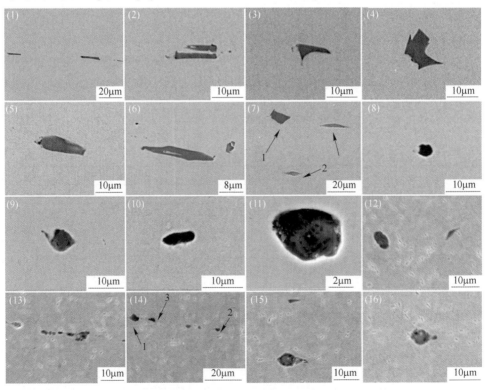

图3-17　钢样2的夹杂物电镜实验结果

表 3-7 钢样 2 的夹杂物成分 （%）

编号	MgO	Al₂O₃	CaO	CaS	MnS	SiO₂	MnO	TiN
（1）	0.00	0.00	0.00	0.00	0.00	0.00	0.00	100
（2）	0.00	0.00	0.00	0.00	0.00	0.00	0.00	100
（3）	0.00	0.00	0.00	0.00	0.00	0.00	0.00	100
（4）	0.00	0.00	0.00	0.00	0.00	0.00	0.00	100
（5）	0.00	0.00	0.00	0.00	0.00	0.00	0.00	100
（6）	0.00	0.00	0.00	0.00	0.00	0.00	0.00	100
（7）-1	0.00	0.00	0.00	0.00	0.00	0.00	0.00	100
（7）-2	0.00	0.00	0.00	0.00	100	0.00	0.00	0.00
（8）	12.03	78.68	0.00	9.29	0.00	0.00	0.00	0.00
（9）	13.62	72.36	0.00	8.12	5.89	0.00	0.00	0.00
（10）	7.25	40.84	11.39	34.5	0.00	6.03	0.00	0.00
（11）	10.62	55.13	0.00	34.25	0.00	0.00	0.00	0.00
（12）	86.79	0.00	0.00	0.00	0.00	13.21	0.00	0.00
（13）	0.00	87.94	0.00	12.06	0.00	0.00	0.00	0.00
（14）-1	26.74	73.26	0.00	0.00	0.00	0.00	0.00	0.00
（14）-2	14.91	18.06	0.00	0.00	67.03	0.00	0.00	0.00
（14）-3	29.44	70.56	0.00	0.00	0.00	0.00	0.00	0.00
（15）	8.28	80.34	2.81	0.00	0.00	3.16	5.42	0.00
（16）	8.41	70.67	0.00	0.00	20.92	0.00	0.00	0.00

图 3-18 为钢样 3 的夹杂物电镜观察结果，表 3-8 为对应钢样 3 中夹杂物成分分析结果。可以看到钢样 3 中的夹杂物类型与前两个钢样基本一样，为 TiN 类、MnS 类和 MgO·Al₂O₃ 以及 CaS 类。其中检测到由 MgO·Al₂O₃ 和 CaS 组成的链状长条夹杂物，如图 3-18 中（12）~（15），在节点处主要是高熔点的 MgO·Al₂O₃ 和 CaS 夹杂。

除此之外，还在钢样 3 中观察到大尺寸长条夹杂物及裂纹，如图 3-18 中的（23）和图 3-19 所示，尺寸在几百微米以上，甚至达到毫米级别。大尺寸长条夹杂物主要成分是 Al₂O₃ 基夹杂物，还含有部分 MgO·Al₂O₃ 夹杂。这类夹杂物熔点高、硬度大，在轧制温度下不易变形，造成应力集中，导致裂纹的产生。

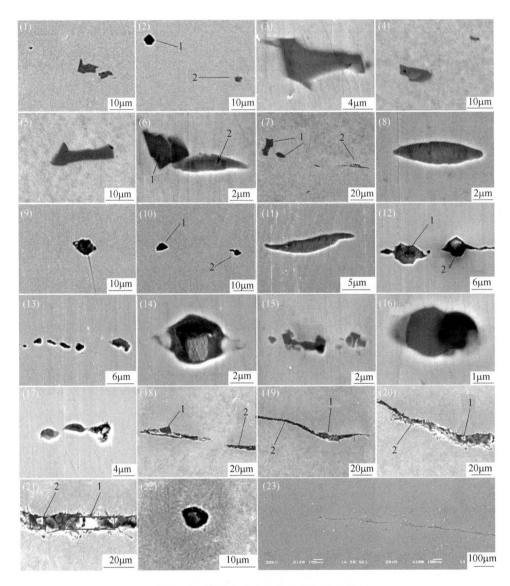

图 3-18　钢样 3 的夹杂物电镜实验结果

表 3-8　钢样 3 的夹杂物成分　　　　　　　　　　　（%）

编号	MgO	Al$_2$O$_3$	CaO	CaS	MnS	SiO$_2$	TiN
(1)	0.00	0.00	0.00	0.00	0.00	0.00	100
(2)-1	13.46	72.03	2.55	11.96	0.00	0.00	0.00
(2)-2	0.00	0.00	0.00	0.00	0.00	0.00	100

编 号	MgO	Al$_2$O$_3$	CaO	CaS	MnS	SiO$_2$	TiN
(3)	0.00	0.00	0.00	0.00	0.00	0.00	100
(4)	0.00	0.00	0.00	0.00	0.00	0.00	100
(5)	0.00	0.00	0.00	0.00	0.00	0.00	100
(6)-1	0.00	0.00	0.00	0.00	0.00	0.00	100
(6)-2	0.00	0.00	0.00	0.00	100	0.00	0.00
(7)-1	0.00	0.00	0.00	0.00	0.00	0.00	100
(7)-2	0.00	0.00	0.00	0.00	100	0.00	0.00
(8)	0.00	0.00	0.00	0.00	100	0.00	0.00
(9)	11.03	56.9	4.12	23.4	0.00	4.56	0.00
(10)-1	25.73	61.42	0.00	12.85	0.00	0.00	0.00
(10)-2	14.44	57.99	0.00	18.59	8.98	0.00	0.00
(11)	0.00	0.00	0.00	0.00	100	0.00	0.00
(12)-1	0.00	1.39	1.19	93.97	3.45	0.00	0.00
(12)-2	25.43	73.84	0.73	0.00	0.00	0.00	0.00
(13)	0.00	0.00	0.00	100	0.00	0.00	0.00
(14)	10.69	58.84	0.13	24.45	5.89	0.00	0.00
(15)-1	0.00	0.00	0.00	0.00	34.59	0.00	65.41
(15)-2	6.6	45.4	0.00	0.00	0.00	0.00	48
(16)	9.22	48.83	0.00	18.41	23.54	0.00	0.00
(17)	6.49	0.00	0.00	68.52	24.99	0.00	0.00
(18)-1	24.99	75.01	0.00	0.00	0.00	0.00	0.00
(18)-2	10.2	89.8	0.00	0.00	0.00	0.00	0.00
(19)-1	25.33	43.3	0.00	0.00	0.00	31.37	0.00
(19)-2	4.81	90.41	4.78	0.00	0.00	0.00	0.00
(20)-1	38.37	7.83	0.00	0.00	0.00	53.8	0.00
(20)-2	22.09	62.81	0.00	0.00	0.00	15.10	0.00
(21)-1	60.57	0.00	0.00	0.00	0.00	39.43	0.00
(21)-2	0.00	100	0.00	0.00	0.00	0.00	0.00
(22)	20.29	79.71	0.00	0.00	0.00	0.00	0.00

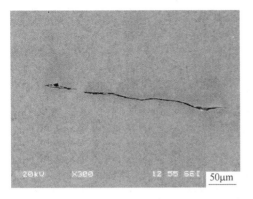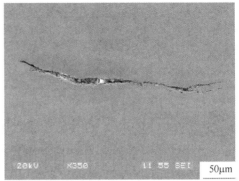

图 3-19　钢样 3 中观察到的大尺寸夹杂物

　　滚动轴承的早期失效形式主要有破裂、塑性变形、磨损、腐蚀和疲劳，剖析溜冰鞋 NSK 轴承表明在正常条件下主要是接触疲劳。轴承零件的失效除了服役条件之外，主要受钢的硬度、强度、韧性、耐磨性、抗蚀性和内应力状态制约。钢中的杂质包括非金属夹杂物和有害元素（酸溶）含量，它们对钢性能的危害往往是相互助长的。随着夹杂物尺寸的增大，疲劳强度随之降低；而且钢的抗拉强度越高，降低趋势越大。钢中含氧量增高（氧化物夹杂增多），弯曲疲劳和接触疲劳寿命在高应力作用下也随之降低。因此，对于在高应力下工作的轴承零件，降低制造用钢的含氧量是必要的。一些研究表明，钢中的 MnS 夹杂物，因形状呈椭球状，而且能够包裹危害较大的氧化物夹杂，故其对疲劳寿命影响较小，甚至还可能对疲劳寿命有益，可从宽控制。轴承钢中的 TiN 是一种脆而硬的夹杂物，对轴承钢的疲劳寿命造成极大危害。控制钢中 TiN 夹杂物是高品质轴承钢的基本要求之一。在凝固过程中钢中钛或氮的含量越高，TiN 夹杂物开始析出温度越高，析出物的尺寸越大。

3.2.1.2　水口结瘤物分析结果

　　图 3-20 为在电镜下观察到的水口结瘤物形貌。可见，水口结瘤物是由不同形貌的夹杂物聚集而成，包括多面体夹杂、棒状夹杂以及片状夹杂，其中以 2 ~ 5μm 的多面体夹杂物为主。

　　对不同结瘤物进行 EDS 分析，部分结果分别如图 3-21 ~ 图 3-23 所示。分析可知，绝大部分结瘤物为 $MgO \cdot Al_2O_3$，此外还有部分 $MgO\text{-}Al_2O_3\text{-}CaO$ 系夹杂和少量的 $MgO\text{-}Al_2O_3\text{-}SiO_2$ 系夹杂。将水口结瘤物研磨成细粉后通过荧光分析来检测其平均成分，表 3-9 所示为荧光分析结果。可知，结瘤物成分以 Al_2O_3 为主，含有有少量的 CaO 和 MgO，其中检测到的 Fe_2O_3 可能是结瘤物中的凝钢被氧化而成。

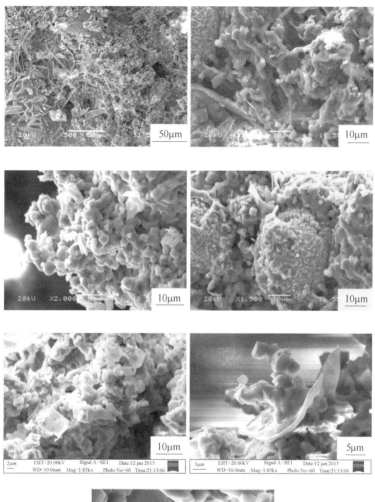

图 3-20　水口结瘤物的形貌

表 3-9　水口结瘤物荧光分析结果　　　　　　　（%）

成分	Al_2O_3	Fe_2O_3	MgO	CaO	BaO	SiO_2	Cr_2O_3	F	TiO_2	MnO
含量	61.44	23.05	6.16	5.07	1.07	1.03	0.62	0.48	0.26	0.22

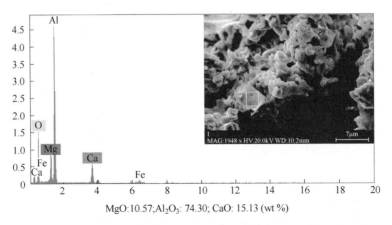

MgO:10.57;Al$_2$O$_3$: 74.30; CaO: 15.13 (wt %)

图 3-21 结瘤物中 Mg-Al-Ca-O 系夹杂物 EDS 结果

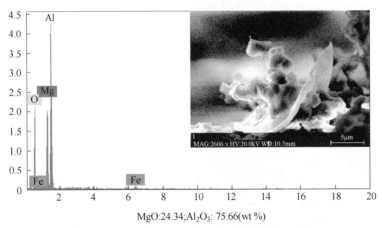

MgO:24.34;Al$_2$O$_3$: 75.66(wt %)

图 3-22 结瘤物中 Mg-Al-O 系夹杂物 EDS 结果

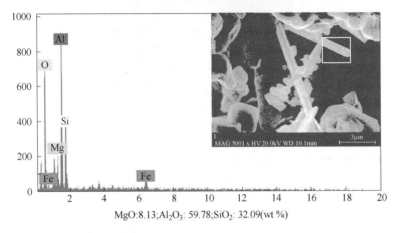

MgO:8.13;Al$_2$O$_3$: 59.78;SiO$_2$: 32.09(wt %)

图 3-23 结瘤物中 Mg-Al-Si-O 系夹杂物 EDS 结果

3.2.2 研究初步结论及建议

（1）通过夹杂物电镜分析可知，该厂生产的轴承钢中主要夹杂物有三类：一类是被轧制成长条状的 MnS 夹杂；另一类是带棱角的 TiN 夹杂；还有一类是近球状不变形的 MgO·Al₂O₃ 夹杂，此外还有少量附着生成的 CaS。观察到大尺寸长条夹杂物及裂纹，裂纹尺寸在几百微米以上，甚至达到毫米级别。大尺寸夹杂物主要是 Al₂O₃ 基夹杂物，还含有部分 MgO·Al₂O₃ 夹杂。这类夹杂物熔点高、硬度大，在轧制温度下不易变形，造成应力集中，导致裂纹的产生。B 类 Al₂O₃ 夹杂硬而脆，在轧制过程中不易变形，轧制后为串状或点状，容易引起应力集中；同时在浇注过程中容易形成水口结瘤，不仅影响结晶器内钢液的流动模式和流场，还引起结晶器液面严重波动，影响夹杂物的上浮，结瘤物脱落进入钢液会对钢的质量造成影响[102]。镁铝尖晶石为渣中或耐火材料中的 MgO 被钢中 ［Al］还原进入钢液，与氧化铝反应生成尖晶石，此类尖晶石夹杂物虽然不像氧化铝夹杂易聚集成丛簇状，但轧制过程不易变形，对钢质量有害[108]。为减少镁铝尖晶石类夹杂物的产生，降低裂纹的生成，建议通过优化中间包耐火材料质量，提高耐火材料致密度和耐压强度，降低耐火材料中 MgO、SiO₂ 含量等措施，降低耐火材料的侵蚀反应。

（2）通过对水口结瘤物进行分析可知，水口结瘤物是由不同形貌的夹杂物聚集而成，包括多面体夹杂、棒状夹杂以及片状夹杂，其中以 2～5μm 的多面体夹杂物为主。结瘤物绝大部分为 MgO·Al₂O₃，此外还有部分 MgO-Al₂O₃-CaO 系夹杂和少量的 MgO-Al₂O₃-SiO₂ 系夹杂。水口结瘤物荧光分析结果表明结瘤物平均成分以 Al₂O₃ 为主，含有少量的 CaO 和 MgO。为减少水口结瘤的发生，建议对水口进行预热，由于水口结瘤物以 MgO·Al₂O₃ 为主，建议控制尖晶石生成数量，提高耐火材料致密度和耐压强度，降低耐火材料中 MgO、SiO₂ 含量等措施，降低耐火材料的侵蚀反应。水口材质、表面粗糙度等水口本身性质方面可以改进，避免水口几何形状的突变。向水口或塞棒吹氩，以改变钢水在水口内的流态，阻碍钢水中夹杂向水口内壁富集，达到防止水口堵塞的目的。

3.3 国内典型厂家轴承钢洁净度对比分析

3.3.1 轴承钢轧材样氧氮含量分析

对国内轴承钢生产厂家（南钢、邢钢、兴澄特钢、石钢）所生产的轴承钢轧材样氧氮含量情况进行分析，结果如图 3-24 所示，可以看出，轧材氧含量基本都控制在 10ppm 之内，差别不是很大，兴澄特钢 T.O 最低，只有 5.1ppm，处于领先水平。轧材氮含量控制在 70ppm 之内，邢钢控制最好，为 30.9ppm，石钢轧材氮含量为 68.6ppm，四个厂家中最高。无论从氧含量还是氮含量分析，可以看出石钢生产的轴承钢氧氮含量与其他三家存在一定差距。

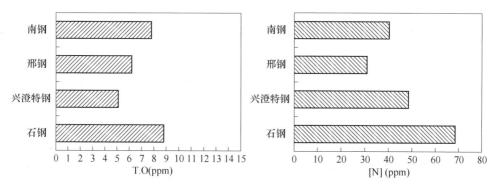

图 3-24　不同钢厂轧材氧氮含量结果对比

钢中氧含量与钢中氧化物夹杂有一定的对应关系，对钢的性能和疲劳寿命有重要影响。钢中氧含量的增加会降低钢材的延性、冲击韧性和抗疲劳破坏性能，提高钢材的韧-脆转换温度，降低钢材的耐腐蚀性能等。此外，含氧高的钢材还容易发生时效老化，在高温热加工时，由于晶界处的杂质偏析会形成低熔点钢膜，还会导致钢产生热脆。炉外精炼一个很重要的任务就是脱除钢中的氧，减少氧化物夹杂含量，控制钢中氧含量要控制好精炼工艺。同时，防止浇注过程发生二次氧化，加强保护浇注。虽然氮能使钢材强化，但是会显著降低塑韧性，增加时效倾向和冷脆性，特别是氮元素易与钛元素结合，在钢液凝固过程中析出 TiN 夹杂，显著降低钢材疲劳寿命。在凝固过程中钢中钛或氮的含量越高，TiN 夹杂物开始析出温度越高，析出物的尺寸越大，因此可以通过加入低钛合金来减少TiN 的生成[51,157]；此外，轴承钢中钛含量高易形成水口结瘤。钛含量高会形成$FeO \cdot TiO_2$，在浇注温度时是液态，$FeO \cdot TiO_2$ 可起到黏结剂的作用，使 Al_2O_3 更容易在水口沉淀，含 Ti 的轴承钢夹杂物更容易被钢液润湿，因此，含 Ti 的轴承钢比不含 Ti 的轴承钢更容易形成水口结瘤[171]。控制钢中的氮含量，首先，控制原材料中带入的氮含量，提前造泡沫渣，实现钢水熔化后埋弧操作，尽量避免空气中的氮电离进入钢水中；其次，提高电炉中的配碳量，强化脱氧操作，保持炉内良好沸腾，利用碳氧反应脱氮，尽量降低出钢钢水中的氮含量。最后，钢包炉精炼过程增氮的主要原因是电弧区增氮，为防止电弧区钢液面裸露，减少电弧区钢液的增氮，LF 精炼过程中也必须要造好泡沫渣。LF 精炼时，由于氧、硫的表面活性作用使得其阻碍钢液吸氮作用基本消失，只要钢液面裸露就有可能吸氮，在精炼过程中要制定合理的搅拌工艺，控制好吹氩搅拌功率，避免钢液面裸露。喂铝线脱氧时要尽量减少钢液面的裸露面积，减少喂线时间，同时避免补加大量合金和增碳。从精炼气氛控制角度应该采取微正压操作。最后，提高真空氩气搅拌功率，加强保护浇注，避免吸收大气中氮气[123]。

3.3.2 轴承钢轧材样夹杂物分析

对国内轴承钢生产厂家（东北特钢、大连特钢、巨能特钢、济源特钢、石钢、邢钢、兴澄特钢）生产的轴承钢轧材样中夹杂物进行分析，$CaO\text{-}MgO\text{-}Al_2O_3$ 系不同夹杂物相个数及个数百分含量分别如表 3-10 和表 3-11 所示，大连特钢和兴澄特钢镁铝尖晶石夹杂物所占百分比较高，含 CaO 夹杂百分比较低。济源特钢 $CaO\text{-}MgO\text{-}Al_2O_3$ 夹杂含量最高，占 89.12%。

表 3-10　各钢厂不同氧化物夹杂个数

钢厂	夹杂物个数	扫描面积（mm^2）	CaO	Al_2O_3	MgO	$CaO\text{-}Al_2O_3$	$CaO\text{-}MgO$	$Al_2O_3\text{-}MgO$	$CaO\text{-}Al_2O_3\text{-}MgO$
东北	710	52.59	23	4	17	12	59	228	235
大连	266	44.5	6	1	3	5	3	167	67
巨能	747	50.062	51	3	3	35	2	234	383
济源	162	20.227	3	0	0	5	0	8	131
石钢	358	50.062	11	10	0	64	2	153	85
兴澄	404	44.5	23	1	2	3	9	255	101
邢钢	277	45.511	5	4	0	52	0	112	86

表 3-11　各钢厂不同氧化物夹杂百分比

钢厂	夹杂物个数	扫描面积（mm^2）	CaO	Al_2O_3	MgO	$CaO\text{-}Al_2O_3$	$CaO\text{-}MgO$	$Al_2O_3\text{-}MgO$	$CaO\text{-}Al_2O_3\text{-}MgO$
东北	710	52.59	3.98	0.69	2.94	2.08	10.21	39.45	40.66
大连	266	44.5	2.38	0.40	1.19	1.98	1.19	66.27	26.59
巨能	747	50.062	7.17	0.42	0.42	4.92	0.28	32.91	53.87
济源	162	20.227	2.04	0.00	0	3.40	0	5.44	89.12
石钢	358	50.062	3.38	3.08	0	19.69	0.62	47.08	26.15
兴澄	404	44.5	5.84	0.25	0.51	0.76	2.28	64.72	25.63
邢钢	277	45.511	1.93	1.54	0.00	20.08	0.00	43.24	33.20

各钢厂轧材夹杂物在 $CaO\text{-}MgO\text{-}Al_2O_3$ 三元相图中的分布结果如图 3-25 所示。夹杂物成分方面，七家轴承钢生产厂家，大连特钢和兴澄特钢将夹杂物成分控制在接近 $MgO\text{-}Al_2O_3$ 二元相线上，而石钢和邢钢控制在 Al_2O_3 一角附近，夹杂物平均 CaO 含量兴澄特钢最低，其次是大连特钢，济源特钢 CaO 含量最高。兴澄特钢夹杂物中 CaO 含量最低，这也正符合减少 D 类夹杂的初衷。D 类和 Ds 类夹杂在轧制过程中不易变形，常导致轧材缺陷，降低轴承钢质量水平。控制夹杂物中

CaO 含量，减少 D 类及 Ds 类夹杂的危害，正是兴澄特钢生产轴承钢质量水平较高的原因之一。石钢和邢钢的夹杂物成分也基本控制在 Al_2O_3 一角附近，但与前两者对比 MgO 低一些，CaO 高一些，存在钙铝酸盐 D 类夹杂物，影响轴承钢的质量水平，易引起缺陷。

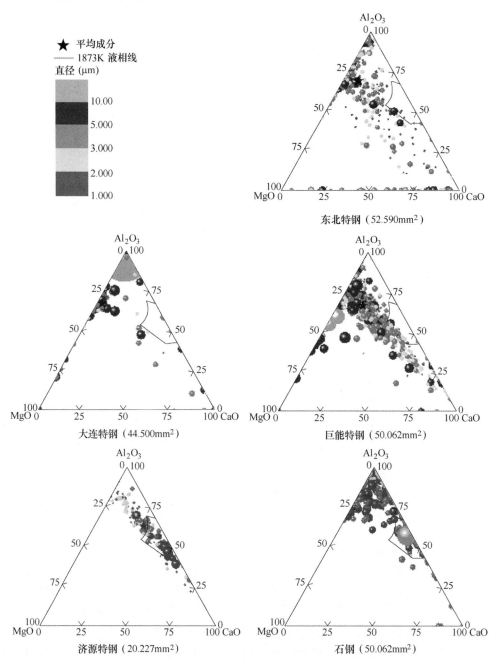

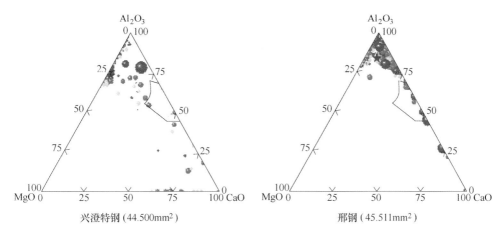

图 3-25 不同钢厂轧材夹杂物在 CaO-Al₂O₃-MgO 三元相图中的分布

将几家钢厂生产轧材的夹杂物平均成分投影到同一 CaO-MgO-Al₂O₃ 三元相图中，如图 3-26 所示，结果显示济源特钢 CaO-MgO-Al₂O₃ 三元相图平均成分 CaO 含量最高。图 3-27 为轧材夹杂物平均成分百分含量，CaO 和 SiO₂ 含量济源特钢最高，CaO 含量兴澄和大连特钢低。而兴澄和大连的 MgO 含量高，原因是镁铝尖晶石夹杂物多。CaO 主要来源是渣钢反应，使得渣中大量 CaO 被还原为 [Ca] 进入钢液，与 Al₂O₃ 反应生成钙铝酸盐，有的含有少量 MgO。降低 CaO 含量，可以有效地控制钙铝酸盐 D 类夹杂，提高轴承钢的质量水平。

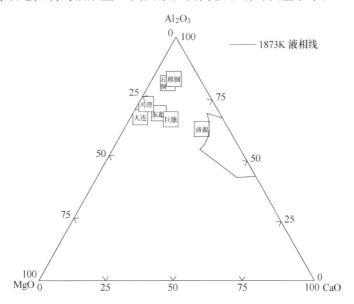

图 3-26 不同钢厂轧材夹杂物平均成分在 CaO-MgO-Al₂O₃ 三元相图中的对比

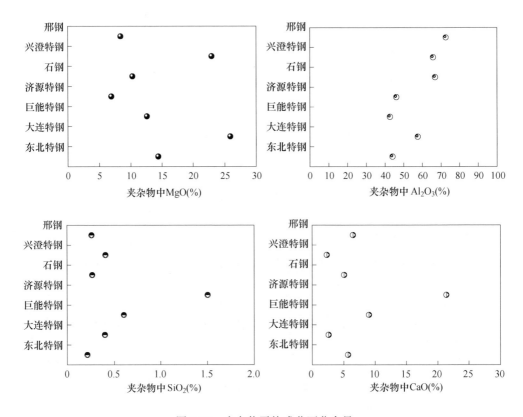

图 3-27 夹杂物平均成分百分含量

为减少夹杂物中 CaO 含量，如果精炼采取 VD 真空操作，建议采用 VD 浅真空操作，减轻 VD 过程精炼渣中的 CaO 与钢中［Al］的反应；也可以采用 LF 出钢后扒渣操作，减少精炼渣，防止渣钢过分反应。若采用 RH 循环脱气，RH 精炼中渣-钢界面相对"平静"，炉渣卷入钢液形成的夹杂物量较少，避免渣钢剧烈反应导致渣中 CaO 大量被还原进入钢液，大大降低 D 类夹杂带来的危害。适当延长 RH 真空精炼时间，充分发挥 RH 精炼去除夹杂物的作用，对于控制大尺寸夹杂物有一定的作用。同时，要防止浇注过程二次氧化的发生，保护钢水不被空气、炉渣、耐火材料等二次氧化。

图 3-28 为轴承钢生产厂家（东北特钢、大连特钢、巨能特钢、济源特钢、石钢、邢钢、兴澄特钢）生产的轴承钢轧材样中夹杂物尺寸分布。几家钢厂夹杂物尺寸均控制在较小的水平，除了邢钢外其他钢厂大于 10μm 夹杂物含量很少，兴澄特钢 2μm 以下夹杂物百分含量达 57.67%，超过夹杂物总数的一半，5μm 以下达 97.28%。在夹杂物尺寸控制方面，兴澄特钢的水平高于其他钢厂，实现了夹杂物"小径化"；微小夹杂物被凝固前沿"捕捉"或"推动"与凝固前沿推进速度（凝固速度）和夹杂物尺寸有关，凝固速度越慢、夹杂物尺寸越小，夹杂

物越容易被凝固前沿"推动"至中心区域,最终聚合成大尺寸夹杂物。邢钢大于 $10\mu m$ 夹杂物含量较高,为 4.69%。大尺寸夹杂物易导致裂纹萌生,是引起轴承钢探伤不合的主要原因[117]。

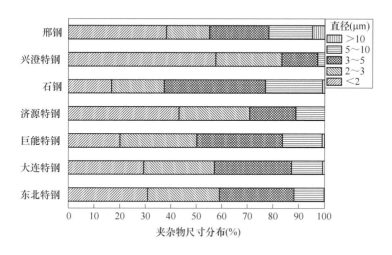

图 3-28　不同钢厂轧材夹杂物尺寸分布对比

　　图 3-29 为上述轴承钢生产厂家所生产的轴承钢轧材样中夹杂物数密度和面积分数。巨能特钢和东北特钢夹杂物数密度和面积分数明显高于其他厂家,兴澄特钢、邢钢、大连特钢生产轴承钢轧材中夹杂物数密度低于其他厂家。邢钢、大连特钢轧材中夹杂物面积分数低于其他厂家。无论从夹杂物三元相图,还是从夹杂物尺寸分布、数密度等多方面分析,兴澄特钢生产的轴承钢质量相比其他钢厂水平较高。大连特钢生产的轴承钢平均成分、夹杂物数密度和面积分数方面控制水平好,但尺寸分布方面不如兴澄特钢控制的好。

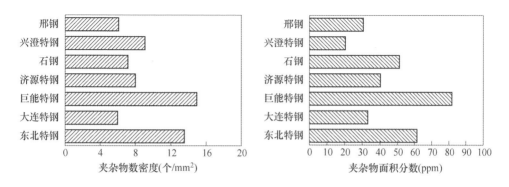

图 3-29　不同钢厂轧材夹杂物数密度和面积分数对比

3.4　轴承钢中非金属夹杂物控制总结

关于轴承钢中非金属夹杂物控制工艺，虽然国内轴承钢冶炼装备和技术方面还不完善，但是想要保证轴承钢的质量水平，出于降低钢总氧和控制钢中非金属夹杂物目的，工艺装备的设计、选择等方面务必坚持以下几点：对轴承钢出钢避免脱氧剂和精炼渣一起加入，防止其混合卷入钢液；采用铝脱氧降低氧含量，高碱度精炼渣的强扩散脱氧技术；真空精炼由 VD 转向 RH，若设备坚持 VD 真空精炼，则需采用浅真空及扒渣技术，减小渣钢反应程度；全封闭中间包防止二次氧化；增加连铸机直立段长度，最好采用立式连铸机促进大尺寸夹杂物上浮，减少夹杂物被凝固坯壳捕捉等。坚持以上工艺及设备，轴承钢的质量水平将得到大幅度提高。

第二部分　GCr15轴承钢中的碳化物

4　轴承钢中的碳化物概述

4.1　碳化物缺陷的分类

　　高碳铬轴承钢中微观偏析主要表现为合金碳化物分布的不均匀性。液析碳化物是轴承钢中危害最大的一种，是由树枝状偏析引起的在铸坯或钢锭凝固过程中产生的亚稳共晶莱氏体，如图4-1所示。若该类碳化物在铸坯开轧之前不能得到完全消除，则将在轧制后破碎成不规则的小块状碳化物，并沿着轧制方向呈条状或链状分布[318]。另外，根据轧材中碳化物在显微组织中的形状、分布及其形成原因，高碳铬轴承钢中的碳化物又可分为带状碳化物和网状碳化物，如图4-2所示。轴承钢中存在任何形式的碳化物，对于其性能的危害都是非常大的，所以控制轴承钢中碳化物的数量、形状、大小及分布等，对于改善轴承钢的性能及提升轴承钢的质量具有重要意义[319]。

图4-1　高碳铬轴承钢连铸坯中
液析碳化物（白色区域）

4.2　碳化物分布对金属材料抗腐蚀性能的影响

　　在钢的应用过程中，特别是在极其苛刻的酸性环境下，提高钢材的抗腐蚀能力至关重要。Qian等[320]研究了合金元素Cr对于耐候钢的抗大气腐蚀能力，结果

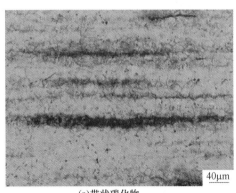
(a)带状碳化物

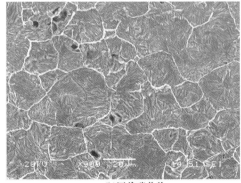
(b)网状碳化物

图 4-2　高碳铬轴承钢轧材中碳化物

表明 Cr 元素能够明显提高耐候钢在大气中的抗腐蚀能力。在 CO_2 环境中，研究结果同样表明铬含量对于抗腐蚀能力同样具有重要的影响。对于合金钢，铬含量约在 3.0% 左右时能够保证足够低的 pH 值，从而阻止带状 $FeCO_3$ 组织的生成[321]。而且，在相同的环境下，钢的微观组织能够决定它们的抗腐蚀能力。在 CO_2 环境下 1.0Cr 的合金钢，由铁素体和珠光体组成的微观组织较回火后的马氏体微观组织具有更好的抗腐蚀能力[322]。Lu 等[323-325]研究表明，激光冲击强化能够有效提高应力腐蚀裂痕的抗腐蚀能力和 AISI 304 不锈钢的电化学抗腐蚀能力。

当钢及合金中的铬含量较高时，Cr 极易与 C 元素结合生成碳化物，微观组织中这些碳化物的行为对于这些金属材料的抗腐蚀能力具有至关重要的作用。碳化物的形态包括其类型、形状、尺寸、体积及分布等，这些因素均对金属材料抗腐蚀能力具有明显的影响。表 4-1 中列出了部分研究者们[326-338]近年来研究的碳化物形态与金属材料抗腐蚀能力之间的关系。

表 4-1　碳化物形态对金属材料抗腐蚀能力的影响

作者	发　现	年份	文献
Levy 和 Ninham	—存在球状碳化物的铁素体基体的抗腐蚀能力优于存在片状碳化物的珠光体组织的基体 —在经球化处理的碳素钢中，随着碳化物体积分数的增加钢的抗腐蚀能力变差	1981 ~ 1988	[326，327]
Seetharamu 和 Sampathkumaran 等	—在奥氏体和马氏体中弥散分布的细小碳化物有助于提升铬铁的抗腐蚀能力	1995	[328]
Bergman 和 Hedenqvist 等	—初生碳化物对于高速钢耐磨和耐蚀性能的影响 —当组织硬度软于初生碳化物时，随着初生碳化物体积分数的增加，高速钢的耐磨和耐蚀性发生明显改变	1997	[329]
Hong 和 Rho	—气蚀孔洞的形成主要原因为形状不规则的三角碳化物在晶界上的随机沉淀	2001	[330]

作者	发 现	年份	文献
Kim 和 Hong 等	—通过热处理使晶界上的碳化物形态由三角形转变成平面的, 有利于提升基体的抗气蚀能力	2004	[331]
Cuppari 和 Souza 等	—坚硬的第二相对 Fe-Cr-Ni-C 合金抗气蚀能力的影响 —在 25% 铬钢中, 由于粗大的 M_7C_3 碳化物的出现, 其抗腐蚀能力与碳化物的体积分数具有相反的变化趋势	2005	[332]
Chatterjee 和 Pal	—在不同焊接条件下, 微观结构中合金沉淀形成的碳化物对铸铁抗腐蚀性能的影响	2006	[333]
Yaer 和 Shimizu 等	—两种球化碳化物铸铁和两种高铬铸铁的腐蚀行为研究 —球状碳化物铸铁的抗腐蚀能力明显优于高铬铸铁的抗腐蚀能力	2008	[334]
Suchánek 和 Kuklík 等	—在淬火低合金碳钢中, 由于碳含量的增加出现 M_7C_3 和 $M_{23}C_6$, 能够增加该钢的抗腐蚀能力	2009	[335]
Chauhan 和 Goel 等	—热轧态的 21-4-N 钢中碳化物数量少且分布均匀, 导致其性能优于铸钢 —随着碳化物数量的减少 21-4-N 钢的抗腐蚀能力增强	2009	[336]
Gadhikar 和 Sharma 等	—粗大碳化物的出现导致奥氏体中碳元素的缺失, 从而引起 23-8-N 镍钢抗腐蚀能力的恶化 —通过热处理, 奥氏体基体中碳化物溶解, 有利于提升抗腐蚀能力	2014	[337]
Avnish 和 Ashok 等	—热处理对于 23-8-N 镍钢微观组织、机械性能和腐蚀行为的影响 —碳化物的溶解、等轴晶的形成有助于提升 23-8-N 镍钢抗腐蚀能力	2015	[338]

4.3 碳化物缺陷的控制研究现状

高碳铬轴承钢中铬元素是形成碳化物的主要合金元素。铬元素在奥氏体中的扩散系数小, 同时还会降低碳及其他元素在奥氏体中的扩散系数, 易形成偏析, 从而生成液析碳化物。液析碳化物具有很高的硬度和脆性, 使轴承容易产生淬火裂纹。带状碳化物是铸坯中树枝状偏析在轧制过程中拉伸成的高浓度相。随着轴承钢中带状碳化物的加剧, 其淬火加热过热敏感性增加, 钢基体与高浓度相之间的硬度差加大, 导致轴承接触疲劳寿命下降。消除液析碳化物及带状碳化物, 主要是降低钢中树枝状偏析的程度, 使钢中偏析最严重的区域无法形成共晶莱氏体。手段为在加热炉中对钢锭或者铸坯进行高温扩散退火, 实现偏析元素的重新分配[339], 最终达到弱化或者消除液析碳化物的目的。

在高碳铬轴承钢中添加适量的稀土元素有助于减轻易生成碳化物的合金元素

的偏析程度。Kim 等[60]研究表明，在轴承钢中添加适量的稀土元素 Ce，生成弥散的孕育剂，能够促使凝固组织形成等轴晶，从而降低其他合金元素在轴承钢中的偏析程度，特别是 Cr 元素，使轴承钢的接触疲劳寿命得到显著提高。同时，Ce 元素的添加还有利于细化轴承钢珠光体铸态组织及减小共晶碳化物颗粒的尺寸。

高温扩散是轴承钢生产过程中极其关键的一道工序，要把连铸坯均匀加热到规定的温度进行扩散退火，为轧制提供良好的组织和塑性条件[340]。加热温度、加热速率和保温时间都是高温扩散工艺的关键参数，这些参数的设置不仅要保证铸坯不过烧，而且还要保证加热过程有良好的扩散退火效果。加热温度能够决定钢中各元素的扩散速度，而保温时间则能够影响扩散的效果[35]。

Ota 等[341]的研究表明，高碳铬轴承钢中液析碳化物的铬含量较高且较难扩散，并得出铸锭中液析碳化物均热扩散时间与其尺寸之间的经验公式。我国的张维敬[342]开发出二元合金中第二相溶解和母相中成分均匀化的数学模型，用于预测轴承钢中液析碳化物的扩散时间问题，得出轴承钢钢锭高温扩散时间应不少于10h。Kim 和 Bae[343]的研究表明，液析碳化物的消除时间不仅与其自身的尺寸存在关系，而且与铸坯的中心偏析情况也息息相关，并最终建立了液析碳化物消除时间与液析碳化物尺寸、高温扩散温度及铸坯中心偏析指数之间的关系。我国较多钢厂对高碳铬轴承钢生产过程中的热处理工艺进行了探索性的研究，其主要工艺如表4-2所示。从表中可以看出，我国各厂生产轴承钢的热处理工艺各不相同，整体上来说要想取得较佳的高温扩散效果，扩散温度应控制在 1240℃ 左右，均热段时间应大于 5h。

表4-2　我国某些钢厂轴承钢铸坯热处理工艺

钢厂	大方坯 （mm×mm）	加热炉时间 （h）	开坯均热时间 （h）	最高温度 （℃）	文　献
邢钢	280×325	6	1.5	1240	
南钢	320×480	11	>5.5	1230～1250	
石钢	150×150	>3	—	1210～1260	[344]
沙钢	200×200	>3.5	—	1200～1250	[345]
淮钢	φ380	>11.5	—	1230～1250	[346]
本钢	235×265	>2	—	1250	[347]
莱钢	—	>5	—	1200～1280	[348]
鞍钢	—	>4.3	2	1160～1180	[349]
武钢	—	>1.6	—	1200～1240	[350]

网状碳化物在过共析钢中沿奥氏体晶界析出且呈网状分布，这类碳化物的存

在会增加轴承钢的脆性，降低轴承钢的疲劳寿命[351]。高碳铬轴承钢轧后采用快速冷却工艺，能够有效抑制网状碳化物的析出[344,352]。如果轴承钢中存在偏析，则高浓度相中必然存在更多的过剩碳化物，使网状组织更加严重。铸坯的高温扩散效果明显，同样能够抑制二次碳化物的析出。二次碳化物的主要析出温度范围为 $650 \sim 900℃$，二次网状碳化物的临界冷却速度为 $8℃/s$[353]，在该温度范围内加速轴承钢的冷却（冷却速度大于 $8℃/s$），并且合理控制轴承钢的终轧温度，能够有效降低网状碳化物组织的级别。

目前，GCr15 轴承钢在轧制之前一般采用 $1150 \sim 1200℃$ 的加热温度进行预热，然后经多道次轧制，终轧温度一般不低于 $900℃$，该温度下二次碳化物尚未开始析出，能够保证轧制完成后获得细小均匀的完全再结晶奥氏体组织。轧制完成后控冷一般采用一次冷却和二次冷却工艺。一次冷却是指轧制之后立即进行快冷，直到棒材表面温度为 $450 \sim 500℃$，最高返红温度为 $550 \sim 600℃$；二次冷却是指轧制之后采用回火，然后空冷[354]。

4.4　轴承钢抗腐蚀能力的提升研究现状

对于轴承钢，除了热压力[355,356]和抗疲劳寿命[44,68,357-361]外，抗腐蚀能力同样也被认为是最重要的性质之一[362]。腐蚀是轴承运转过程中常见的失效形式，特别是在航空发动机中的应用。钢的应用过程中经常遭遇各种各样的环境，包括大气环境、CO_2 环境、酸环境及碱性环境。Lu 等[61]研究了 B、N、Cr 和 Mo 等离子注射技术对 GCr15 轴承钢在 H_2SO_4 和 NaCl 缓冲溶液中的腐蚀行为，研究表明，等离子注射技术能够明显提升 GCr15 轴承钢的均质化和局部抗腐蚀能力。最近，Xie 等[363]研究了热处理对 AISI 5200 轴承钢抗腐蚀能力的影响，表明回火热处理能够提升 AISI 5200 轴承钢的抗腐蚀能力。轴承钢中添加微量 Cu 元素，在轧后冷却过程中 Cu 元素首先在晶界析出，可阻碍 Cr 元素的析出，有利于促进轴承钢组织及成分的均匀化，从而提升轴承钢的抗腐蚀性能[364]。当钢中铜含量较低时，随着铜含量的提高，钢的抗腐蚀性能提升。铜含量为 0.25% 时在钢中接近饱和，钢的抗腐蚀能力不再明显变化[365]。目前为止研究 GCr15 轴承钢抗腐蚀能力的报道非常少，研究轴承钢在各种环境下腐蚀行为具有重要意义。

5 轴承钢连铸坯中液析碳化物行为

对 GCr15 轴承钢组织均匀性影响最大的碳化物是液析碳化物。液析碳化物是在铸坯或钢锭凝固过程中由于树枝状偏析而产生的亚稳共晶莱氏体，经热压力加工破碎成不规则的小块状碳化物，并沿着延伸方向呈链状或条状分布。它具有很高的硬度和脆性，使轴承容易产生淬火裂纹。消除液析碳化物，就是要降低钢中树枝状偏析的程度，使钢中偏析最严重的区域无法形成共晶莱氏体。因此，研究液析碳化物在铸坯中的形貌及分布规律具有重要的意义。本章主要对国内两个厂家生产的轴承钢铸坯中的液析碳化物形貌进行定量化研究，然后利用 DICTRA 动力学软件的碳化物溶解模型计算 1240℃ 下液析碳化物的溶解扩散过程，探讨其溶解扩散机制。

5.1 实验方法

取钢厂 A 生产的铸坯 A 和钢厂 B 生产的铸坯 B 样品，厚度约为 15mm，然后在两铸坯上截取内弧侧左上角 1/4，经打磨、抛光等机械加工处理后，采用 1:1 的热盐酸水溶液进行侵蚀，直到铸坯呈现出清晰的凝固组织。

根据凝固组织，分别在激冷层（样品 1）、柱状晶区（样品 2）、柱状晶区与混晶区的交界区（样品 3）、混晶区（样品 4）、混晶区与中心等轴晶区的交界区（样品 5）、中心等轴晶区的左侧（样品 6）、中心等轴晶区的中心（样品 7）及铸坯中心（样品 8）切取 8 个 10mm × 10mm 的样品。将抛光后的样品在 4% 硝酸酒精溶液中侵蚀 5~10s，之后用大量水冲洗，最后用酒精冲洗，并用电吹风将样品吹干。在 Leica DM4000 显微镜下对每个处理完成的样品进行逐个视场的全断面观察，看到白色液析碳化物立即进行拍摄。

样品观察完成后，利用 Image-J 软件计算出每张图片中液析碳化物的总面积，并将每个样品中所有白色碳化物的面积相加得出整个面上的液析碳化物面积；之后将液析碳化物的总面积与样品全断面面积相比，统计每个样品中液析碳化物的尺寸及数量，对液析碳化物进行定量化研究；然后用电子探针对两铸坯的样品 2、4、7 分别进行面扫描，比较两铸坯在不同位置的 Cr 元素分布情况；最后通过 TEM 透射电镜确定铸坯中典型碳化物类型。

在铸坯 A 上选取样品 8 个，编号为 NG-1~NG-8，取样位置如图 5-1 所示。

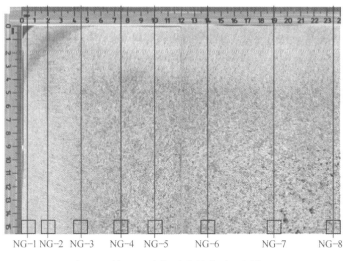

图 5-1 铸坯 A 液析碳化物统计取样位置

5.2 铸坯 A 中液析碳化物行为

在样品 NG-1 中，仅观察到极少量的沿晶界析出的白色网状碳化物，其形貌如图 5-2 所示。由于样品 NG-1 主要位于激冷层及柱状晶区内，其所在位置冷却速度非常快，几乎不会形成合金元素的微观偏析。

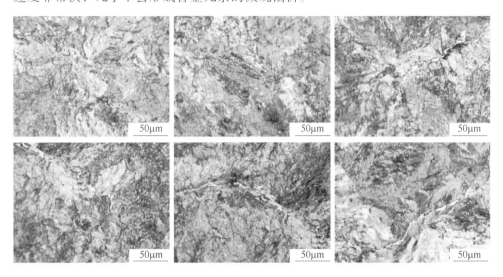

图 5-2 样品 NG-1 中的碳化物形貌

样品 NG-2 位于柱状晶区内，同样仅观察到少量沿晶界析出的白色网状碳化物。虽然柱状晶区的冷却速度要比激冷层稍慢，但冷却速度还较快，所以该区域内合金元素的微观偏析同样不明显。

样品 NG-3 位于柱状晶区与混晶区交界位置，在该样品中不仅观察到沿晶界析出的白色网状碳化物，还观察到少量白色粒状液析碳化物，尺寸约为 10 ~ 20μm，其形貌如图 5-3 所示。从柱状晶区进入混晶区，铸坯的冷却速度明显降低，二次枝晶臂间距明显增大，合金元素富集在二次枝晶之间，所以在该样品靠近混晶区的一侧观察到少量的白色粒状液析碳化物。

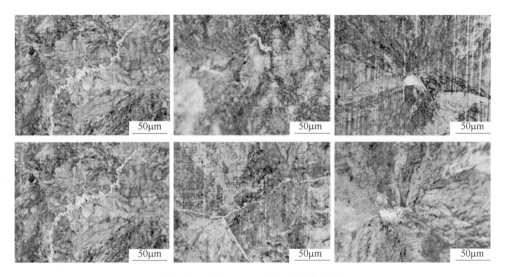

图 5-3　样品 NG-3 中的碳化物形貌

样品 NG-4 位于混晶区内，发现该样品中存在沿晶界析出的白色网状碳化物，同时观察到大量的粒状液析碳化物，尺寸约为 15 ~ 30μm。完全进入混晶区后，铸坯的冷却速度进一步下降，二次枝晶臂间距较大，合金元素，特别是 C 元素和 Cr 元素，在二次枝晶间容易形成偏析，所以该样品内枝晶间的粒状液析碳化物明显增多，且尺寸有增大的趋势。

样品 NG-5 位于混晶区与中心等轴晶区交界位置，该样品中同样存在沿晶界析出的白色网状碳化物，同时观察到较多的粒状液析碳化物及形状不规则且尺寸较大的液析碳化物，尺寸约为 20 ~ 80μm，其形貌如图 5-4 所示。通过上面对连铸坯凝固组织的分析可知，由于冷速较慢混晶区和中心等轴晶区内的二次枝晶臂间距较大，在凝固终点极易形成合金元素的微观偏析，从而形成尺寸较大的粒状碳化物。

样品 NG-6 位于靠近混晶区的中心等轴晶区之内，该样品内同样观察到沿晶界析出的白色网状碳化物，同时能够观察到大量的粒状液析碳化物，尺寸约为

15~30μm。随着凝固的进行，钢液的浓度进一步富集，导致钢液浓度明显高于初始浓度，所以在铸坯中心位置更容易形成合金元素的微观偏析，形成更多的液析碳化物颗粒。

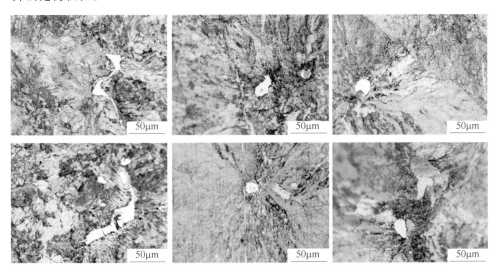

图 5-4 样品 NG-5 中的碳化物形貌

　　样品 NG-7 位于中心等轴晶区的中间位置，同样发现该样品中存在沿晶界析出的白色网状碳化物。同时，观察到大量的粒状液析碳化物，尺寸约为 20~40μm，其形貌如图 5-5 所示。由于该样品所在位置存在铸坯中的偏析，使液析碳化物的数量增多，尺寸增大。

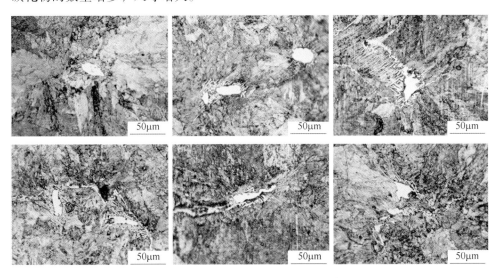

图 5-5 样品 NG-7 中的碳化物形貌

　　样品 NG-8 位于铸坯正中心，该样品中同样存在沿晶界析出的白色网状碳化物，同时观察到大量的粒状液析碳化物，个别碳化物尺寸特别大，长达 $100\mu m$ 左右，其形貌如图 5-6 所示。该样品所在的位置位于铸坯的凝固终点，钢液中的合金元素容易形成富集，中心偏析较为严重，较易形成的白色的尺寸较大的液析碳化物。

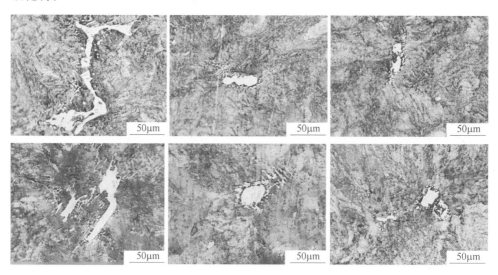

图 5-6　样品 NG-8 中的碳化物形貌

　　通过对铸坯 A 不同凝固组织位置的样品中的液析碳化物进行观察，发现铸坯 A 激冷层和柱状晶区内主要为沿晶界析出的网状液析碳化物，且数量较少。从混晶区开始析出白色粒状液析碳化物，越靠近铸坯中心，粒状液析碳化物尺寸越大。中心位置析出尺寸极大的液析碳化物。

5.3　铸坯 B 中液析碳化物行为

　　在钢厂 B 生产的铸坯 B 上选取样品，编号 XG-1 ~ XG-8，取样位置如图 5-7 所示。

　　在样品 XG-1 中，同样仅观察到极少量的沿晶界析出的白色网状碳化物，其形貌如图 5-8 所示，该样品中的白色网状碳化物要略粗于铸坯 A 样品 NG-1。

　　样品 XG-2 位于铸坯 B 的柱状晶区内，同样仅观察到极少量沿晶界析出的白色网状碳化物，没有观察到粒状碳化物。

　　样品 XG-3 位于铸坯 B 的柱状晶区与混晶区的交界处，该样品中不仅观察到沿晶界析出的白色网状碳化物，还观察到少量粒状液析碳化物，但尺寸小于铸坯 A 的相同位置，其尺寸约为 5 ~ $10\mu m$，其形貌如图 5-9 所示。

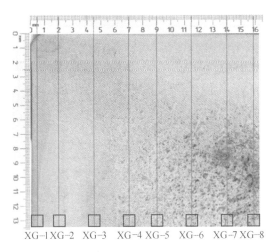

图 5-7　铸坯 B 液析碳化物统计取样位置

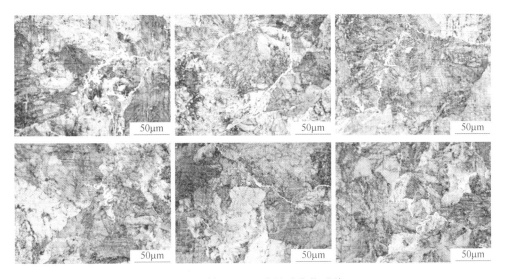

图 5-8　样品 XG-1 中的碳化物形貌

　　样品 XG-4 位于铸坯 B 的混晶区内，该样品中存在沿晶界析出的网状白色碳化物，同时观察到大量的粒状液析碳化物，其尺寸约为 20~50μm，这些液析碳化物所在的位置均与晶界相关。

　　样品 XG-5 位于铸坯 B 的混晶区与中心等轴晶区交界处，该样品中存在沿晶界析出的白色网状碳化物，同时观察到大量的粒状液析碳化物，其尺寸约为 20~80μm，其形貌如图 5-10 所示。

　　样品 XG-6 位于铸坯 B 靠近混晶区的中心等轴晶区之内，该样品中存在沿晶界析出的白色网状碳化物，同时观察到大量的粒状液析碳化物，其尺寸约为

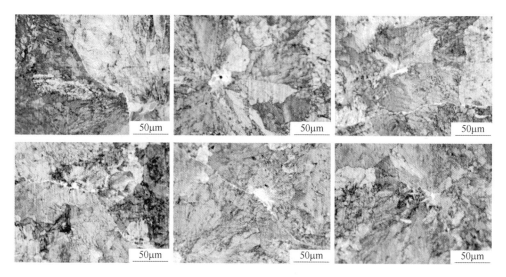

图 5-9　样品 XG-3 中的碳化物形貌

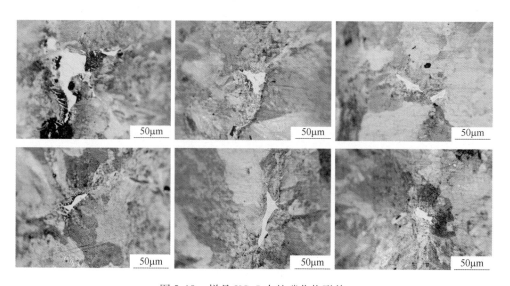

图 5-10　样品 XG-5 中的碳化物形貌

30～80μm。

样品 XG-7 位于铸坯 B 的中心等轴晶区中间，发现该样品中存在沿晶界析出的网状白色碳化物，同时观察到大量的粒状液析碳化物及形状不规则的液析碳化物，尺寸最大的达到200μm，其形貌如图 5-11 所示。

样品 XG-8 位于铸坯 B 的中心等轴晶区的中心区域内，发现该样品中存在沿晶界析出的白色网状碳化物，同时观察到大量的粒状液析碳化物，个别碳化物尺寸特别大，其尺寸达到250μm 以上，其形貌如图 5-12 所示。

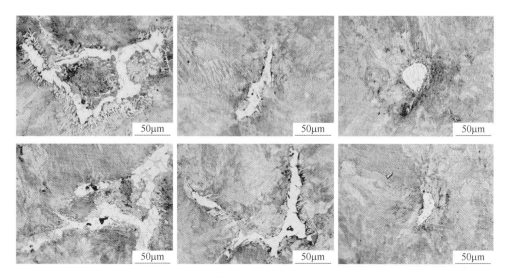

图 5-11　样品 XG-7 中的碳化物形貌

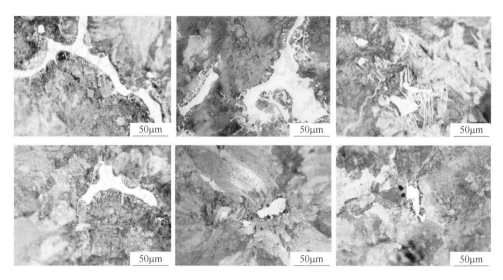

图 5-12　样品 XG-8 中的碳化物形貌

　　钢厂 B 的样品 XG-8 在低倍下发现大量区域性连续分布且尺寸较大的液析碳化物，如图 5-13 所示。在铸坯 A 中心区域的 NG-8 样品中并没有观察到，说明铸坯 B 的中心位置的微观偏析控制较差。

　　经过对铸坯 B 中液析碳化物的研究发现，其分布规律与铸坯 A 中液析碳化物的行为分布具有类似规律，在其激冷层和柱状晶区的碳化物主要为沿晶界析出的网状碳化物且数量较少。从其混晶区开始出现白色粒状液析碳化物，往铸坯中心液析碳化物尺寸逐渐增大，在铸坯中心出现尺寸极大的液析碳化物，表明液析

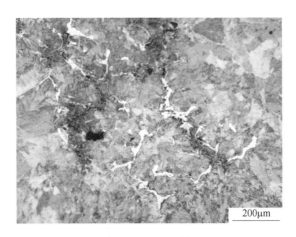

图 5-13 光镜 200 倍下样品 XG-8 中的大颗粒液析碳化物形貌

现象在铸坯中心要明显强于其他位置。

5.4 两铸坯中液析碳化物行为对比

为了对两钢厂铸坯中的液析碳化物进行定量化分析，在光镜下对每个样品的横断面逐个视场进行观察，然后将碳化物的形貌拍摄下来。假设所有碳化物颗粒为球形，利用金相软件逐一统计面积，求出每个样品上碳化物的面积百分比、平均直径及数密度，然后进行对比。

两钢厂生产的铸坯从边部到中心，碳化物面积百分比增加，铸坯 A 中碳化物所占面积最大的样品出现在中心等轴晶区中间区域的 NG-7 样品上，而铸坯 B 出现在铸坯中心区域的 XG-8 样品上，且液析碳化物现象特别严重，碳化物总面积达到 20%，如图 5-14 所示。

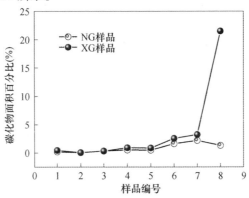

图 5-14 两钢厂生产的铸坯中碳化物面积百分比

　　两铸坯中的液析碳化物的平均直径变化如图5-15所示，与碳化物的面积百分比变化具有相似的变化规律。铸坯B样品XG-8的液析碳化物的平均直径达到50μm。

　　两铸坯中液析碳化物数密度变化如图5-16所示。铸坯A中碳化物数密度最大的样品为中心等轴晶区左侧区域的NG-6样品，其中心区域的NG-7及NG-8样品反而减小；而铸坯B的液析碳化物的数量从边部到中心一直在增加，进一步说明铸坯B的中心偏析较为严重。

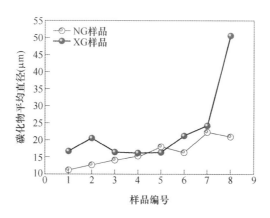

图5-15　两钢厂生产的铸坯中碳化物平均直径

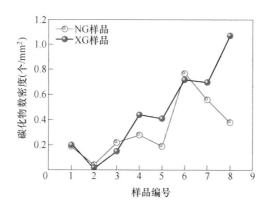

图5-16　两钢厂生产的铸坯中碳化物数密度

　　综上所述，两钢厂生产的GCr15轴承钢铸坯中均存在液析现象，激冷层、柱状晶区主要以析出网状碳化物为主，从混晶区开始出现球状液析碳化物。铸坯A中心的液析碳化物数量较少且尺寸较小，铸坯B中心的液析碳化物尺寸较大且数量较多。

5.5　两铸坯相同位置 Cr 元素分布

　　为了进一步研究两铸坯的合金元素分布情况，分别对两铸坯凝固组织的相同位置进行电子探针（EPMA）面扫描检测。在两铸坯柱状晶区内样品 2 的中心位置选取 2.4mm × 2.4mm 的区域进行检测。检测结果表明，两铸坯柱状晶区内的 Cr 元素分布都比较均匀，没有出现偏析非常严重的位置，如图 5-17 所示。

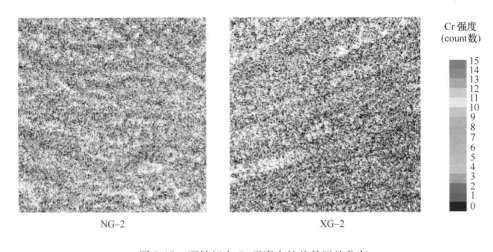

NG–2　　　　　　　　　　　　XG–2

图 5-17　两铸坯中 Cr 元素在柱状晶区的分布

　　对检测过程中每个点的强度面积百分比进行统计对比发现，铸坯 B 铬强度为 0.5 和 1.5 的面积百分比高于铸坯 A，其他铬强度对应的面积百分比均小于铸坯 A，如图 5-18 所示。这说明铸坯 A 中的 Cr 元素分布更加均匀。

　　同样在两铸坯混晶区内样品 4 的中心位置选取 2.4mm × 2.4mm 的区域进行检测，检测结果表明，在混晶区内两铸坯的 Cr 元素分布开始产生明显的微观偏析，如图 5-19 所示。

　　对检测过程中每个点的强度面积百分比进行统计分析，铸坯 A 中 Cr 元素强度高于 6.5 的面积百分比达到 4.1%，而铸坯 B 只有 1.4%，如图 5-20 所示。在混晶区内两钢厂铸坯中 Cr 元素分布都出现较严重的微观偏析。但铸坯 B 的个别位置 Cr 元素强度达到 118，说明该位置微观偏析特别严重。以上分析表明，铸坯 A 混晶区内 Cr 元素的分布较铸坯 B 更加均匀。

　　同样在两铸坯中心等轴晶区内样品 7 的中心位置选取 2.4mm × 2.4mm 的区域进行检测，检测结果表明在中心等轴晶区内两铸坯的 Cr 元素分布存在较严重的微观偏析，如图 5-21 所示。

　　对检测过程中每个点的强度面积百分比进行统计分析，铸坯 A 中强度高于

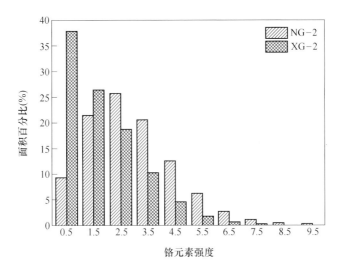

图 5-18 两铸坯中 Cr 元素在柱状晶区强度面积百分比

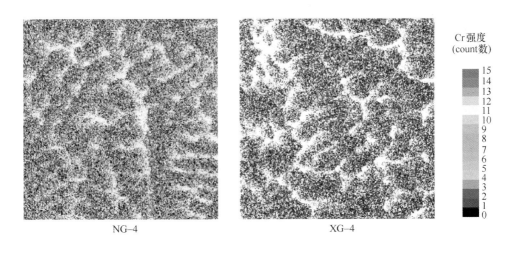

图 5-19 两铸坯中 Cr 元素在混晶区分布

6.5 的面积百分比高达 3.2%，铸坯 B 只有 1.1%，如图 5-22 所示，但是铸坯 B 个别位置的 Cr 元素强度达到 99。以上分析表明，铸坯 A 中心等轴晶区内 Cr 元素的分布较铸坯 B 更加均匀。

为了进一步分析对比两钢厂的铸坯质量，分别统计了不同样品的最大强度值和平均强度值，如表 5-1 和图 5-23 所示。可以看出，在混晶区和中心等轴晶区，铸坯 B 的极个别位置偏析程度要明显强于铸坯 A。

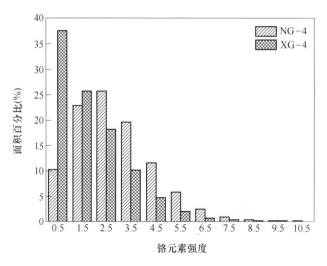

图 5-20　两铸坯中 Cr 元素在混晶区强度面积百分比

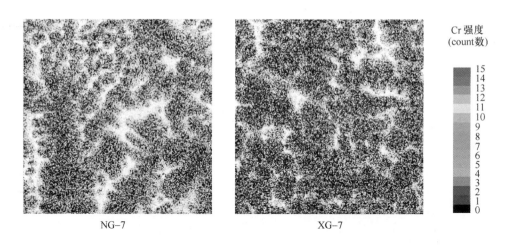

图 5-21　两铸坯中 Cr 元素在中心等轴晶区分布

表 5-1　检测样品的强度最高值和平均值

样品名称	最　高　值	平　均　值
NG-2	13	2
XG-2	12	1
NG-4	23	2
XG-4	118	1
NG-7	40	1
XG-7	99	1

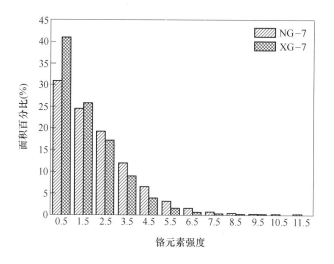

图 5-22　两铸坯中 Cr 元素在中心等轴晶区强度面积百分比

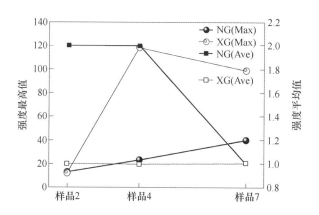

图 5-23　两铸坯样品的强度最高值和平均值对比

以上分析说明，对于 GCr15 轴承钢来说，铸坯中合金元素的微观偏析是普遍存在的，特别是 Cr 元素的微观偏析。在连铸过程中这类合金元素的微观偏析只能得到弱化，并不能完全消除。

5.6　液析碳化物消除时间的计算

本节基于 Thermo-calc 软件的 TCFE6 和 MOB2 两个数据库利用 DICTRA 动力学软件部分计算 1240℃下铸坯中液析碳化物的扩散过程，探讨液析碳化物的溶解扩散机制。

5.6.1 液析碳化物扩散溶解机制模拟计算方法

碳化物的初始尺寸、浓度、基体的化学成分及扩散温度、时间都是影响碳化物扩散溶解和粗化长大的重要因素。DICTRA 软件模拟碳化物粒子的长大或者溶解过程是基于相界迁移过程两相之间的局部平衡进行的。所以计算过程中，假设基体与碳化物粒子的交界处铁素体或奥氏体与碳化物中的化学元素在扩散过程中的任何时刻都能够保持热力学平衡。基于这一假设，两相之间通过界面的组元流量能够根据质量守恒定律和通量平衡方程进行计算：

$$v^{\gamma}C_k^{\gamma} - v^{p}C_k^{p} = J_k^{r} - J_k^{p} \tag{5-1}$$

式中，v^{γ}、v^{p} 为界面迁移速率，m/s；C_k^{γ}、C_k^{p} 为在两相交界面附近基体和碳化物颗粒中组元 k 的浓度，mol/m³；J_k^{r}、J_k^{p} 可以由体系中所有组元的浓度梯度根据 Fick-Onsager 定律进行计算：

$$J_k = -\sum_{j=1}^{n-1} D_{kj}^{n} \frac{\partial c_j}{\partial x_i} \tag{5-2}$$

式中，D_{kj}^{n} 为扩散系数矩阵，m²/s；c_j 为组分 j 的浓度，mol/m³；x_j 为组分 j 浓度变化的距离，m。

由绝对速率理论可知，组元 i 的迁移率可以由频率因子和活化焓计算：

$$M_{B} = \exp\left(\frac{RT\ln M_{B}^{0}}{RT}\right)\exp\left(-\frac{Q_{B}}{RT}\right)\frac{1}{RT}{}^{mg}\Gamma \tag{5-3}$$

式中，M_{B}^{0} 为频率因子，min⁻¹；Q_{B} 为活化焓，J/mol；R 为气体摩尔常数，$R = 8.314$J/(mol·K)；T 为绝对温度，K。$RT\ln M_{B}^{0}$ 和 Q_{B} 均与合金成分、温度及压强相关，这两个与合金成分相关的因子可以根据成分空间中每个端点处值的线性组合与 Redlich-Kister 展开来计算：

$$\Phi_{B} = \sum_{i} x_i \Phi_{B}^{i} + \sum_{i}\sum_{j>1} x_i x_j \left[\sum_{r=0}^{m} {}^{r}\Phi_{B}^{i,j}(x_i - x_j)^{r}\right] \tag{5-4}$$

式中，Φ_{B} 表示 $RT\ln M_{B}^{0}$ 或者 Q_{B}；Φ_{B}^{i} 为纯组元 i 的值且其代表成分空间中的一个端点值；${}^{r}\Phi_{B}^{i,j}$ 为二元相互作用系数；x_i 和 x_j 分别表示元素 i 和 j 的摩尔分数。

${}^{mg}\Gamma$ 为合金成分的函数，考虑了铁磁性转变影响的因子，可以由式（5-5）计算：

$$^{mg}\Gamma = \exp(6\alpha\xi)\exp\left(-\frac{\alpha\xi Q_{B}}{RT}\right) \tag{5-5}$$

式中，ξ 为磁序状态系数（$0 < \xi < 1$）；α 为常数（合金中为 0.3）。

5.6.2 液析碳化物的扩散溶解及其影响因素

液析碳化物是在连铸过程中生成的，且不能完全消除，所以 GCr15 轴承钢铸坯在进行轧制之前必须经过高温扩散工艺的处理，从而达到尽量减小液析碳化物尺寸的目的。影响轴承钢高温扩散效果的两个主要因素为扩散温度和扩散时间。碳化物的溶解过程主要分为三个步骤：碳化物颗粒分解，碳化物颗粒中的原子在界面上的迁移，元素在奥氏体和碳化物内的相互扩散。所以，轴承钢内含 Cr 液析碳化物的均质化过程也分为三个阶段：（1）含 Cr 碳化物颗粒的分解；（2）C、Cr 原子迁移到两相交界面；（3）C、Cr 元素在奥氏体基体中扩散并达到均质化。

图 5-24 给出轴承钢典型液析碳化物的形貌，该液析碳化物的最大直径为 $36\mu m$。计算中将以该碳化物作为计算对象，对液析碳化物的溶解机制进行讨论。将该液析碳化物假设为球状体，其几何模型如图 5-25 所示。由测量可知，该碳化物的半径 R_0 为 $18\mu m$，假设其扩散的钢基体的半径为 $10R_0$，即 $180\mu m$。根据图 6-20 及图 6-21 的计算结果，在常温下钢基体中的液析碳化物类型为 M_3C_2 型，其衍射花斑及能谱分析如图 5-26 所示。当热处理温度上升到 400℃ 以上时，碳化物 M_3C_2 型转化为 M_7C_3 型，因此，在 1240℃ 下进行碳化物溶解计算时应以 M_7C_3 型碳化物为计算对象。假设碳化物中 Cr 元素的初始质量百分比为 4.0%，钢基体中的 Cr 元素的初始质量百分比为 1.47%，C 元素的初始质量百分比为 0.97%。

图 5-24　轴承钢中典型液析碳化物形貌

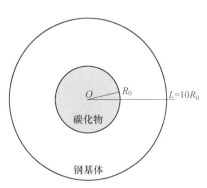

图 5-25　液析碳化物扩散的几何模型

图 5-27 和图 5-28 给出 1240℃ 下中液析碳化物溶解过程中不同时刻两相交界面碳及铬含量的变化情况。从图中可以看出 C、Cr 元素的扩散过程主要分为三个过程：第一阶段（50000s 以内）为碳化物溶解过程，在该阶段内 C 元素的扩散速率非常快，而 Cr 元素几乎没有扩散；第二阶段（50000～500000s）为 C、Cr 元素在基体上的完全均化过程，该阶段内 C 元素的扩散速率有所降低，而 Cr 元

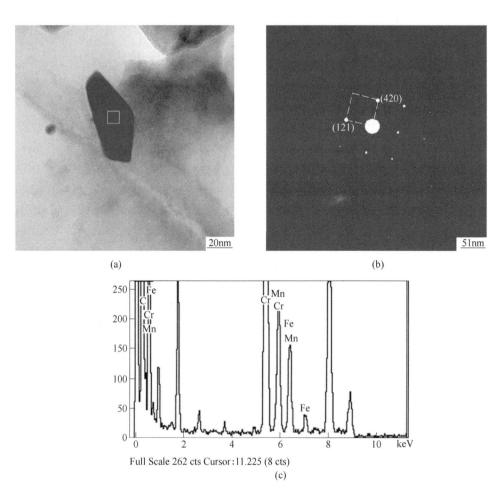

(a)　　　　　　　　　　　　　　　　　(b)

(c)

图 5-26　轴承钢铸坯中 M_3C_2 型碳化物 TEM 检测结果

（a）形貌；（b）衍射光斑；（c）能谱分析（（a）中白色方框内）

素的扩散速率有所增加；第三阶段（500000s 以后）C、Cr 元素在钢基体完全均化，随着扩散时间的进一步增加，元素分布不再发生明显变化。

　　图 5-29 给出液析碳化物尺寸在 1240℃ 下随时间的变化情况。对于半径为 18μm 的碳化物，完全溶解需要的时间为 46897s（13.03h）。该碳化物在前 40000s 时的溶解速率较均匀，40000s 以后其溶解速率急剧增加，直至最终完全溶解。图 5-30 和图 5-31 给出了该系统中不同时刻两相中 C 和 Cr 的分布情况，扩散过程中两相交界面碳化物侧的 C、Cr 浓度明显高于基体侧。随着碳化物的溶解，C 元素的扩散速率极快，在较短时间内就实现了碳化物与钢基体之间的重新再分配过程。随着保温时间增长，钢基体中的铬含量明显提高，但是 Cr 元素只是在两相交

界面两侧达到局部平衡，距交界面一定距离位置的铬含量保持不变。所以，C元素的均化速度要明显快于Cr元素的均化速度，距离模型中心30μm的距离处不同时刻的C浓度已趋于基体中的浓度，而Cr元素在距模型中心100μm的位置才能够趋于基体中的浓度。

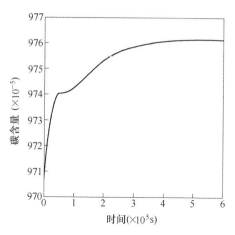

图5-27 钢基体表面碳含量随时间的变化情况

温度是影响碳化物扩散速率的重要因素。因此，探究温度对于碳化物溶解扩散速率的影响具有重要意义。在GCr15轴承钢的高温扩散过程中，其温度一般控制在1200~1240℃之间，这是因为当温度达到1250℃以上时，钢材在高温加热炉中会出现软化现象，影响正常的生产节奏。分别计算了1210℃、1220℃、1230℃、1240℃时半径为18μm的液析碳化物扩散溶解情况，结果表明，温度对于C元素和Cr元素的重熔再分配影响很大，如图5-32和图5-33所示。从高温扩散开始，C元素很快就扩散到基体的外表面，而且其溶解扩散速率随着温度的升高而增加；而Cr元素在前50000s内由于扩散速率较慢，在以上4种温度条件下都没有扩散到钢基体外表面，50000s后4种温度条件下Cr元素均开始扩散到基体外表面。Cr元素的扩散随温度的升高而增加。

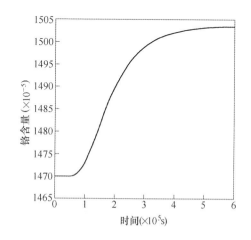

图5-28 钢基体表面铬含量随时间的变化情况

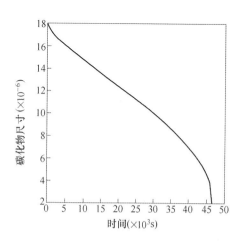

图5-29 碳化物尺寸随时间的变化情况

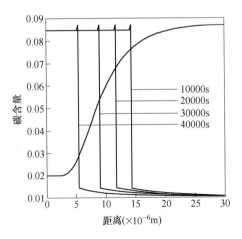

图 5-30　不同时刻两相交界面处的 C 分布

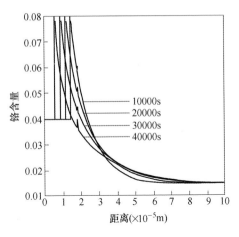

图 5-31　不同时刻两相交界面处的 Cr 分布

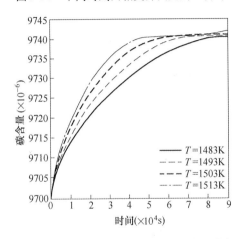

图 5-32　不同温度下基体表面的碳含量分布

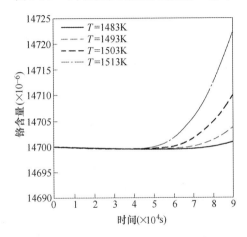

图 5-33　不同温度下基体表面的铬含量分布

图 5-34 给出以上 4 种温度条件下碳化物尺寸随扩散时间的变化情况。当高温扩散温度为 1210℃、1220℃、1230℃、1240℃时，半径为 18μm 碳化物的扩散时间分别为 84026s、68753s、56866s、46897s。从图中可以看出，温度为 1210℃时的碳化物的溶解时间是 1240℃时的 1.8 倍，因此，温度对于液析碳化物的完全溶解时间具有至关重要的作用。根据以上的计算结果，

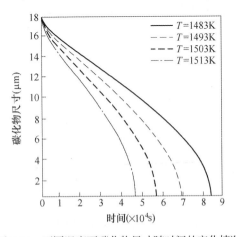

图 5-34　不同温度下碳化物尺寸随时间的变化情况

图 5-35 给出液析碳化物完全溶解时间与高温扩散温度之间的关系。从图中可以看出，两者之间主要呈线性关系。对于同一碳化物，设置不同的高温扩散温度对应的碳化物完全溶解时间不同。

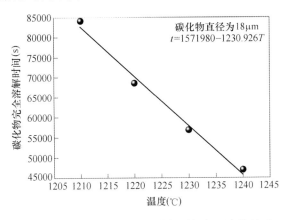

图 5-35 18μm 碳化物完全溶解时间与温度的关系

通过以上讨论可知，温度和时间是影响液析碳化物扩散的两个最重要的因素，所以在铸坯的高温扩散过程中，保证合理的高温扩散温度和高温扩散时间是至关重要的。

5.7 轴承钢连铸坯中液析碳化物行为小结

首先，碳化物形成过程为轴承钢铸坯凝固过程中在枝晶臂间会产生合金元素的微观偏析，在该区域内 Cr 元素极易与 C 元素结合生成富 Cr 碳化物，这其中危害最严重的是液析碳化物。其次，在铸坯中碳化物分布规律为从铸坯边部到中心，液析碳化物面积百分比、尺寸及数量均逐渐增加；铸坯中心偏析较严重的区域，液析碳化物数量较多，尺寸较大。轴承钢连铸坯的激冷层、柱状晶区内的液析碳化物主要为沿晶界析出的白色网状碳化物，从混晶区开始出现粒状液析碳化物，在中心等轴晶区存在较多尺寸较大的、形状不规则的液析碳化物。最后，为了减少碳化物的危害，对铸坯中液析碳化物的控制措施主要是高温扩散工艺，扩散温度和扩散时间是影响轴承钢高温扩散效果的两个主要因素。研究中发现，半径为 18μm 的液析碳化物在 1240℃下完全消除需要 13.03h。

6　轴承钢轧制全流程 Cr 元素分布与低倍检验孔洞形成机理

轴承钢碳化物的分布及行为与其中合金元素的分布存在密切的关系。轴承钢抗腐蚀能力是 GCr15 高碳铬轴承钢的一项重要性能，组织中碳化物的分布及行为对于轴承钢的抗腐蚀能力具有至关重要的影响。本章主要研究轴承钢轧制全流程中 Cr 元素的分布规律及碳化物行为，并探讨其与轴承钢中低倍检验孔洞的内在联系，最终揭示出检验孔洞的形成机理。

6.1　实验方法

为了探讨 GCr15 轴承钢盘条中低倍检验孔洞的形成机理，有必要对 GCr15 轴承钢轧制全流程的 Cr 元素分布规律、碳化物行为及腐蚀行为进行研究。该轴承钢在大方坯连铸机上连铸完成后，在大方坯加热炉中进行高温扩散（1200 ~ 1250℃热扩散 4 ~ 8h，1240℃约 1.5h），然后开坯机轧制为 160mm × 160mm 的小方坯，将小方坯在加热炉加热（1080℃，0.6h）后，进行轧制（直径 5.5 ~ 30mm 线材，终轧温度为 700 ~ 850℃），对轧制过程的不同道次取样，其取样位置如图 6-1 所示。所取每个样品的高度为 15mm，然后将样品打磨抛光后在 75℃的 1:1 盐酸水溶液中侵蚀，侵蚀后的样品分别利用光镜、扫描电镜、电子探针及透射电镜进行检测。

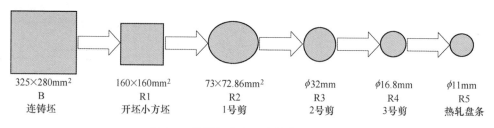

325×280mm²	160×160mm²	73×72.86mm²	φ32mm	φ16.8mm	φ11mm
B	R1	R2	R3	R4	R5
连铸坯	开坯小方坯	1号剪	2号剪	3号剪	热轧盘条

图 6-1　轴承钢全流程取样位置示意图

6.2　铸坯中 Cr 元素分布及腐蚀形貌

铸坯在拉坯方向上经酸溶液侵蚀后，在扫描电镜下进行观察，其微观组织如

图6-2 所示。结果表明腐蚀后的微观组织由一次枝晶臂、二次枝晶臂及微观缩孔组成。枝晶臂间颜色较浅的区域是由 C、Cr 元素的微观偏析及凝固终点没有充足的钢液进行补缩形成的缩孔构成的；结果表明在酸性溶液中缩孔区域的抗腐蚀能力明显比深色枝晶臂区域差。

图6-3 表明，在凝固过程中 Cr 元素偏析到枝晶臂间的高铬区，并与 C 元素结合生成富 Cr 碳化物（图 6-2 中的浅色区域）。这些碳化物具有硬脆的特性，其延展性及变形性较差，从而会降低轴承钢的冲击韧性[366]。在不进行热酸腐蚀的铸坯样品上进行 EPMA 检测，结果如图 6-4 所示，表明铬含量较高的区域位于枝晶臂间而不是枝晶臂上。在铸坯样品深度腐蚀的过程中，枝晶间的显微缩孔逐渐显现出来，同时铬含量较高的区域抗腐蚀能力较强，不容易被腐蚀。对于枝晶臂区域因其较早凝固铬含量分布较为均匀，称为正常含 Cr 区（图 6-2 中的深色区域），该区域的抗腐蚀能力同样优于显微缩孔区域。

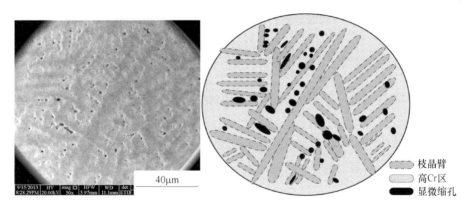

（a）扫描电镜图片　　　　　（b）图（a）的示意图

图6-2　铸坯拉坯方向上枝晶臂、高 Cr 区及显微缩孔的分布

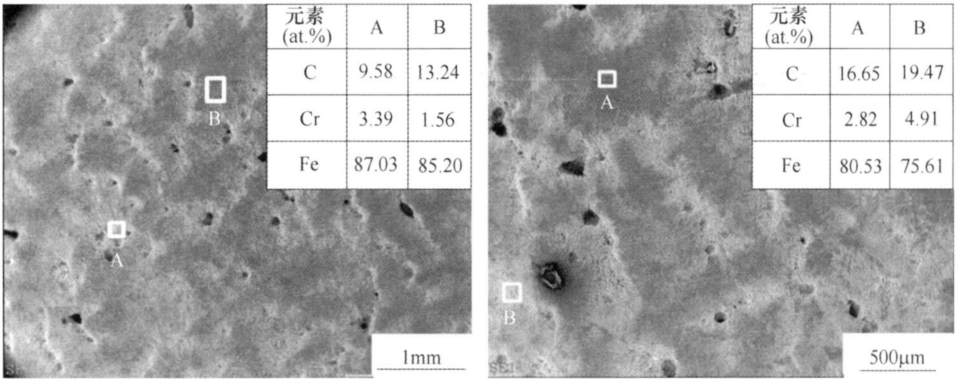

元素 (at.%)	A	B
C	9.58	13.24
Cr	3.39	1.56
Fe	87.03	85.20

元素 (at.%)	A	B
C	16.65	19.47
Cr	2.82	4.91
Fe	80.53	75.61

图6-3　枝晶臂和枝晶臂间区域化学成分的 EDS 检测

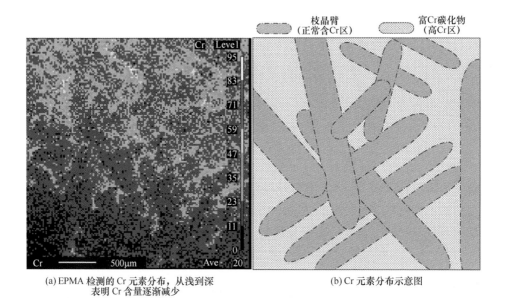

枝晶臂
（正常含Cr区）

富Cr碳化物
（高Cr区）

(a) EPMA 检测的 Cr 元素分布，从浅到深
表明 Cr 含量逐渐减少

(b) Cr 元素分布示意图

图 6-4　EPMA 面扫描检测铸坯抛光样品

6.3　开坯小方坯中 Cr 元素分布及腐蚀形貌

本研究中的轴承钢生产工艺为二火成材，开坯小方坯位于连铸之后，轧制之前，在整个生产过程中起到承上启下的作用。所取样品为图 6-1 中的 R1，观察其合金元素分布及腐蚀行为具有重要意义。铸坯在奥氏体温度以上进行高温扩散时，富 Cr 碳化物能够进行重熔并在钢基体中进行扩散，从而弱化铸坯中枝晶间合金元素的微观偏析。开坯小方坯的横断面和纵断面经热盐酸水溶液侵蚀 25min 后，其微观组织如图 6-5 所示。在横断面上，腐蚀孔洞呈簇状分布，数量较少、

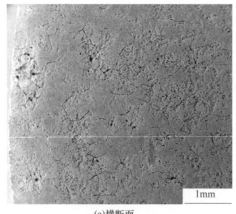

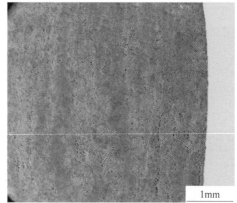

(a)横断面

(b)纵断面

图 6-5　开坯小方坯的微观组织

深度较浅；在其纵断面上，富 Cr 区在机械力的作用下轧制成富 Cr 带，并且伴生较多的腐蚀孔洞。经高温扩散的铸坯在轧制成开坯小方坯后仍旧能够观察到腐蚀孔，可以推断出富 Cr 碳化物在轧制之前并没有得到完全扩散消除。因为在 1240℃下扩散 1.5h 的高温扩散工艺对于该轴承钢铸坯来说时间是不充分的。图 6-6 给出开坯小方坯纵断面上 EPMA 检测下的富 Cr 碳化物带的分布情况，发现 Cr 元素在开坯小方坯纵断面上呈条带状分布，与纵向腐蚀孔洞的分布具有相似的分布规律。

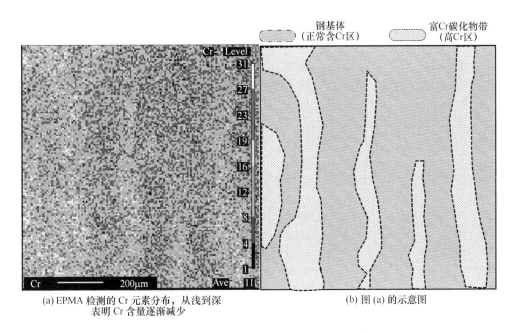

(a) EPMA 检测的 Cr 元素分布，从浅到深　　　　　　　(b) 图 (a) 的示意图
　　表明 Cr 含量逐渐减少

图 6-6　EPMA 面扫描检测开坯小方坯抛光样品

6.4　轧制过程中 Cr 元素分布及检验孔洞形貌变化

图 6-7 给出轧制过程每一道次上所取样品（R2～R5）横断面的腐蚀情况。可以看出，随着变形率的增加，检验孔洞逐渐增多。利用 Image-J 软件在相同视场下，测量每道次样品横断面上检验孔洞面积百分比，如图 6-8 所示。表明随着轧制的进行，横断面上的检验孔洞数量越来越多，尺寸越来越小，面积百分比越来越大。以上的观察表明，从铸坯到热轧盘条样品，经热酸深度腐蚀后均能发现检验孔洞。对轧制过程的压缩比和孔洞尺寸进行计算，结果如表 6-1 所示。可以看出，热轧盘条中的检验孔洞直径为由压缩比计算的检验孔洞直径的 10 倍左右。因此，轧制各道次及热轧盘条中的腐蚀孔洞并不是由铸坯中的疏松及缩孔简单的

遗传下来的，而是与生产过程中碳化物的溶解再扩散存在密切的关系。

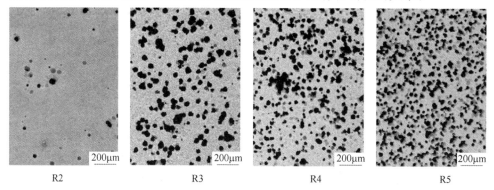

图 6-7 轧制各道次所取样品横断面深度腐蚀后的微观组织

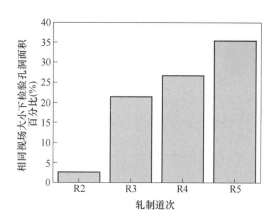

图 6-8 各道次相同视场大小下检验孔洞所占的面积百分比

表 6-1 轴承钢深度腐蚀下检验孔洞的尺寸变化

样品位置	面积（mm²）	计算尺寸（μm）	实际尺寸（μm）
连铸坯（B）	91000	102.63	102.63
1 号剪（R2）	4179.2	21.99	56
2 号剪（R3）	804.25	9.64	57.5
3 号剪（R4）	221.7	5.06	35.67
热轧盘条（R5）	94.985	3.32	37

将各道次所取的样品在中心纵向切开并进行深度腐蚀，能够明显观察到条带状的孔洞，如图 6-9 所示。将以上的纵切样品在未经腐蚀的情况下利用 EPMA 进行检测，Cr 元素分布如图 6-10 所示，其 Cr 元素与腐蚀后的孔洞形貌具有类似的条带状分布。热轧盘条 R5 样品上的碳化物经热酸腐蚀 180s 的形貌如图 6-11 所示。富 Cr 碳化物在光镜下表现为黑色（图 6-11（a）），在扫描电镜下表现为白

色（图 6-11（b））。同样，用 EPMA 面扫描检测富 Cr 碳化物形态，如图 6-11（c）所示。以上三种方法检测到的富 Cr 碳化物与图 6-9 观测到的盘条样品纵向上检验孔洞形态一致，所以检验孔洞的形成与碳化物的分布存在密切的关系。检验孔洞（图 6-11（b）中在轧制方向上的裂纹）源于微观组织中的带状碳化物，并且随着轧制过程进行逐渐延伸。

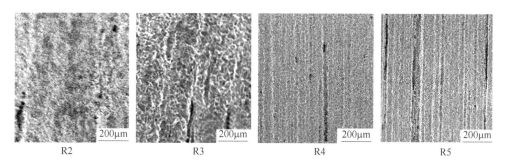

| R2 | R3 | R4 | R5 |

图 6-9　轧制各道次所取样品纵断面深度腐蚀后的微观组织

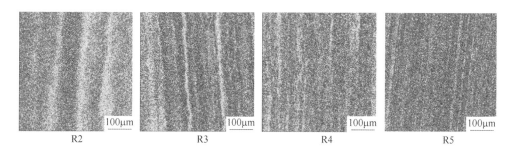

| R2 | R3 | R4 | R5 |

图 6-10　轧制各道次所取样品纵断面 Cr 元素分布情况
（EPMA 检测的 Cr 元素分布，从浅到深表明 Cr 含量逐渐减少）

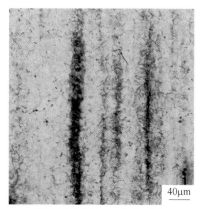 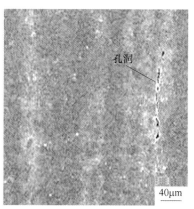

(a)光镜观察的腐蚀180s的微观组织　　　　(b)扫描电镜观察的腐蚀180s的微观组织

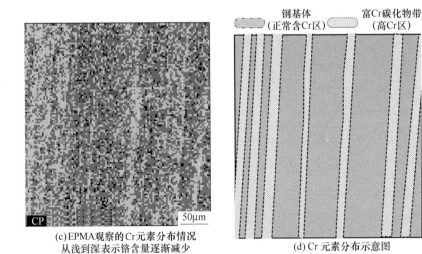

(c)EPMA观察的Cr元素分布情况
从浅到深表示铬含量逐渐减少

(d) Cr 元素分布示意图

图 6-11　在热轧盘条样品 5 轧制方向上的带状碳化物

6.5　热轧盘条中低倍检验孔洞的分布规律

6.5.1　热轧盘条中低倍检验孔洞的初始形成位置

腐蚀的开始位置往往是对酸较为敏感的区域，因此研究热轧盘条中低倍检验孔洞的最初形成位置对于得出轴承钢的低倍检验孔洞的形成机理具有重要意义。根据盘条中孔洞初始形成的位置与晶界的关系，将腐蚀孔洞的初始形成位置定义为三种类型：晶粒内部、两晶界相交处及三晶界相交处，如图 6-12 所示。

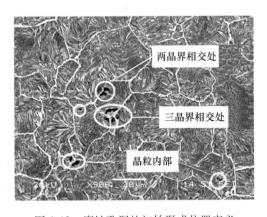

图 6-12　腐蚀孔洞的初始形成位置定义

将 φ8mm 的盘条在 1:1 的盐酸水溶液中侵蚀 180s，之后沿整个径向用扫描电镜逐个视场扫描并将结果拼接在一起，从左到右逐个孔洞进行观察并统计，结果如表6-2 和图6-13 所示。在所有观察视场内，一共统计 442 个孔洞，其中在晶内 165 个，两晶界相交处 205 个，三晶界相交处 72 个，其各自所占的百分比分别为 37.33%、46.38%、16.29%。统计结果表明，在两晶界相交处最初形成腐蚀孔洞的几率最高，腐蚀孔洞的最初形成位置与晶界的相关率超过 62%。因此，腐蚀孔洞的最初形成位置与晶界上二次碳化物的析出存在密切的关系。

表6-2　φ8mm 的盘条腐蚀孔洞初始形成位置统计结果

位置	数目（个）	白分比（%）
晶内	165	37.33
两晶界相交处	205	46.38
三晶界相交处	72	16.29
总和	442	100

6.5.2　热轧盘条中低倍检验孔洞的形态变化

将盘条打磨抛光后，用1:1 的盐酸水溶液侵蚀1s后，在扫描电镜下进行观察，发现极少量的微米级孔洞，且该孔洞全部集中在图中的白色区域，如图6-14 所示。

将打磨抛光后的样品做好标记，然后将标记好的样品腐蚀不同的时间，接着用扫描电镜观察样品上的相同位置。图6-15 给出相同位置处单个低倍检验孔洞在不同时刻下的腐蚀形貌。结果表明该孔洞最早在四晶界处形成；随着腐蚀时间的增加，晶界上发达的

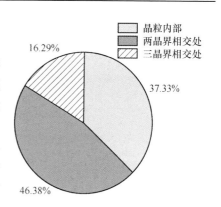

图6-13　φ8mm 的盘条腐蚀孔洞初始形成位置百分比

白色碳化物也逐渐显现出来且孔洞逐渐扩大；当腐蚀时间达到90s 时，二次碳化物失去基体的支撑而脱落；随着腐蚀时间的进一步增长，孔洞进一步增大。

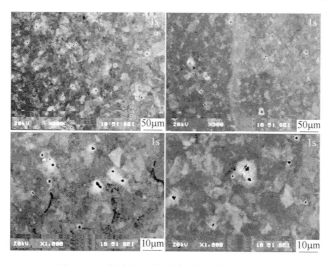

图6-14　热轧盘条热酸腐蚀 1s 的微观组织

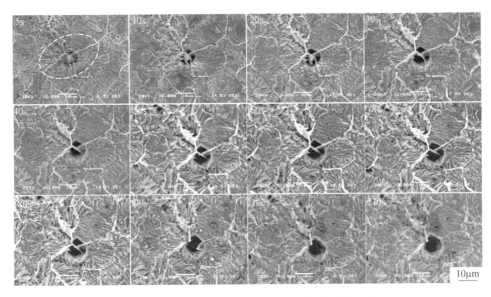

图 6-15　单个低倍检验孔洞随腐蚀时间的形貌变化

　　图 6-16 给出三个低倍检验孔洞在不同腐蚀时刻下的形貌。腐蚀时间为 5s 时，三个孔洞相隔一定的距离，但均与二次碳化物较为发达的晶界相邻；随着腐蚀的进行，三个孔洞逐渐增大，其中两个较大的孔洞合并在一起；到达 40s 时，三个孔洞最终合并成一个；当时间达到 50s 时，粗大的网状碳化物显现出来；随着腐蚀的进一步进行，网状碳化物最终脱落。整个腐蚀过程说明网状碳化物的抗腐蚀能力要优于其相邻基体的抗腐蚀能力。

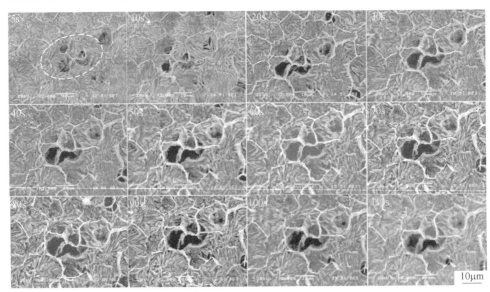

图 6-16　三个低倍检验孔洞随腐蚀时间的形貌变化

图 6-17 给出多个低倍检验孔洞随腐蚀时间的形貌变化，发现随着腐蚀进行，轴承钢微观组织中越来越多的低倍检验孔洞显现出来；当腐蚀时间为 30s 时，孔洞已经表现得比较明显，但每个孔洞并没有相互关联在一起；随着时间的推移，每个孔洞的尺寸逐渐变大并结合在一起，且发达的二次白色网状碳化物也逐渐清晰地表现出来；由于与之相邻的基体逐渐剥落形成低倍检验孔洞，二次碳化物失去基体的支撑，随着时间的进一步进行，网状碳化物最终脱落；多个检验孔洞结合在一起最终形成尺寸较大的低倍检验孔洞。

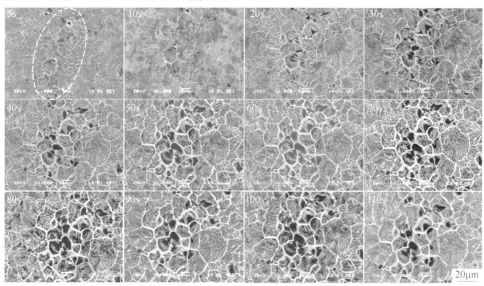

图 6-17　多个低倍检验孔洞随腐蚀时间的形貌变化

在轴承热轧盘条中，无论是单个还是多个低倍检验孔洞的形成，在其生成位置处均伴生着发达的网状碳化物。图 6-18 给出热轧盘条腐蚀 110s 时的低倍照片，

图 6-18　较低倍数下热轧盘条腐蚀 110s 时的形貌

结果表明所有孔洞均始于网状碳化物发达的位置，进一步说明腐蚀孔洞的形成与网状碳化物存在密切的关系。

在盘条纵剖面上进行类似的观察，如图 6-19 所示。随着腐蚀时间的增长，纵剖面上形成的带状低倍检验孔洞长度不断增加。距离相近的几条带状低倍检验孔洞，沿轧制方向逐渐扩展，最终合并成一条细长的低倍检验孔洞，表明在纵剖面上低倍检验孔洞的形成位置伴生着发达的网状碳化物。

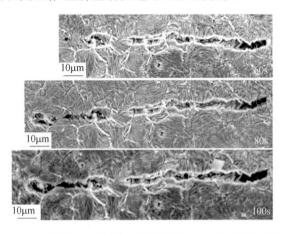

图 6-19 纵剖面上低倍检验孔洞随腐蚀时间的形貌变化

6.6 轴承钢低倍检验孔洞形成机理

通过上面的讨论可知，轴承钢中 Cr 元素的分布及碳化物的行为与低倍检验孔洞的形成存在密切的关系，但是低倍检验孔洞的形成机理尚不清楚。本节主要利用热力学软件 Thermo-calc 基于 TCFE6 和 MOB2 数据库进行计算并与以上的实验分析相结合，揭示轴承钢在强酸环境下低倍检验孔洞的形成机理，为提升轴承钢质量提供理论依据。

GCr15 轴承钢的碳含量约为 1%，属于过共析钢。在实际生产中，枝晶间钢液的化学成分的浓度明显高于包晶反应时溶质的平衡浓度。由于连续冷却的快速进行，钢液的化学成分很难均匀，因此，在凝固过程中 C 和 Cr 元素存在明显的偏析，当枝晶间的合金元素在凝固过程中达到共晶浓度时，极易产生富 Cr 碳化物。

利用 Thermal-calc 软件计算该钢的凝固过程，所用模型为 Scheil-Gulliver 凝固模型。在该模型的计算过程中，假设钢中有 m 种合金元素，其初始浓度分别为 x_i^0（$i=1, \cdots, m$），总量为 1mol。钢液的初始浓度为 T_0，凝固完成后平衡相总数为 $n(n \geqslant 1)$ 且每相成分为 $S_j(j=l, \cdots, n)$。未开始凝固时，固相初始浓度为零，则：

$$^0f_L = 1 - \sum_j {}^0f_{S_j} = 1 - {}^0f_S = 1 \tag{6-1}$$

式中，$^0f_{S_j}$ 为固相 S_j 的摩尔分数；^0f_S 为总固相摩尔分数；^0f_L 为总液相摩尔分数。则：

$$^0x_i^L = x_i^0 \tag{6-2}$$

当温度从 T_0 降低到 T_1 时，时间间隔为 ΔT，每个固相生成 $\Delta^1 f_{S_j}$，生成固相总量 ^1f_S，可以通过平衡计算 $^1x_i^{*S_j}$ 和 $^1x_i^L$。

$$^1f_{S_j} = {}^0f_{S_j} + \Delta^1 f_{S_j} \tag{6-3}$$

$$^1f_S = \sum_j {}^1f_{S_j} \tag{6-4}$$

钢液余量可以表示为：

$$^1f_L = 1 - {}^1f_S \tag{6-5}$$

接着将温度从 T_1 降到 T_2，时间间隔仍为 ΔT，每个固相生成 $\Delta^2 f_{S_j}$，生成固相总量 ^2f_S，可以通过平衡计算 $^2x_i^{*S_j}$ 和 $^2x_i^L$。

$$^2f_{S_j} = {}^1f_{S_j} + \Delta^2 f_{S_j} \tag{6-6}$$

$$^2f_S = \sum_j {}^2f_{S_j} \tag{6-7}$$

钢液余量可以表示为：

$$^2f_L = 1 - {}^2f_S \tag{6-8}$$

继续降低温度，重复以上计算过程，直至凝固计算完成。总结以上过程，温度以 ΔT 为步长逐渐降低，从 T_k 降到 T_{k+1}。当运行到第 k 步时，钢液成分为 $^kx_i^L$，温度降到 $k+1$ 步时，每个固相生成 $\Delta^{k+1} f_{S_j}$，生成固相总量 $^{k+1}f_S$，同样可以通过平衡计算 $^{k+1}x_i^{*S_j}$ 和 $^{k+1}x_i^L$。

$$^{k+1}f_{S_j} = {}^kf_{S_j} + \Delta^{k+1} f_{S_j} \tag{6-9}$$

钢液余量可以表示为：

$$^{k+1}f_L = 1 - {}^{k+1}f_S \tag{6-10}$$

当 $^{k+1}f_L$ 的值小于临界值时，计算结束。以上计算的任何步骤都是在平衡的基础之上进行的，$\Delta^{k+1}f_S$、$^kx_i^L$、$^{k+1}f_S$、$^{k+1}x_i^{*S_j}$、$^{k+1}x_i^L$、f_L 均可以通过杠杆定律计算它们之间的关系。

在进行计算时，如果仅考虑一个固相，则可以忽略固相 S 的下标 j，得到式（6-11）：

$$(^kx_i^L - {}^{k+1}x_i^{*S_j}) \Delta^{k+1}f_S / {}^kf_L = (^{k+1}x_i^L - {}^kx_i^L)(1 - \Delta^{k+1}f_S / {}^kf_L) \tag{6-11}$$

整理式（6-11）可得：

$$(^{k+1}x_i^L - {}^{k+1}x_i^{*S}) \Delta^{k+1}f_S = (^{k+1}x_i^L - {}^kx_i^L) {}^kf_L \tag{6-12}$$

式中：

$$^kf_L = 1 - {}^kf_S \tag{6-13}$$

$$^{k+1}x_i \cdot {}^{S_j} = {}^{k+1}k_i \cdot {}^{k+1}x_i^L \tag{6-14}$$

将式 (6-13)、式 (6-14) 代入式 (6-12)，进行整理得：

$$({}^{k+1}x_i^L - {}^{k+1}k_i^{k+1}x_i^L)\Delta^{k+1}f_S = ({}^{k+1}x_i^L - {}^k x_i^L)(1 - {}^k f_L) \tag{6-15}$$

进一步整理得：

$$^{k+1}x_i^L(1 - {}^{k+1}k_i)\Delta^{k+1}f_S = \Delta^{k+1}x_i^L(1 - {}^k f_S) \tag{6-16}$$

如果时间间隔足够小，整理式 (6-16) 可以得到式 (6-17)：

$$(1 - k_i)\frac{df_S}{1 - f_S} = \frac{dx_i^L}{x_i^L} \tag{6-17}$$

然后对式 (6-17) 进行积分，可得式 (6-18)：

$$\int_0^{f_S}(1 - k_i)\frac{df_S}{1 - f_S} = \int_{x_i^0}^{x_i^L}\frac{dx_i^L}{x_i^L} \tag{6-18}$$

最终，整理式 (6-18) 可以得到式 (6-19)：

$$x_i^L = x_i^0(1 - f_S)^{(k_i-1)} \tag{6-19}$$

基于以上的平衡原理，计算凝固过程中各相的含量变化情况。

计算完成得出的轴承钢合金元素在凝固过程中的变化情况如图 6-20 所示。可以看出，随着凝固冷却的进行，合金元素在枝晶间由于非平衡结晶逐渐富集，到达凝固终点时，钢中的 C、Cr 元素含量分别高达 2.45% 和 3.91%，分别为钢液初始浓度的 2.53 倍和 2.66 倍，说明这两种元素在凝固终点时发生较严重的微观偏析。

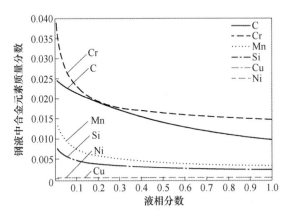

图 6-20　GCr15 轴承钢合金元素在凝固过程中的偏析行为

Thermo-calc 软件的热力学平衡计算是根据吉布斯自由能极小值原理进行的。对于一种 n 元钢种，其体系的总自由能可以表示为：

$$G = \sum_{i=1}^n \gamma_\varphi \sum_{i=1}^n G_i^\varphi X_i^\varphi \tag{6-20}$$

式中，γ_φ 为相 φ 的含量，mol；G_i^φ 为组分 i 在相 φ 中的吉布斯自由能，J/mol；X_i^φ

为组分 i 在相 φ 中的摩尔分数。

体系中各相达到平衡时，体系的综合自由能应为最小值，所以可通过数学方法求解整个体系的自由能极小值，从而求出各相的平衡成分，即：

$$\frac{\partial G_i}{\partial X_i} = 0 \tag{6-21}$$

该体系中共有 n 个组元，共能获得 n 个方程，联立求解可求出体系内平衡时的各相成分。

基于以上原理用 Thermal-calc 软件计算的 GCr15 轴承钢的相变过程如图 6-21所示。可以看出，该轴承钢的凝固过程包括钢液转变成 δ-铁素体、包晶反应及奥氏体转变成 α-铁素体和珠光体等相变过程。当温度低于 600℃时，钢基体中开始析出碳化物。通过 Thermal-calc 计算凝固冷却过程，结果表明该过程存在多个相的转变。

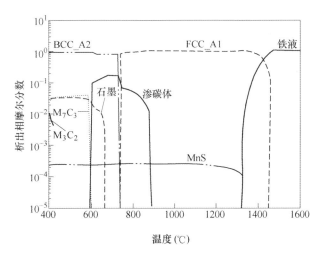

图 6-21 GCr15 轴承钢在凝固过程中的相变过程

图 6-22 给出连铸坯完全凝固后，铸坯枝晶臂、Cr 元素及显微缩孔的分布示意图。在凝固过程中 Cr 元素具有正偏析倾向，容易在枝晶臂间的凝固前沿形成偏析，与 C 元素结合生成 Cr 元素富集的高 Cr 区。因此，轴承钢铸坯枝晶间区域的碳、铬含量要高于枝晶臂上的含量，该区域内 C 和 Cr 元素的富集达到一定浓度时会形成富 Cr 碳化物。对铸坯进行高温扩散是有效改善 Cr 等合金元素在铸坯中分布不均现象（降低合金元素的微观偏析）的主要手段。如果铸坯高温扩散时间不充分，铸坯枝晶间高 Cr 区内的合金元素 Cr 不能进行充分的扩散，往往导致部分富 Cr 碳化物残留在轧制之前的铸坯中，该类碳化物与枝晶臂上的钢基体相比硬度更高并且具有较高的脆性，所以在轧制过程中不易变形。

高温扩散后铸坯中残留的富 Cr 区将在轧制过程中变形，其变形能力要差于

正常钢基体枝晶臂的变形能力，如
图 6-11 所示。图 6-23 给出钢基体枝
晶臂（正常含 Cr 区）和富 Cr 碳化
物（高 Cr 区）在轧制过程中的形态
变化的示意图。以上研究表明，大
部分合金元素在轧制之前由于扩散
时间有限，在奥氏体化温度以上并
不能进行充分的均匀化扩散，特别
是 Cr 元素。所以，富 Cr 碳化物在轧
制之前并没有通过高温扩散得到完
全的消除，这些未溶解的富 Cr 碳化
物在轧制过程中逐渐被轧制成为链
条状的带状碳化物结构（图 6-11（a）中的深色区域）。

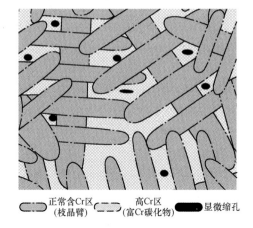

正常含Cr区　　高Cr区　　　　显微缩孔
（枝晶臂）　　（富Cr碳化物）

图 6-22　连铸坯中枝晶周围 Cr 元素的分布示意图

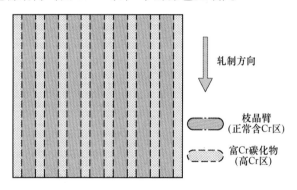

轧制方向

枝晶臂
（正常含Cr区）

富Cr碳化物
（高Cr区）

图 6-23　轧制过程钢基体和富 Cr 碳化物的变形示意图

　　热轧盘条纵剖面经热酸腐蚀后，发现由铸坯残留下来的高 Cr 区轧制而成的
碳化物带（图 6-11（a）中的深色区域）上开始出现腐蚀孔洞，并逐步扩展。为
了进一步探讨低倍检验孔洞的形成机理，首先要清楚 Cr 元素在轴承钢盘条微观
组织中的分布特征。将盘条用热酸腐蚀 180s 后的微观组织在扫描电镜下进行观
察，并用能谱对腐蚀孔洞形成的初始位置及其相邻区域进行成分检测。图 6-24
给出扫描电镜下轴承钢能谱分析的位置，其结果如表 6-3 所示。可以看出，在不
同的位置铬含量明显不同，晶界上的铬含量明显高于远离晶界的区域。最初开始
腐蚀的位置及 Cr 元素的分布特征表明，Cr 元素在微观组织中的分布与轴承钢抗
腐蚀能力存在明显的关系。对于 GCr15 轴承钢来说，C 和 Cr 元素在凝固过程和
相转变过程中具有向晶界偏析的特性，从而在晶界上沉淀析出发达的二次富 Cr
碳化物，导致与晶界相邻的基体中的铬含量急剧下降形成贫 Cr 区。EPMA 检测
晶界上二次碳化物周围的 Cr 元素分布情况如图 6-25 所示，进一步证明二次碳化

物相邻位置处贫 Cr 区的存在。正是该位置 Cr 元素的贫乏导致该区域的抗腐蚀能力下降，成为检验孔洞的最初形成位置。尽管表 6-3 中的能谱分析表明晶界附近基体中的铬含量高于远离晶界的钢基体中的铬含量，这是因为在晶界附近检测的是富 Cr 碳化物中的铬含量。

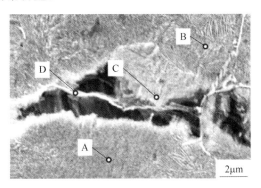

图 6-24　盘条热酸腐蚀 180s 时微观组织及能谱检测位置

表 6-3　图 6-24 中各位置中 C、Cr 含量的能谱检测结果

位　置	Cr(at. %)	C(at. %)
A	1. 53	24. 29
B	1. 64	24. 88
C	2. 56	30. 85
D	2. 27	40. 23

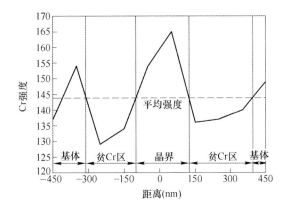

图 6-25　EPMA 检测的沿晶界析出的二次碳化物周围 Cr 元素的分布情况

盘条中析出的二次碳化物主要为 $M_{26}C_3$ 型，其形貌、衍射光斑及能谱如图 6-26 所示。为了进一步确定贫 Cr 区的存在，基于 Thermo-calc 软件的 TCFE6 和

MOB2 两个数据库利用 DICTRA 动力学软件部分，计算 900℃ 下碳化物粗化过程。同样，假设该碳化物颗粒为球体，其几何模型同图 5-25，假设碳化物的初始半径为 100nm，钢基体的半径为 300nm。根据测量结果，碳化物中初始 Cr 元素的质量百分比为 1.91%，钢基体的初始 Cr 元素的质量百分比为 1.47%，C 元素的质量百分比为 0.97%，以此作为计算的初始条件。图 6-27 给出 Cr 元素从碳化物粒子中心到基体表面的变化趋势，表明与晶界相邻的区域形成明显的贫 Cr 区，其宽度约为 170nm，与图 6-25 中的测量结果较为接近。

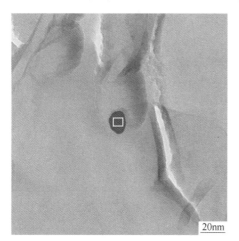

(a)形貌

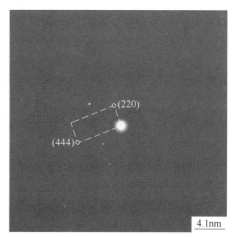

(b)衍射光斑

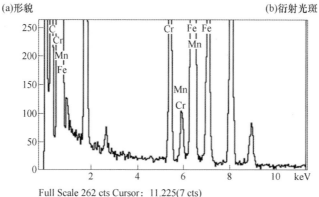

Full Scale 262 cts Cursor: 11.225(7 cts)

(c)能谱分析((a)中白色方框内)

图 6-26　轴承钢盘条中 $M_{23}C_6$ 型碳化物 TEM 检测结果

根据文献[367-370] 中报道的 Cr 元素对于钢抗腐蚀性能的影响，能够推断出 Cr 元素作为固体溶质能够影响 GCr15 轴承钢的抗腐蚀能力。在实验过程中，最初腐蚀的开始位置位于碳化物带上与晶界上二次碳化物相邻的基体处，且该位置处铬含量要低于晶界上的含量，这是因为沿晶界上沉淀析出的发达二次富 Cr 碳化物吸收其周围基体的 Cr 元素，该区域内 Cr 元素总量的减少导致其作为钢中溶质原子的 Cr 原子减少。综上所述，强酸环境下 GCr15 轴承钢的低倍检验孔洞形成机理如图 6-28 所示。碳化物带上的 C 和 Cr 元素在盘条冷却过程中偏析到晶界上，沿晶界析出发达的二次网状富 Cr 碳化物，导致与之相邻的基体成为贫 Cr 区。由于 Cr 元素的贫乏，该位置在酸环境下的抗腐蚀能力下降。贫 Cr 区与基体在电化学势的作用下开始晶间腐蚀；与晶界相邻的贫 Cr 基体逐渐剥落，形成初始的腐蚀孔洞；随着腐蚀的进行，二次碳化物失去基体的支撑，网状碳化物也开始脱落；最终形成尺寸较大的腐蚀孔洞，多个腐蚀孔洞结合在一起表现为热轧盘条的低倍检验孔洞。

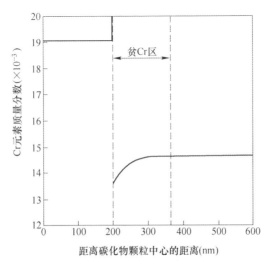

图 6-27　与晶界上二次碳化物相邻的贫 Cr 区

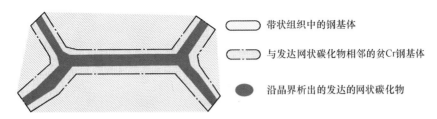

图 6-28　热轧盘条中晶界周围的 Cr 元素分布示意图

6.7　轴承钢轧制全流程 Cr 元素分布与低倍检验孔洞形成机理小结

铸坯凝固冷却过程中合金元素会在枝晶臂之间产生显微偏析，特别是在枝晶之间最后的剩余残液内，碳和铬的富集程度最大，高达初始浓度的 2.53 倍和 2.66 倍。合金元素在此区域内极易结合生成富 Cr 碳化物。

对于低倍检验孔洞可总结为从铸坯到轧材并不是简单的拉伸关系，而是在轧制过程中伴随着碳化物的重复再结晶过程。热轧盘条中低倍检验孔洞的最初形成位置与晶界的相关率达到 62% 以上，表明低倍检验孔洞的最初形成位置与晶界上二次碳化物的沉淀析出存在密切的关系。关于低倍检验孔洞形成机理总结为：由于铸坯高温扩散时间不充分，部分富 Cr 碳化物残留在轧制之前的铸坯中。这部分富 Cr 碳化物在轧制过程中被逐渐轧制成链条状的带状碳化物结构，这些带状结构上的 C 和 Cr 元素在轧制冷却过程中偏析到晶界上，沿晶界析出发达的二次富 Cr 网状碳化物，与之相邻的基体成为贫 Cr 区，导致该位置抗腐蚀能力下降。贫 Cr 区与基体在电化学势的作用下开始晶间腐蚀，接着贫 Cr 基体逐渐剥落，形成初始的腐蚀孔洞。随着腐蚀时间的增长，二次碳化物失去钢基体的支撑，网状碳化物也开始脱落，最终多个腐蚀孔结合在一起形成轧材的低倍检验孔洞。

7 轴承钢低倍检验孔洞控制

酸环境下进行检测时，出现大量低倍检验孔洞的盘条各项性能会变差，第6章已经揭示出低倍检验孔洞的形成机理。本章主要根据其形成机理提出合理的控制措施，改进轴承钢的生产工艺，尽量减少轴承钢盘条中低倍检验孔洞的产生，从而提升GCr15轴承钢的质量。

7.1 铸坯高温扩散对 Cr 元素分布的影响

连铸坯凝固过程中枝晶间元素的偏析导致碳化物的生成，高温扩散是消除铸坯微观偏析的重要方法。为了研究高温扩散对铸坯中合金元素分布的影响，在连铸坯凝固组织相同的位置选取样品进行高温扩散实验。在铸坯横断面上选取样品1-1、2-1、3-1、A-1、B-1，如图7-1所示。样品尺寸为 15mm × 15mm × 70mm，所取样品末端位于混晶区内，具有相似的凝固组织。该批样品经过不同的热处理工艺，如表7-1所示，样品1-1、2-1、A-1、B-1分别在1240℃下高温扩散20min、40min、60min、240min，样品3-1未进行高温扩散处理。在所有样品的末端取 ϕ10mm 的样品进行分析。

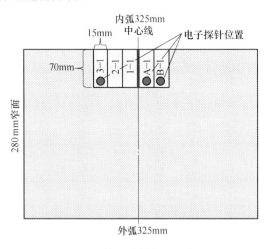

图7-1 铸坯取样位置示意图

将以上样品打磨抛光后利用电子探针对 Cr 元素的分布进行观察，如图7-2

所示。定量化对比扩散不同时刻的 Cr 元素分布结果，如图 7-3 所示。可以看出，高温扩散前 Cr 元素在枝晶间存在较严重的微观偏析；样品在 1240℃ 下扩散 20min 或 60min 后，Cr 元素的微观偏析改善的并不明显；随着高温扩散时间的进一步增长，Cr 分布开始得到改善，逐渐趋于均匀；铸坯在 1240℃ 下经 4h 的高温扩散后，C、Cr 元素的枝晶偏析已经得到明显弱化，但仍不能完全消除，说明铸坯中合金元素分布要想得到完全的均化需要更长的高温扩散时间。

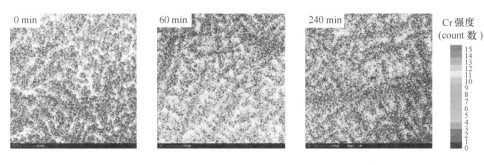

图 7-2 高温扩散铸坯电子探针检测的 Cr 元素分布

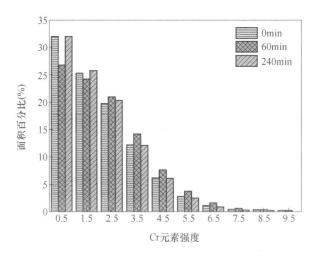

图 7-3 高温扩散前后铸坯中 Cr 元素的定量化分析结果

表 7-1 铸坯高温扩散实验方案

温度（℃）	编 号	保温时间（min）
1240	1-1	20
	2-1	40
	A-1	60
	B-1	240

7.2 盘条高温扩散对低倍检验孔洞的影响

选取 ϕ8mm、ϕ13mm 两种规格的 GCr15 轴承钢热轧盘条，分别截取多段长为 15mm 的样品，将其在不同温度下的热处理炉中进行热处理，保温时间为 2h，保温结束后将样品取出放在空气中冷却，具体实验方案如表 7-2 所示。将热处理后的热轧盘条打磨抛光后置于 1:1 的盐酸中侵蚀 25min，然后在扫描电镜下观察盘条的低倍检验孔洞改善情况，并沿径向统计低倍检验孔洞的数量。

表 7-2　轴承钢盘条高温扩散实验方案

规格（mm）	温度（℃）	冷 却 方 式
ϕ8	1100	空冷
	1000	
	900	
	800	
ϕ13	1100	空冷
	1000	
	900	
	800	

热处理后 ϕ8mm 热轧盘条的侵蚀形貌如图 7-4 所示。可以看出，未进行热处理的样品的边部与中心均存在大量的低倍检验孔洞，随着热处理温度的升高，低倍检验孔洞数量明显减少，孔洞尺寸及深度同样随温度的升高而减小；当热处理温度高于 1100℃时，盘条边部低倍检验孔洞基本消除，中心处的孔洞也明显减少，整体来说低倍检验孔洞得到明显改善。

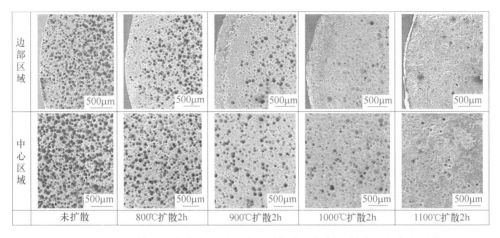

图 7-4　ϕ8mm 轴承钢盘条在不同温度下进行高温扩散后低倍组织腐蚀形貌

在不同扩散温度处理后的样品边部区域和中心区域分别选取一个大小相同的视场统计孔洞尺寸及数量，以评估低倍检验孔洞的改善情况，统计结果如表 7-3 所示。将未处理样品、1000℃ 及 1100℃ 高温扩散样品的低倍检验孔洞分布绘制成柱状图，如图 7-5 所示。可以看出，样品经高温扩散处理后低倍检验孔洞得到明显改善，样品在 1100℃ 处理 2h 后，边部区域孔洞数量减少 96.8%，中心区域孔洞数量减少 80.4%；低倍检验孔洞尺寸明显减小，边部区域孔洞直径均小于 20μm，中心区域处孔洞直径小于 40μm 的孔洞占总数的 55.6%。定量化分析的结果同样表明经高温扩散处理后的轴承钢低倍组织质量得到明显提升。

表 7-3　φ8mm 轴承钢盘条径向孔洞统计

孔洞直径 (μm)	边 部 区 域					中 心 区 域				
	未处理	800℃	900℃	1000℃	1100℃	未处理	800℃	900℃	1000℃	1100℃
>100	0	1	0	0	0	2	3	1	0	0
80~100	3	3	1	0	0	5	3	3	0	1
60~80	11	7	4	0	0	10	5	5	1	1
40~60	12	13	3	0	0	11	6	4	4	2
20~40	40	24	7	2	0	10	9	9	1	3
<20	28	23	8	6	3	8	9	4	4	2
合计	94	71	23	8	3	46	35	26	10	9

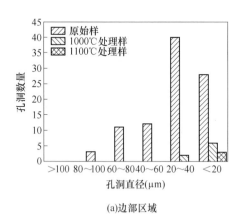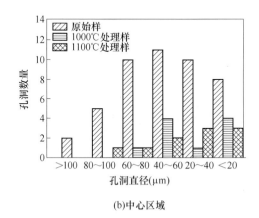

(a)边部区域　　　　　　　　　　(b)中心区域

图 7-5　低倍检验孔洞高温扩散处理效果

利用同样的方式处理 φ13mm 轴承钢热轧盘条，然后在扫描电镜下进行观察，结果如图 7-6 所示。同样可以看出，随着扩散温度的升高，低倍检验孔洞显著减少，边部区域较中心区域改善的更加明显。

沿径向统计原始及经不同热处理工艺处理后的两种尺寸热轧盘条的低倍检验

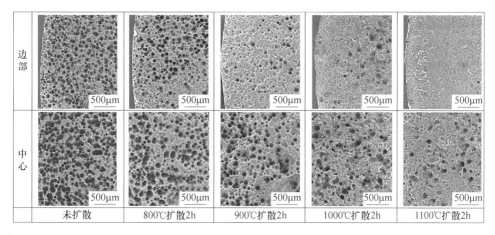

图 7-6 φ13mm 的轴承钢盘条在不同温度下进行高温扩散后低倍组织形貌

边部	500μm	500μm	500μm	500μm	500μm
中心	500μm	500μm	500μm	500μm	500μm
	未扩散	800℃扩散2h	900℃扩散2h	1000℃扩散2h	1100℃扩散2h

孔洞数量，结果如图 7-7 所示。表明热处理温度越高，轴承钢盘条径向低倍检验孔洞明显减少。

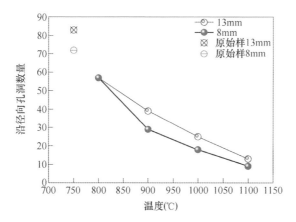

图 7-7 轴承钢盘条径向低倍检验孔洞数量与温度的关系

7.3 正火球化退火对轴承钢低倍检验孔洞的影响

正火能够细化晶粒和均化碳化物，消除网状碳化物，便于球化退火。将工件加热至 A_{c3}（A_{c3} 是指加热时自由铁素体全部转变为奥氏体的终了温度，一般是 727~912℃）或 A_{cm}（A_{cm} 是实际加热中过共析钢完全奥氏体化的临界温度线）以上 30~50℃，保温一段时间后，从炉中取出后对工件进行空冷、喷水、喷雾或者风冷的热处理工艺。将轴承钢的正火温度设置为 920℃，制订的实验方案如表 7-4 所示。

表 7-4 热轧盘条正火球化退火实验方案

方案	预热时间（h）	恒温温度（℃）	恒温时间（min）	冷却方式	球化退火
1	0	920	20	空冷	否
2	0	920	40	空冷	否
3	0	920	60	空冷	否
4	0	920	20	空冷	是
5	0	920	40	空冷	是
6	0	920	60	空冷	是
7	0	920	20	喷水冷却	是
8	0	920	40	喷水冷却	是
9	0	920	60	喷水冷却	是

方案 1～方案 3，仅将样品在 920℃进行正火实验，发现孔洞减少 50%以上，如图 7-8 所示。可以看出，对样品进行正火处理能够减少低倍检验孔洞的生成，这是因为轴承钢的正火处理过程伴随着碳化物重熔再析出过程。方案 4～方案 6 对正火处理后的样品进行球化退火处理，可以看出孔洞数量进一步减少，这是因

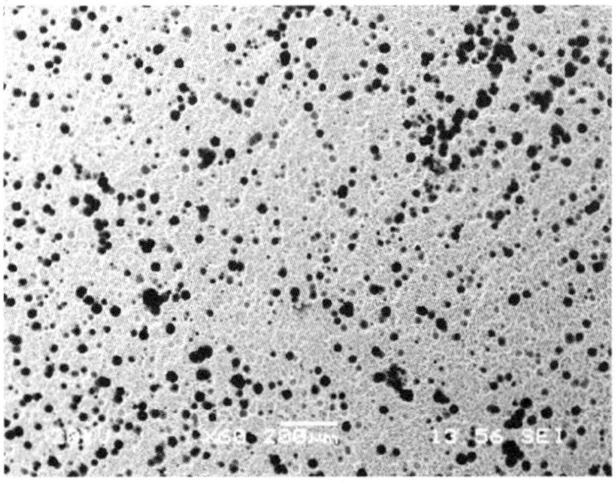

(a)原始样(对比)

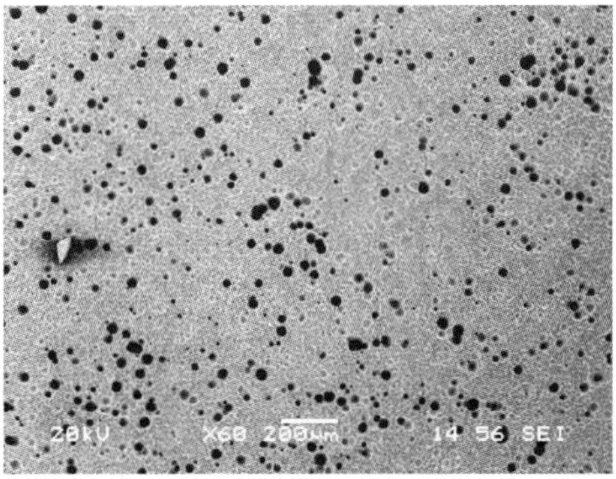

(b)方案1(920℃,20min,空冷)

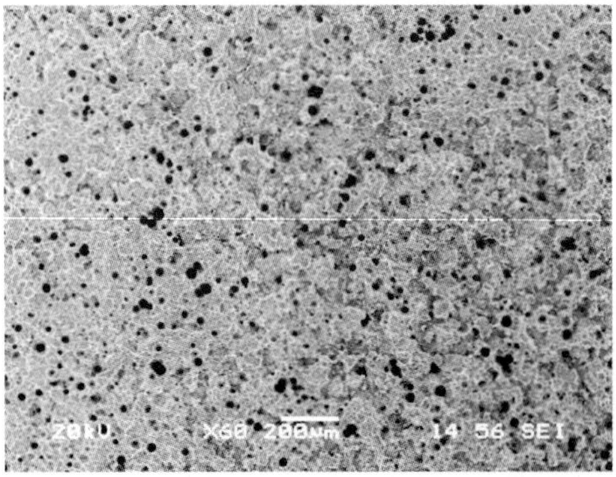

(c)方案2(920℃,40min,空冷)

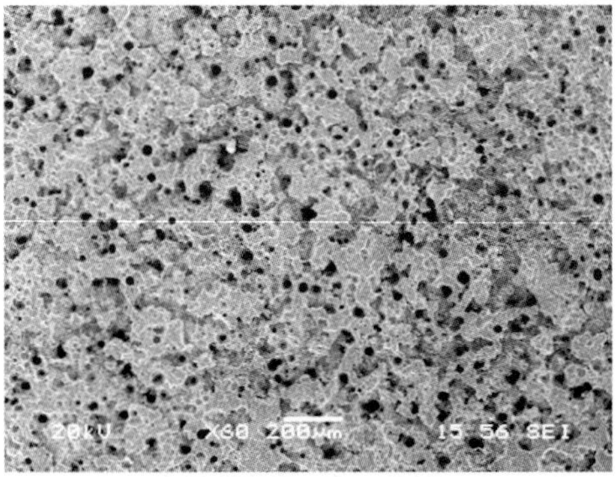

(d)方案3(920℃,60min,空冷)

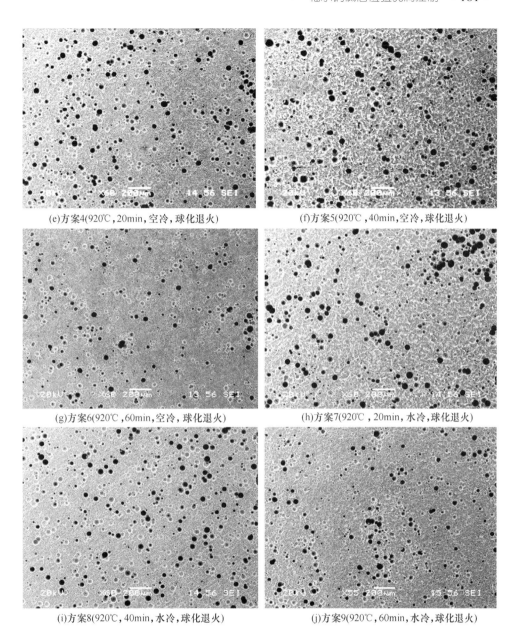

(e)方案4(920℃,20min,空冷,球化退火)　　(f)方案5(920℃,40min,空冷,球化退火)

(g)方案6(920℃,60min,空冷,球化退火)　　(h)方案7(920℃,20min,水冷,球化退火)

(i)方案8(920℃,40min,水冷,球化退火)　　(j)方案9(920℃,60min,水冷,球化退火)

图7-8　热轧盘条正火球化退火样品侵蚀形貌

为球化退火过程中，碳化物进一步均匀化。方案7～方案9，样品正火处理完成后采用喷水冷却然后接着进行球化退火处理，该种处理工艺并不能进一步减少低倍检验孔洞的产生。

　　沿径向逐个统计原始样及方案1～方案6样品的低倍检验孔洞个数，如图

7-9 所示。同样可以看出，经正火处理后低倍检验孔洞的数量明显减少，经球化退火处理后，其数量进一步减少。

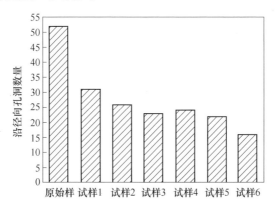

图 7-9   正火球化退火样品沿径向孔洞数量统计

选取原始样品及方案 1、方案 4、方案 7 样品用体积分数为 3% 的硝酸酒精溶液进行处理，然后在扫描电镜下观察其微观组织，如图 7-10 所示。原始样与方

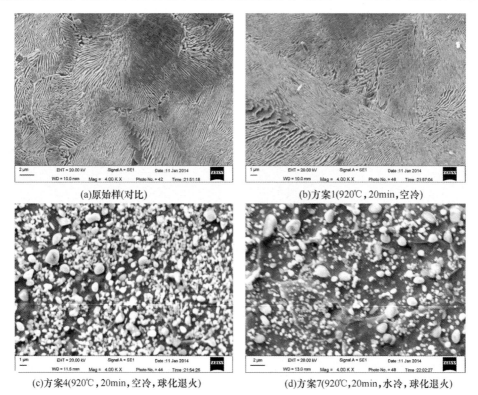

(a)原始样(对比)

(b)方案1(920℃,20min,空冷)

(c)方案4(920℃,20min,空冷,球化退火)

(d)方案7(920℃,20min,水冷,球化退火)

图 7-10   正火球化退火盘条样品侵蚀形貌

案 1 样品对比，可以看出，样品经正火处理后碳化物重熔再析出，导致珠光体的片层间距减小，组织更加均匀。经球化退火处理后，盘条的碳化物熔断生成球状碳化物。方案 4 样品与方案 7 样品对比，可以看出喷水冷却能够抑制网状碳化物，所以方案 7 样品中的碳化物要明显少于方案 4 的。方案 6 样品中的碳化物形态如图 7-11 所示。利用扫描电镜对高 Cr 碳化物进行成分检测，Cr 含量高达 7.13%。

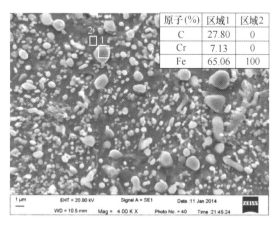

原子(%)	区域1	区域2
C	27.80	0
Cr	7.13	0
Fe	65.06	100

图 7-11　球化退火碳化物形态

为了进一步验证正火处理工艺对轴承钢的实验效果，在 920℃ 做两组重复实验，然后对样品进行检验，如图 7-12 所示，进一步确定正火处理能够明显减少轴承钢的低倍检验孔洞。

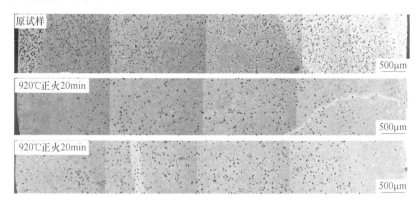

图 7-12　正火验证实验

7.4　工业实验

热轧盘条中低倍检验孔洞的产生与铸坯中 C、Cr 等合金元素的枝晶偏析存在密切的关系，而这种微观偏析在连铸过程中不可能得到完全消除。因此，枝晶偏析主要在后续的高温扩散中得到缓解并进一步消除，从而提升轴承钢铸坯的均匀性。

根据以上理论分析及实验结果，设计表 7-5 中的工业实验方案。铸坯开坯加热温度设定为 1240℃，与国内外其他钢铁企业基本处于同一水平。铸坯均热时间由现行的 1.5h 增长为 4.5h 和 8.3h，开坯小方坯的加热温度设定为 1080℃、1090℃及 1200℃，然后对实验炉次开坯小方坯分别进行长、短不同加热时间处理，最终轧制成规格为 φ12mm 和 φ10mm 的热轧盘条，取最终的热轧盘条经酸侵蚀后进行低倍检验，观察实验效果。

表 7-5　工业实验方案

实验编号	规格（mm）	铸坯均热工艺		开坯小方坯均热工艺	
		温度（℃）	时间（h）	温度（℃）	时间（min）
原工艺 A	φ13	1240	1.5	1080	38
实验 1	φ12	1240	4.5	1091	40
实验 2	φ12	1240	4.5	1204	64
原工艺 B	φ10	1240	1.5	1080	38
实验 3	φ10	1242	8.3	1079	27
实验 4	φ10	1242	8.3	1202	60

原工艺 A、实验 1 和实验 2 的热轧盘条经酸侵蚀之后利用扫描电镜进行观察，如图 7-13 所示，表明延长铸坯高温扩散时间，热轧盘条低倍检验孔洞明显减少。实验 2 的开坯小方坯均热温度比实验 1 高 100℃ 且时间延长 20min，所以盘条中低倍检验孔洞减少的更加明显。

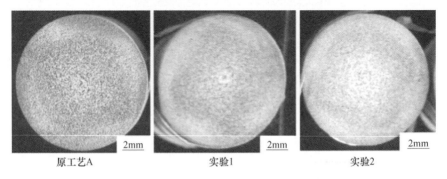

图 7-13　原工艺 A、实验 1 及实验 2 盘条样品横截面低倍检验形貌

在扫描电镜下沿径向进行扫描并拼接起来（图 7-14），发现实验 1 和实验 2 的样品的检验孔洞较原工艺 A 尺寸变小，深度变浅。统计穿过图 7-13 中直线的

低倍检验孔洞数量，原工艺 A、实验 1 及实验 2 样品径向上的孔洞数量分别为 99、101、85，表明实验 1 的低倍检验孔洞数量略多于原工艺 A，实验 2 的孔洞数量少于原工艺 A。

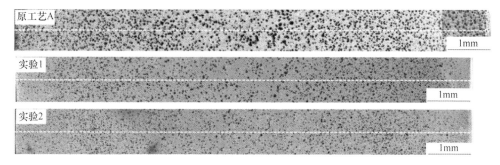

图 7-14　原工艺 A、实验 1 及实验 2 盘条样品径向低倍检验形貌

在扫描电镜下将样品中心位置放大后分别选取相同大小的视场，利用图像软件 Image-J 分别对照片进行定量分析，如图 7-15 所示，并统计低倍检验孔洞的百分比，原工艺 A、实验 1 及实验 2 样品的低倍检验孔洞面积百分比分别为 20.8%、19.6%、14.0%，实验 2 样品的低倍孔洞面积百分比较原工艺 A 的减少 32.7%。

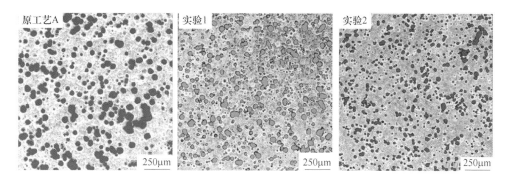

图 7-15　原工艺 A、实验 1 及实验 2 盘条样品中心区域孔洞面积统计

将以上三组样品沿中心纵剖面剖开，然后进行酸侵，并在扫描电镜下进行观察，如图 7-16 所示，可以看出，热轧盘条纵截面的带状缺陷得到明显改善。原工艺 A 纵截面存在明显的带状缺陷，铸坯及开坯小方坯经过较充分的高温扩散之后基本消除带状缺陷。实验 2 的开坯小方坯在轧制之前均热温度更高，且均热时间更长，所以其纵断面的带状缺陷改善更加明显。

用同样的方法分析原工艺 B、实验 3 及实验 4 生产的热轧盘条，结果同样表明，延长高温扩散时间，横断面上的低倍检验孔洞尺寸及面积百分比均减小，如图 7-17 所示。同样利用软件 Image-J 对中心区域的孔洞面积百分比进行统计分

图 7-16　原工艺 A、实验 1 及实验 2 盘条样品纵截面低倍形貌

析，如图 7-18 所示。原工艺 B、实验 3 及实验 4 样品的低倍检验孔洞面积百分比分别为 36.3%、23.6%、20.9%，实验 4 样品的低倍孔洞面积百分比较原工艺 B 的减少 42.4%。将以上三组样品进行纵剖分析，其纵截面带状缺陷明显改善，如图 7-19 所示。工业实验表明，通过调整铸坯均热工艺和开坯小方坯均热工艺，轴承钢低倍检验孔洞明显减少，轴承钢盘条质量明显提高。

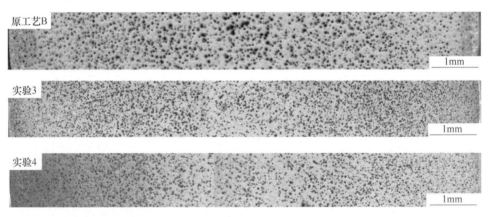

图 7-17　原工艺 B、实验 3 及实验 4 盘条样品横截面低倍形貌

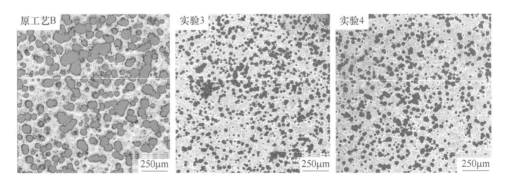

图 7-18　原工艺 B、实验 3 及实验 4 盘条样品中心区域孔洞面积统计

图 7-19　原工艺 B、实验 3 及实验 4 盘条样品纵截面低倍形貌

7.5　轴承钢低倍检验孔洞控制总结

减少轴承钢低倍检验孔洞措施包括：连铸坯的高温扩散和热轧盘条的热处理工艺。

轴承钢连铸坯的高温扩散温度应设置为 1240℃，扩散时间应在 8h 以上，可使合金元素的枝晶偏析得到明显弱化，但仍不能完全消除。

热处理有利于减少热轧盘条的低倍检验孔洞，提升轴承钢质量。第一种热处理方式为对轴承钢热轧盘条进行高温扩散处理。随着热处理温度的升高，低倍检验孔洞数量明显减少，孔洞尺寸及深度随温度的升高而减小；随着热处理时间的延长，低倍检验孔洞数量也呈减少趋势。第二种热处理方式是正火处理。在 920℃下对轴承钢热轧盘条进行正火处理能够明显减少轴承钢的低倍检验孔洞。为进一步验证热处理对于低倍检验孔洞的控制作用，进行了工业实验，发现调整铸坯均热工艺和开坯小方坯均热工艺，均有利于减少轴承钢低倍检验孔洞，提升轴承钢盘条质量。

第三部分 轴承钢连铸坯凝固组织和元素偏析

8 连铸坯微观偏析与宏观偏析控制研究现状

随着我国装备制造业的迅猛发展，对高品质特殊钢的需求不断增长，因而带动了我国特殊钢产业朝高产量、高品质方向发展。高品质的特殊钢产品也日益成为很多钢铁企业研究和开发的重点。

由于结晶器的强制冷却，连铸坯的凝固组织从表面至中心分为激冷层、柱状晶区和等轴晶区三部分。一般情况下，等轴晶结构致密，加工性能好；柱状晶由于其晶体具有明显的方向性，加工性能差，容易导致中心偏析、中心疏松和中心裂纹等缺陷。所以在连铸坯凝固过程中，应通过各种技术手段尽可能抑制柱状晶发展，促进等轴晶区域扩大。连铸坯的凝固组织，一方面与钢水过热度、浇注条件（浇注温度、钢种、拉速等）、结晶器电磁搅拌、凝固末端搅拌等存在密切的关系；另一方面与二冷区的水冷却控制、轻压下技术息息相关。

连铸坯的内部质量是指连铸坯是否具有正确的凝固结构，以及偏析、裂纹、疏松等缺陷的程度。偏析是影响铸坯质量的重要因素，对于高碳钢和合金元素含量较高的钢更是如此。在实际生产中，连铸坯存在中心偏析的现象，会使铸坯在局部位置探伤不合格，导致整块铸坯质量不合格。

由于溶质元素在液相和固相中溶解度的差异及凝固过程中选分结晶现象的存在，在凝固结构中会产生溶质元素分布的不均匀性，这被称为偏析。偏析是溶质再分布的必然结果。偏析分为微观偏析和宏观偏析。微观偏析发生在几个晶粒范围内或树枝晶空间内，其成分的差异只局限于几个微米的区域之间。宏观偏析（低倍偏析）发生在整个铸坯内，其成分的差异可表现在几厘米或几十厘米的距离上。宏观偏析（低倍偏析）是指凝固过程中选分结晶的作用，树枝晶的液体中会富集溶质元素，凝固时富集溶质的液体流动导致溶质元素分布的不均匀性。这种化学成分的不均匀性，可用化学分析或硫印法来显示。

8.1　连铸坯微观偏析控制研究现状

8.1.1　微观偏析的定义

钢液浇注过程是在快速强制冷却条件下进行的，属于非平衡结晶。宏观偏析是指溶质浓度在整个铸坯内分布不均匀的现象，包括中心偏析、V形偏析等；微观偏析是指发生在几个晶粒范围内或树枝晶内的溶质分布不均匀现象。在铸件中，无论是宏观还是微观成分偏析都会使铸件、锻轧件产品的机械性能降低，特别是韧性、塑性和抗腐蚀性，因此，减轻偏析是提高铸坯内部质量的重要手段[371]。

通俗来讲，微观偏析[63]是指溶质元素在枝晶干、枝晶之间和晶胞间分布不均匀的现象。微观偏析可以用低倍侵蚀、硫印和放射性同位素的方法显示出来。用电子探针分析枝晶间的合金元素浓度分布。枝晶干浓度是均匀的，而枝晶间溶质浓度变化较大，所以微观偏析本质上是枝晶干与枝晶间合金元素浓度分布的差异。

近年来，随着合金元素的微观偏析得到研究学者们的不断重视，微观偏析计算的相关数学模型也得到不断完善。枝晶溶质再分布模型主要是研究枝晶凝固过程中溶质的传输，得到溶质浓度 C_S（或 C_L）与固相体积分数 f_S 的关系，两者之间的关系主要取决于固液界面上溶质元素的分配系数 k、溶质元素在固相及液相中的扩散系数。根据不同的假设和简化，研究学者们开发了许多用于预测枝晶间溶质分布的解析模型，较典型的包括杠杆模型[372]、Scheil 模型[63]、Brody-Flemings（BF）模型[373]和 Clyne-Kurz（CK）模型[374,375]等。

8.1.2　微观偏析的影响因素

（1）冷却速度。枝晶臂间距与冷却速度存在密切的关系，冷却速度增大，凝固时间缩短，导致枝晶臂间距减小，且溶质元素没有足够时间析出，能够减轻铸坯的微观偏析。高温扩散工艺是弱化微观偏析的重要手段，其均化时间与枝晶臂间距的平方成正比。若铸坯中枝晶臂间距为 $10\mu m$，加热至 $1200℃$ 退火，只需 1h 就可以明显减弱微观偏析；若枝晶臂间距为 $100\mu m$，退火需要 300h 才能明显弱化微观偏析[63]。

（2）溶质元素的扩散速率。不同温度下溶质元素在固相中的扩散速率存在明显差异。碳是易偏析元素，由于它在铁中的扩散速率高于其他元素，因而在铸坯冷却过程中碳能较均匀地分布于奥氏体中；而其他元素在铁中的扩散速率慢，在铸坯的显微结构中存在着不均匀性，这种不均匀分布只能在冷却过程中有所减轻，但不能完全消除[376]。

（3）溶质元素的偏析倾向。元素的偏析倾向可用溶质元素在液相中的浓度与固相中的浓度之比来表示。比值越小，先后结晶出的固相成分差别越大，说明偏析的倾向越大。钢中各元素的溶质分凝系数如表8-1所示。可以看出，元素 C、

P、S 偏析程度较大。偏析的倾向性同时受其他元素的影响，比如，轴承钢中的 C 元素极易与 Cr、Mn 等合金元素形成碳化物，造成较严重的微观偏析。

表 8-1　钢中各元素的溶质分凝系数[377]

元素	C	Si	Mn	P	S	Cr	Ni	Cu	Mo	Ti	V
$k^{\delta/\gamma}$	0.19	0.77	0.76	0.23	0.05	0.95	0.83	0.53	0.80	0.38	0.93
$k^{\gamma/L}$	0.34	0.52	0.78	0.13	0.035	0.86	0.95	0.88	0.585	0.33	0.63

8.1.3　微观偏析的控制技术

高碳铬轴承钢含有较高的碳含量及合金元素，在连铸过程中极易产生偏析、裂纹和缩孔等缺陷。偏析主要指钢中合金元素及硫、磷杂质元素在铸坯中分布不均匀的现象，较严重的偏析行为将严重影响轴承钢的质量，缩短轴承的使用寿命，因此，尽量减轻或消除铸坯中元素的偏析行为对于改善轴承钢的均匀性、提升其质量具有重要意义。铸坯偏析控制技术在国内外得到广泛的研究，表 8-2 中总结了 5 种偏析控制的相关技术及实施方案。

表 8-2　连铸坯中偏析主要控制技术

技术	原　　理	主　要　方　案	文　献
提高钢液纯净度技术	钢液中 C、S、P 等易偏析元素的含量和分布形态影响铸坯的凝固组织、偏析及中心疏松等	—提高转炉生产中碳的命中率，准确控制钢液中的碳含量 —采用铁液预处理或钢包脱硫等技术，降低钢液中 S、P 等易偏析元素含量	[378]
低过热度浇注技术	钢水过冷度减小，形核率高，有利于抑制晶桥的产生及铸坯凝固末端枝晶间钢液的不合理流动	—尽量控制较低的过热度并且进行准确控制 —中间包等离子加热技术 —中间包电磁感应加热技术	[379-383]
二冷水量控制技术	二冷水的分布决定铸坯的冷却速度，进而影响铸坯的凝固组织及各种内部缺陷的产生，二冷水的合理分布对于铸坯质量的提升至关重要	—研究相应连铸机的二次冷却系统结构，分析二冷区冷却强度的分布状态 —应用凝固传热数学模型反复地模拟计算，寻找最优的连铸二次冷却系统结构 —将最优的连铸二次冷却系统结构应用到实际连铸生产中	[384-386]
电磁搅拌技术	电磁搅拌技术能够减小二次枝晶臂间距，提高铸坯断面上的等轴晶比例	—选择 M-EMS、S-EMS 及 F-EMS 两种和三种结合使用，能够获得较好的冶金效果 —为电磁搅拌装置选择合适的电流、频率及安装位置等重要工艺参数	[387-393]
轻压下技术	采用轻压下可减少或消除铸坯收缩形成的内部空隙，抑制枝晶间富集溶质元素的钢液横向流动，并且有利于富集的溶质元素在钢液中重新分配	—通过射钉实验及数值模拟等手段确定合理的压下位置 —根据连铸机、钢的特性及计算结果确定合适的压下量和压下速率	[394-399]

目前连铸过程产生的偏析问题基本上可以通过表 8-2 中一种或几种技术相结合来解决，但是每种工艺的实施都有很多技术层面的问题。例如，使用末端电磁搅拌技术需要准确确定凝固末端的位置，从而确定其安装位置；使用轻压下技术需要很好控制凝固末端液芯的形状，否则轻压下会起到相反的效果。此外，每个企业装备不同、工艺不同、产品不同，需要具体问题具体分析。

虽然，我国的轴承钢产量稳居世界第一，但我国的轴承钢质量与瑞典、日本等国家生产的仍存在较大的差距。铸坯的凝固组织与夹杂物的生成及铸坯各类缺陷的产生存在密切的关系，二次枝晶臂间距支配着合金元素的微观偏析行为。目前关于连铸坯凝固组织的详细实验观察很少，但是最近几年各国学者在数值模拟方面对连铸坯凝固组织进行了广泛研究。轴承钢中各类碳化物的存在，对轴承钢性能的危害是非常大的，然而目前的研究主要是对各类碳化物的分布进行定性而非定量研究。此外，目前关于轴承钢抗腐蚀能力研究的报道也非常少，因此，研究轴承钢在酸环境下的行为对于提升轴承钢质量同样具有重要的意义。

连铸过程中铸坯的凝固与过热度、拉速、二冷强度、比水量、各区二冷水分布、喷嘴型号、钢种、连铸机状态等因素密切相关，而铸坯的凝固组织正是各种生产参数的综合体现。

8.2 连铸坯宏观偏析控制研究现状

连铸坯的宏观偏析主要表现为溶质元素在铸坯中心分布的不均匀性，即中心偏析。

中心偏析是指钢液在凝固过程中，由于溶质元素在固液相中的再分配形成的铸坯化学成分的不均匀性，中心部位的碳、硫、磷等含量明显高于其他部位。中心偏析通常在纵剖面上沿轴线以点线状偏析、U 形偏析、V 形偏析形式存在，是铸坯凝固过程中钢水流动、传热和溶质再分配的结果。溶质再分配使连铸坯中心区域最后凝固的钢水富集溶质元素，这是形成中心偏析的根本原因[400]。中心偏析是连铸坯的一种重要缺陷，一直是制约高品质特殊钢产品质量提高的关键。铸坯的中心偏析会导致产品在后续热处理、中间退火过程中出现组织不均匀转变，从而在下一步的加工中出现脆性断裂，成为废品，每个钢种对中心偏析都有严格的要求，尤其是高品质特殊钢。

8.2.1 中心偏析形成理论

国内外学者对中心偏析进行了非常广泛的研究，关于中心偏析产生的机理形成了比较成熟的理论，也提出了非常有效的控制中心偏析产生的方法。

中心偏析形成机理主要有以下三种[401-407]：

（1）小钢锭（凝固晶桥）理论。铸坯凝固过程中，铸坯传热的不稳定性导致柱状晶生长速度快慢不一，优先生长的柱状晶在铸坯中心相遇形成"搭桥"，液相穴内钢液被"凝固晶桥"分开，晶桥下部钢液在凝固收缩时得不到上部钢水补充而形成疏松或缩孔，并伴随中心偏析。当凝固组织中柱状晶过于发达时，更容易形成"凝固晶桥"，铸坯中也越容易产生中心偏析。"小钢锭"理论是目前解释中心偏析成因的主要理论，图 8-1 即为"小钢锭"凝固理论的示意图。

（2）钢液中易偏析溶质元素析出与富集理论。铸坯从表面坯壳向中心结晶过程中，钢液中的溶质元素在固液相界上存在溶解平衡移动，C、S、P 等易偏析元素以

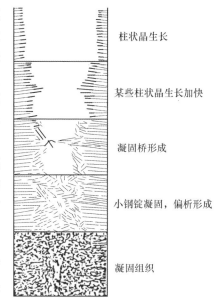

图 8-1　小钢锭凝固模式示意图[407]

柱状晶粒析出，排到尚未凝固的金属液中，随结晶的继续进行，这些易偏析元素被富集到铸坯中心或凝固末端区域，由此产生中心偏析。

（3）空穴抽吸理论。铸坯在凝固过程中若发生坯壳鼓胀，在铸坯中心就会产生空穴，这些空穴具有负压抽吸作用，使富集了溶质元素的钢液被吸入铸坯中心，导致中心偏析；在凝固末期，由于液体向固体转变发生体积收缩而产生一定空穴，也使凝固末端富集溶质元素的钢液被吸入铸坯中心，导致产生中心偏析。因此，铸坯鼓肚量越大，中心偏析就会越严重。

对方坯而言，在铸坯凝固末端区域的铸坯鼓肚量小于铸坯的凝固收缩量。因此，方坯的中心偏析主要起因于铸坯凝固末端固液两相区（也称糊状区）的凝固收缩。由以上分析可知，伴随着连铸坯的偏析，铸坯内部的合金元素发生了转移富集，使得连铸坯的局部成分发生变化，钢种及性能都有所改变，因此，导致不合格钢产品出现。溶质元素在固相中的扩散速率非常小，连铸坯完全凝固之后，宏观偏析就很难被消除。因此，要改善或者消除连铸坯宏观偏析，必须在连铸坯完全凝固之前采取措施。

8.2.2　中心偏析的评级方法

8.2.2.1　中心偏析的显示方法

首先从连铸坯或轧材的横截面或纵截面上（或其他截面）制取试片[408]，进行磨抛，然后用硫印或酸侵方法来显示中心偏析的形态和程度。如果制成一组或

两组不同截面的试片，那么就能全面反映中心偏析在钢中的分布和变化趋势。使用的腐蚀剂应根据钢种和试验目的而定，必要时配合显微分析（因为硫印只是一种定性试验）取样分析成分，便能把中心偏析的研究引进更高层次，达到预想的结果。

8.2.2.2 中心偏析的定性评级

连铸坯的中心偏析还缺乏一个系统的评定方法，目前暂采用冶金行业两个标准来对其评定。一个是 YB 4002—91《连铸坯方坯低倍组织缺陷评级图》，另一个是 YB 4003—91《连铸坯板坯缺陷硫印评级图》。对前一个标准，描述中心偏析的形貌特征为：在酸蚀试片的中心部位呈现腐蚀较深的暗斑。原则依照该标准附录 A 提供的第二评级图，根据中心部位组织腐蚀较深的暗斑大小评定。图片共分 5 级，缺陷以肉眼可见为限，根据其程度对照评级图进行比较评级，程度介于相邻两级之间时可评半级。对后一个标准，描述中心偏析的形貌特征为：铸坯硫印图的中心区域内有颜色深浅不一的褐斑或集中的褐带，褐带呈连续和不连续两种。原则依照该标准附录 A 提供的第一评级图，以偏析类型、偏析带厚度或偏析斑点大小评定。评级图由 A、B、C 三类组成，A 类评级见表 8-3，B 类评级见表 8-4，C 类评级见表 8-5。再在相应产品标准的技术条件（不少标准笼统称为偏析，希望修订时给予明确，以适应连铸坯的需要）中，查出规定的合格级别来判定产品是否合格。

表 8-3 A 类中心偏析评级[409]

级 别	评 定 原 则	
	硫偏析带厚度（mm）	形貌特征及测定方法
0.5	>0.5	在铸坯宽度方向上，硫偏析带呈连续状分布，厚度测定应选定在硫印图上偏析带最严重位置，其长度不小于中心偏析全长的 1/4，测 5 点取平均值
1.0	0.5~1.5	
1.5	>1.5~2.5	
2.0	>2.5~3.0	
2.5	>3.0~3.5	
3.0	>3.5~4.0	

表 8-4 B 类中心偏析评级[409]

级 别	评 定 原 则	
	硫偏析带厚度（mm）	形貌特征及测定方法
0.5	>1.0	在铸坯宽度方向上，硫偏析呈断续状分布。硫偏析带厚度测定方法同表 8-3
1.0	1.0~2.0	
1.5	>2.0~3.0	
2.0	>3.0~3.5	
2.5	>3.5~4.0	
3.0	>4.5~4.5	

表8-5 C类中心偏析评级[409]

级别	评 定 原 则	
	硫偏析斑点大小及分布情况	形貌特征及测定方法
0.5	硫斑厚≤0.5mm，板坯中心有隐约可见硫偏析带	在铸坯宽度方向上，无明显的硫偏析带，硫以大小不同的斑点、不连续地聚集在铸坯宽度方向上。硫斑点厚度和长度测定区域选定在不小于中心偏析全长1/4的最严重硫偏析部位，测5个最大的硫偏析斑点取平均值
1.0	硫斑厚≤1mm，板坯中心有硫偏析带	
1.5	硫斑厚≤1mm，硫斑长≤3mm，板坯中心有明显硫偏析带	
2.0	硫斑厚≤1mm，硫斑长>3mm，集中在板坯中心	
2.5	硫斑厚≤1mm，硫斑长≥4mm，大硫斑较密集分布在板坯中心	
3.0	硫斑厚≤1mm，硫斑长≥3mm，大硫斑密集分布在板坯中心	

　　方坯低倍组织（矩形坯可参照使用），仅是横截面的酸蚀组织，适用于碳素钢和低合金钢；板坯的硫印图适用于取向硅钢、碳素钢和低合金钢等各种截面，仅是显示硫化物位置，对硫偏析带或斑点定性。

　　锰的偏析，主要表现在铸坯中心的白线与黑线。要研究它们必须显示其组织，并配合电子探针的分析结果。由锰偏析所造成的带状组织有两种主要类型：（1）周期型（树枝晶式）带状组织，其中，珠光体带呈周期性出现。（2）间歇型带状组织，白线或黑线间歇地出现。要评定锰偏析，就要评定带状组织。根据GB/T 13299—91《钢的显微组织评定方法》中的带状组织特征，即根据带状铁素体数量增加，并考虑带状贯穿视场的程度、连续性和变形铁素体晶粒多少的原则，确定带状组织由3个系列各6个级别组成。系列分为A、B、C，A系列碳含量小于或等于0.15%，B系列碳含量为0.16%~0.30%，C系列碳含量为0.31%~0.50%。带状组织特征（放大100倍）及级别见表8-6。

表8-6 带状组织评级[409]

级别	A系列	B系列	C系列
0	等轴铁素体晶粒和少量珠光体，没有带状	均匀铁素体-珠光体组织，没有带状	均匀铁素体-珠光体组织，没有带状
1	组织总取向为变形方向，带状不是很明显	组织总取向为变形方向，带状不是很明显	铁素体聚集，沿变形方向取向，带状不是很明显
2	等轴铁素体晶粒基体上有1~2条连续的铁素体带	等轴铁素体晶粒基体上有1~2条连续的和几条分散的等轴铁素体带	等轴铁素体晶粒基体上有1~2条连续的和几条分散的等轴铁素体-珠光体带
3	等轴铁素体晶粒基体上有几条连续的铁素体带穿过整个视场	等轴晶粒组成几条连续的贯穿视场的铁素体-珠光体交替带	等轴晶粒组成的几条连续的铁素体-珠光体交替带，穿过整个视场

级别	A 系列	B 系列	C 系列
4	等轴铁素体晶粒和较粗的变形铁素体晶粒组成贯穿视场的交替带	等轴晶粒和一些变形晶粒组成贯穿视场的铁素体-珠光体均匀交替带	等轴晶粒和一些变形晶粒组成贯穿视场的铁素体-珠光体均匀交替带
5	等轴铁素体晶粒和大量较粗的变形铁素体晶粒组成贯穿视场的交替带	变形晶粒为主，构成贯穿视场的铁素体-珠光体不均匀交替带	变形晶粒为主，构成贯穿视场的铁素体-珠光体不均匀交替带

上述每个标准既有长处，也有短处（局限），使用的时候最好结合起来，既用酸蚀，又用硫印，着重显示效果，如实表现。结合分析试样的实际情况进行补充分析，就能对钢的质量作出更符合客观的评定[409]。

8.2.2.3　中心偏析的定量评级

偏析比可以表示为：

$$R_i = \frac{c}{c_0} \tag{8-1}$$

式中，R_i 为某一溶质元素的偏析比；c 为该元素当地含量，%；c_0 为该元素在钢包或中间包钢水中的含量，%。

$R_i = 1$，说明成分分布均匀无偏析，但往往在铸坯中心 R_i 值会超过 1 很多，说明中心偏析严重。要得到铸坯某一位置处的当地元素含量，一种方法是通过钻样进行化学分析，即从铸坯横断面从内弧到外弧隔一定距离钻样，将钻出的钢屑收集起来进行化学分析，得到当地溶质含量。此种方法的缺点就是成分精度取决于钻头直径，钻头直径太大，该处成分代表性就差，一般应用 3 ~ 5mm 钻头，钻深 4 ~ 5mm，试样重 0.8 ~ 1.0g。另一种方法就是采用刨床刨屑收集刨下来的每一层钢屑，进行化学分析。其优点是取样精度较高，一般刨床精度可以控制在 0.5mm 以下，也就是说，可以得到间隔 0.5mm 的各位置处的当地溶质元素含量。

对于板坯中心偏析，还可以用偏析面积比 SA 来表示铸坯中心区域偏析的严重性。SA 值越高，表明中心偏析越严重，其表达式为：

$$SA = \frac{\sum d_i l_i}{DL} \times 100\% \tag{8-2}$$

式中，l_i 为板坯纵向硫印断面上观察到的中心偏析线长度；d_i 为偏析区直径或长度；D 为板坯厚度；L 为测量区总长度。

8.2.3　中心偏析的控制措施

钢水从液态转变为固态放出的热量包括从浇注温度冷却到液相线温度放出的热量，从液相线温度冷却到固相线温度放出的热量和从固相线温度冷却到环境温度放出的热量。钢水在连铸机中的凝固是一个热量释放和传递的过程。坯壳边运行边放热边凝固，形成液相穴相当长的铸坯。连铸机可分为两个传热冷却区：一次冷却区，钢水在水冷结晶器中形成足够厚的均匀的坯壳，以保证铸坯出结晶器不拉漏；二次冷却区，喷水以加速铸坯内部热量的传递，使铸坯完全凝固。铸坯向空气中辐射传热，使铸坯内外温度均匀化。控制铸坯在不同冷却区热量导出的速度和坯壳的热负荷，使之适应钢高温性能的变化，是获得良好铸坯质量的关键操作。

影响中心偏析的因素主要有钢液化学成分、过热度、拉速、冷却强度、连铸机精度、铸坯凝固组织及铸坯尺寸。防止中心偏析的对策主要有提高钢液纯净度、控制凝固结构、控制冷却速率、调整合金元素、外加添加剂、降低过热度、控制拉速、增加二次冷却强度、防止鼓肚、采用小径密排导辊、采用电磁搅拌及轻压下技术、加强对设备的维护[378]。

国内外对于连铸板坯中心偏析控制措施的研究有很多，但从其机理来讲，无外乎以下三种类型[410]：（1）增加等轴晶比例，如采用结晶器电磁搅拌（M-EMS）、低过热度浇注等；（2）改善凝固末期钢水的补缩条件，如采用凝固末端电磁搅拌（F-EMS）；（3）补偿凝固末期钢水的收缩，如采用轻压下（SR）技术。种类繁多的偏析控制技术都是在这三个方向的研究上衍伸出来的。目前，国际国内采用的中心偏析控制技术主要有以下几种。

8.2.3.1　提高钢液纯净度

钢中碳含量与凝固组织关系密切，影响柱状晶和等轴晶的生长比率，因此，必然对铸坯中心偏析和中心疏松产生决定性的作用。有研究表明[378]，在其他条件相同的情况下，对碳含量分别为 0.3%、0.1% 和 0.6% 的同一钢种进行浇注，发现其柱状晶长度、中心偏析宽度和中心疏松空穴按碳含量为 0.3%、0.1% 和 0.6% 的顺序依次增加。因此，必须提高转炉生产中碳的命中率，准确控制钢液中的碳含量。钢液中 S、P 等易偏析元素，在钢液中的含量和分布形态影响铸坯的中心偏析和中心疏松。在冶炼洁净钢过程中，如采用铁液预处理或钢包脱硫等技术，降低钢液中 S、P 等易偏析元素含量，提高钢液洁净度，可有效防止中心偏析和中心疏松的产生。

8.2.3.2　电磁搅拌技术

连铸坯的中心偏析和中心疏松等宏观缺陷可以通过增加铸坯断面上等轴晶比例来避免或改善。前人研究表明，只有铸坯断面上等轴晶率达到 35% ~ 40% 以上，才能基本消除中心偏析[387,388]。生产中获得等轴晶常用的方法有电磁搅拌技术和低过热度浇注技术，并适当降低浇注速度。电磁搅拌技术能提高铸坯断面上的等轴晶比例，从而有效改善中心偏析。目前电磁搅拌的位置可以分为结晶器电磁搅拌（M-EMS）、二冷区电磁搅拌（S-EMS）和凝固末端电磁搅拌（F-EMS）。

结晶器电磁搅拌通常采用旋转搅拌，当钢水旋转速度达到某一数值后可产生足够的离心力，迫使夹杂物和气泡向中心聚集上浮，并被熔融的保护渣吸收，使铸坯表面和皮下的夹杂物及气泡减少；而且能够有效清洗凝固前沿，使坯壳生长均匀，减少漏钢事故。二冷段电磁搅拌恰好在柱状晶强劲生长的区域，通过搅拌钢水可使前期生长的柱状晶破碎，与钢液混合在一起，随后成为后期凝固的等轴晶的核心；同时，搅拌可促进未凝固钢液流动，加强对流作用，提高固液相间的热传导，有利于消除残余过热度，减轻凝固前沿的温度梯度，抑制晶体的定向增长，有利于等轴晶的增长。S-EMS 可以改善凝固组织，扩大铸坯中心等轴晶区域，减轻中心偏析和中心疏松。凝固末端电磁搅拌发生在凝固末端的糊状区，具体位置的选择十分关键。通过搅拌可促进高浓度钢液对流，消除晶间的搭桥，从而减轻铸坯中心偏析和中心疏松。

在电磁搅拌过程中，影响其效果的因素很多，如合适的电流、频率，电磁搅拌末端位置的确定等。如何使电磁搅拌在冶金过程中获得最佳效果，国内外冶金工作者进行了大量的研究[389-391]。

刘泳等[389]研究了结晶器电磁搅拌对轴承钢小方坯碳偏析的影响，表明要获得较大的等轴晶粒仅需比较合适的搅拌强度即可，再增加电搅强度对于等轴晶和铸坯中心偏析改善都是有限的。由图 8-2 和图 8-3 可知，电磁搅拌可增加钢水与凝固前沿的热交换，因此，即使过热度很高，较高的电流仍可以有效地消除较高的过热度。结晶器内的钢水进行搅拌后，降低了凝固初期的过热度，搅拌电流越大，铸坯凝固组织的等轴晶区相应扩大。但当电流增加到 280A 时，连铸坯等轴晶率增长缓慢；当电流增加到 320A 左右时，铸坯中心 K_C 达到 1.023；当结晶器电流增至 360A 时，中心 K_C 为 1.016。因此，应根据实际情况综合各种因素选择合适的结晶器电磁搅拌电流。

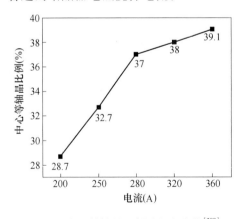

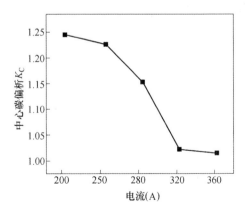

图 8-2　中心等轴晶比例随电流变化[389]　　图 8-3　中心碳偏析 K_C 随电流变化[389]

王新华等[390]通过对板坯逐层刨钢屑，采用化学分析和低倍组织检验的方法，研究了板坯连铸机二冷区电磁搅拌频率参数对 1450mm × 230mm 板坯中心偏析和等轴晶率的影响。结果表明，单独采用二冷区电磁搅拌，与不采用电磁搅拌工艺相比，板坯中心偏析程度明显减轻，C、P、Mn 的中心正偏析系数低于无电磁搅拌工艺；电磁搅拌频率为 2Hz、5Hz 和 8Hz 时，板坯中心偏析都为 B0.5 级；电磁搅拌频率对中心等轴晶率略有影响，搅拌频率 5Hz 的情况下等轴晶率最大。

高碳钢（如 82B 等）连铸时 V 形偏析非常严重。为了解决这一问题，加入末端电磁搅拌（F-EMS），采用凝固末端电磁搅拌与结晶器电磁搅拌一起组成组合式的电磁搅拌工艺成为解决 V 形偏析问题的一种有效措施。图 8-4（a）所示为 82B 钢铸坯横断面上沿长边中心线碳偏析指数变化情况。由图 8-4（b）可以看出，经过凝固末端电磁搅拌后的铸坯中心碳峰值从未搅拌的 1.28 降到 1.12，高峰值点明显减小；碳偏析指数均值 K_C^{ave} 也有明显降低，从未搅拌时的 1.04 降到 1.03；碳偏析指数方差值（R）由未搅拌的 0.06 降到 0.037，说明末端电磁搅拌的施加使铸锭的碳含量分布更均匀，能有效地改善铸坯的偏析问题，且频率为 8Hz、电流为 300A 时，铸坯中心的磁感应强度达到 0.06T 以上，能够取得最好的电磁搅拌效果[391]。

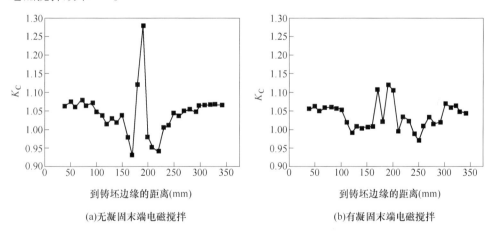

图 8-4　铸坯横断面上沿长边中心线碳偏析指数的变化（$f = 8$Hz，$I = 300$A）[391]

通过以上分析可知，电磁搅拌技术是改善高碳钢与高合金钢中心偏析与缩松的有效手段。实践证明，将 M-EMS 和 F-EMS 相结合，中心偏析可得到明显改善，能够获得良好的冶金效果[392,393]。M-EMS 可大幅度降低钢水的过热度，细化等轴晶形成宽阔的等轴晶区，但是等轴晶区的扩大效果有限。F-EMS 必须使用大功率末端电磁搅拌器对末端的糊状区域进行搅拌，如果强度不够，则搅拌效果不明显。M-EMS 虽然对中心偏析具有一定的改善效果，但减少 V 形偏析的能力不够，因此，最好将 M-EMS 与 F-EMS 组合使用，如图 8-5 所示。

8.2.3.3　低过热度浇注技术

连铸过程中，采用低过热度浇注时，钢水过冷度减小，临界形核半径变小，

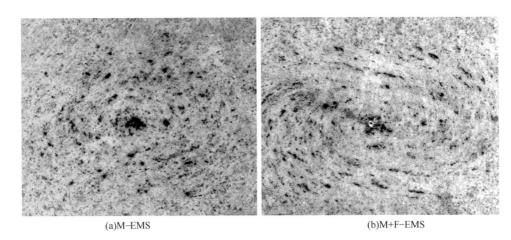

(a)M–EMS　　　　　　　　　　　(b)M+F–EMS

图8-5　82B钢坯的低倍组织图[393]

形核率高、晶核数量多，铸坯等轴晶率大幅度提高[383]，有利于抑制晶桥的产生及铸坯凝固末端枝晶臂间钢液的不合理流动。Choudharys等[379]研究了过热度与中心偏析的关系。图8-6给出等轴晶比率与中间包钢液过热度的关系，结果表明，样品中的等轴晶率随着过热度的降低逐渐增加。图8-7给出碳偏析最大值与铸坯中等轴晶率的关系。图8-8给出四种不同过热度的情况下铸坯低倍组织观察图。当钢液过热度为21℃时，能够观察到明显的周期柱状晶和中心的U形偏析；但当过热度为47℃时，大量的柱状晶出现在凝固组织中。铸坯中心区域的等轴晶面积是非对称的。等轴晶率的百分比随着钢液过热的减小而增大。中心偏析和疏松随着等轴晶的增大而减小。当过热度从21℃升到23℃，实现了中心偏析由U形偏析到V形偏析的过渡。随着等轴晶的逐渐增加，V形偏析的尺寸逐渐增大。钢水过热度与中心偏析和疏松存在密切的关系，同样表明铸坯中的等轴晶率随着过热度的降低逐渐增加。因此，采用低过热度浇注技术是很有必要的。

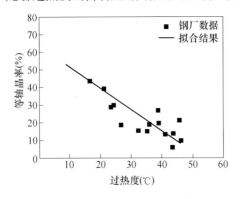

图8-6　高碳钢铸坯中等轴晶率与
钢水过热度的关系[379]

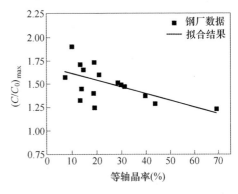

图8-7　碳偏析最大值与铸坯中等
轴晶率的关系[379]

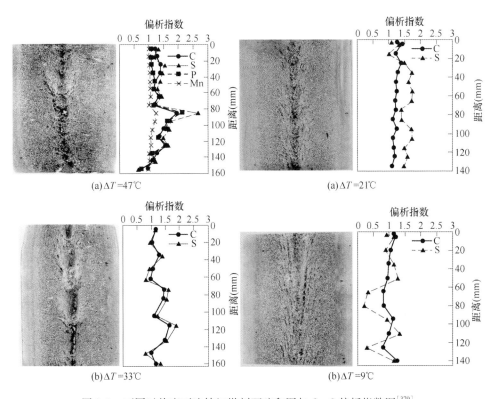

图 8-8   不同过热度下连铸坯纵剖面硫印图与 C、S 偏析指数图[379]

钢水过热度较低时，水口易堵塞，而且钢中夹杂物不易上浮。对于钢液中的夹杂物不易上浮问题，可以采用二次精炼手段及中间包冶金技术，提高钢液洁净度。因此，需要合理控制钢水过热度。对于钢水低温浇注时温度波动带来的浇注困难，冶金工作者开发出了中间包等离子加热技术及中间包电磁感应加热技术，可以保持钢液浇注温度的稳定。

等离子加热技术[380-382]实际上就是利用直流放电，产生直流等离子弧，并利用其进行加热。目前，该技术已被广泛应用于中间包加热上，其突出优点是在浇注过程中，中间包内钢水温度可以严格控制在 ±5℃ 以内。因此，利用中间包等离子加热技术就可以控制等温浇注，改善铸坯内部组织，提高铸坯中心等轴晶率，从而改善中心偏析。

8.2.3.4   二冷水量控制技术

钢水在连铸过程中会经过三个冷却区：在铜制水冷结晶器内强制冷却，形成一定厚度的坯壳，此为一次冷却区；铸坯出结晶器后，被喷水或气雾冷却，加速铸坯内部的传热，使其完全凝固，这段喷水冷却的区域即为二次冷却区；铸坯出二冷区后，仍有较高的温度，会不断地向空气中辐射热量，使其内外部温度均匀化，这段区域即为三次冷却区[384]。由于 80% 以上的钢水是在二冷区内凝固的，而且铸坯在二冷区内可以通过调节喷水量的大小对铸坯的凝固传热过程进行直接的控制，所以二冷配水对于控制连铸凝固进程非常重要。铸坯的内部质量起源于二冷区，故二冷水量控制对铸坯的内部质量有着很直接的影响。在偏析控制方面，目前主流的二冷配水策略有两种：一是采用弱冷策略，减少铸坯的冷却强度，抑制铸坯内柱状晶的生长，扩大等轴晶区，减少凝固搭桥；二是强冷策略，采用很强的冷却强度，加强铸坯的非平衡凝固，减少凝固前沿释放出的溶质，从而降低铸坯中心偏析的程度，但是这种方法容易产生凝固搭桥。铸坯末端强冷实质属于热应力压下，在铸坯的凝固末端实施强冷，一方面可以加强冷却速度，增大坯壳厚度，防止铸坯鼓肚；另一面铸坯强冷时已凝固坯壳会发生凝固收缩，产生与机械应力压下相同的效果，一定程度上可补充中心液相凝固时产生的空穴，从而阻止残余液相的流动。这两方面均有利于改善中心偏析。

凝固坯壳生长形貌与铸坯的中心偏析有着重要关系，而凝固坯壳生长形貌取决于连铸坯冷却强度分布。目前，仍缺乏对于连铸二次冷却强度分布状态与铸坯偏析情况的深入研究。Guthrie[411] 简单地研究过二冷喷嘴布置对铸坯凝固形貌和碳偏析的影响，但没有研究铸坯横向冷却强度分布及横向凝固坯壳生长形貌对铸坯质量的影响。

如图 8-9 所示，由于二冷喷嘴自身结构特征问题，喷射出来的喷淋水分布并不是均匀的，导致铸坯宽度方向上的喷淋水分布不均匀，中间区域比边缘区域水流密度大。对于大方坯连铸机，在铸坯宽度方向上可能布置有多个喷嘴，喷嘴与喷嘴之间的二冷水通过边缘区域叠加，可以解决单个喷嘴水流密度分布不均的问题；但是，如果喷嘴布置结构不合理，二冷水分布不均匀，会导致喷射面积上横向冷却强度分布不均[385]。

图 8-9　连铸机二冷喷嘴水流分布状态[385]

二次冷却强度的分布状态会直接影响凝固坯壳的生长形貌。不均匀的横向水流密度分布会使各个部位凝固坯壳的生长速率不一致，造成不规则的凝固坯壳生长形貌、液芯形状及不同的凝固末端，如图 8-10 所示[386]。

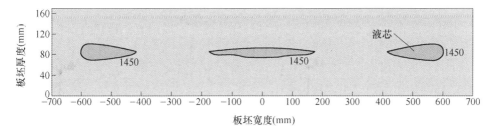

图 8-10　连铸坯非规则液芯形状[386]

连铸凝固过程中，由于偏析作用，溶质元素会在液相中富集，不规则的凝固坯壳生长形貌会导致铸坯局部偏析严重，产生铸坯质量问题。此外，冷却强度分布不均会造成横向温度波动大，引起连铸坯裂纹问题，尤其是纵裂纹。而且，不规则的凝固末端还会影响二冷动态轻压下等技术的应用效果。

通常情况下，方坯连铸过程中将四个面的二次冷却强度设定为相同值。而且，由于尺寸比较小，不均匀的横向冷却强度分布对方坯和矩形坯液芯形状的影响相对很小。因此，方坯连铸过程中，铸坯的凝固终端通常为铸坯中心一个点，偏析溶质元素会富集在凝固末端，造成铸坯中心位置偏析严重。针对方坯和矩形坯连铸的特点，可采用非对称冷却来改善铸坯的中心偏析。如图 8-11 所示，在铸坯的内、外弧两个面实施相对强冷，而在两个侧面实施相对弱冷。使用非对称冷却方法后，内、外弧的凝固坯壳生长相对较快，而侧

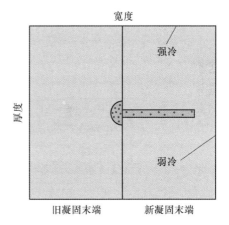

图 8-11　方坯中偏析溶质元素富集的新旧凝固末端[385]

面的生长较慢，使新凝固末端为一个平行于内外弧的长条形区域，而不是铸坯中心的一个小区域。因此，铸坯的凝固终端由一个点变成一条平行于内外弧的线，扩大了偏析溶质元素的分配面积，减轻了铸坯的中心偏析局部恶化问题[385]。

因此，研究连铸过程中铸坯的凝固结构，并针对性地提出相应的二冷喷嘴布置结构的优化方法，对改善连铸坯质量，实现高质量铸坯的生产具有重大意义。龙木军等提出了使用一种基于扩大偏析溶质元素分配面积的新方法，来改善连铸坯中心偏析。该新方法的执行步骤[385]：研究相应连铸机的二次冷却系统结构（喷嘴布置结构），分析二冷区冷却强度的分布状态，尤其是横向冷却强度的均

匀性；应用凝固传热数学模型，模拟预测连铸过程中凝固坯壳形貌以及温度分布状态；研究分析连铸冷却系统的均匀性、铸坯液芯形状与中心偏析的产生之间的关系；在计算分析评价的基础上，通过更换二冷喷嘴、改变喷嘴布置结构等方法，对连铸机的二次冷却强度均匀性进行优化研究；应用凝固传热数学模型反复模拟计算，寻找最优的连铸二次冷却系统结构（喷嘴布置结构），直至凝固坯壳均匀生长，液芯规则化，从而增大偏析溶质元素的分配面积；将最优的连铸二次冷却系统结构应用到实际连铸生产中。

8.2.3.5　轻压下技术

轻压下技术是指用夹辊在铸坯的凝固末端施加一定的压下量，以补偿铸坯因凝固造成的体积收缩，从而减轻铸坯中心疏松和中心偏析的压力加工技术。轻压下技术分为静态轻压下和动态轻压下。所谓静态轻压下是指浇注条件是预先设定好的固定值，轻压下位置是相对固定的。但在实际生产过程中，浇注条件（如拉速、过热度）难免会发生变化，凝固末端的位置也会相应发生变化，从而导致铸坯不能进行有效的轻压下，使铸坯中心质量不稳定。动态轻压下技术即通过在线跟踪铸坯凝固进程，适时地在铸坯凝固末端给以一定的机械压下，以弥补末端两相区的凝固体积收缩，从而减轻甚至消除中心偏析、疏松[394]。图 8-12 是轻压下作用原理示意图。

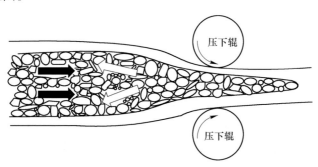

图 8-12　轻压下原理示意图

轻压下技术一方面可以减少或消除铸坯收缩形成的内部空隙，并抑制枝晶臂间富集溶质元素的横向流动；另一方面通过压下带来的挤压作用，可使凝固末端富集溶质元素在钢液中向上流动，使这些富集的溶质元素在钢液中重新分配，从而达到改善甚至消除中心偏析和中心疏松的目的[395]。而且轻压下工艺多使用紧密排列的小直径分节辊来进行，这种辊列结构的辊间距较小，可有效降低铸坯鼓肚的可能性。连铸坯动态轻压下技术是解决中心偏析问题的有效手段。要想使用轻压下系统提高铸坯的内部质量，还需使用合适的轻压下工艺参数。一般来说，影响压下效果的主要工艺参数有压下总量、压下位置和压下率。

压下总量指铸坯刚进入二冷区处的辊缝值与铸坯出二冷区的辊缝值之差，此值代表轻压下系统对铸坯的压下程度。通常认为压下总量要能完全补偿铸坯在凝固过程中的体积收缩量，才能消除中心疏松，防止剩余液相的流动。如果压下总量过小，则中心偏析和中心疏松改善不明显；如果压下量过大，会使铸坯产生内部裂纹，并影响压下辊的使用寿命。

　　Yokoyama 等[396]对钢液凝固时的体积收缩率进行了研究，得出体积收缩率为 4% 左右。Zeze 等[397]的实验研究结果显示，当压下总量减少时，铸坯中心的凝固收缩得不到完全补偿，仍有 V 形偏析存在；随着压下总量的增大，V 形偏析减少；当压下总量进一步增加时，铸坯中心产生白亮带负偏析和 A 形偏析；若压下量过大，则会产生内部裂纹。同时，液芯厚度过大（对应位置的两相区固相率很小或在液相区），压下已不起消除 V 形偏析的作用，反而形成内部裂纹。由图 8-13 和图 8-14 可以看出，在压下率小于 0.02mm/s 时，无论怎么增加压下量，也不能防止 V 形偏析，这是因为压下速率小于凝固速率，来不及充分补充凝固收缩的缘故；同时，由于压下速率增大导致应变率增加，相应临界应变变小，从而上临界压下量减少。还可以看出，随着压下速率的增加，为防止 V 形偏析的必要压下量增加，但压下量区间变窄，如图 8-14 所示。

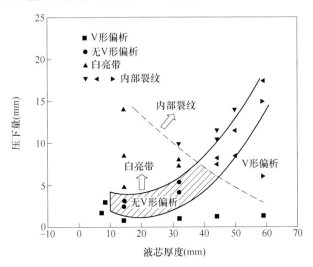

图 8-13　液芯厚度和压下量对 V 形偏析的影响（压下速率 0.35mm/s）[397]

　　压下位置是指铸坯上采用轻压下的区间，一般用扇形段编号或者固相率 f_S 区间表示[398]。图 8-15 为铸坯凝固末端两相区示意图，图中采用固相率（f_S）将两相区划分为 3 个小区域[399]。从 $f_S = 0$ 到 $f_S = 1$ 处，钢液的杂质元素含量越来越大。其中，q_2 区最靠近液相区，其内部钢液固相率较小，流动性好，可以通过钢液的流动来补充凝固收缩；而 q_1 区的固相率比较大，流动性差，不能完全补充凝固收缩；p 区的固相率是最高的，其内部富集溶质的残余钢液被枝晶网挡住了，

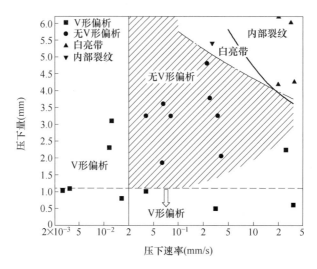

图 8-14　压下速率和压下量对 V 形偏析的影响（液芯厚度 32mm）[397]

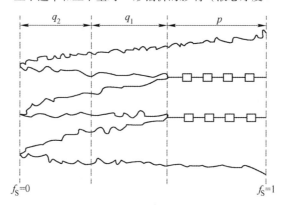

图 8-15　凝固末端两相示意图[399]

q_2—固液相均可流动；q_1—相邻柱状晶的二次枝晶开始并完成相互联结（搭桥）；

p—相邻柱状晶完全连接到一起，阻碍了柱状晶间隙中残留钢液的流动

q_1 区的钢水无法对其进行补缩。因此，q_2 区的钢水流动不会对铸坯带来不利影响，而 q_1 区凝固收缩产生的抽吸力会使其内部形成中心偏析，p 区则会因为失去钢水补充而形成中心疏松。故轻压下位置应该选在 q_1 区和 p 区内，若再靠前，则压下效果不明显；若靠后，则铸坯已经凝固，压下也无法达到补缩的目的。对钢的两相区高温力学行为研究表明，内部裂纹敏感区在零强度温度和零塑性温度之间，此温度对应的固相率 f_S 分别为 0.8 和 0.99。此区域内铸坯受力或变形超过一定程度就会产生内部裂纹，故采用轻压下时应该避开 $f_S = 0.8 \sim 0.99$ 的区间。q_1 和 q_2 分界处的固相率为 0.3 ~ 0.4，而 q_1 和 p 分界处的固相率为 0.6 ~ 0.7。因此，最

佳轻压下实施区间应在铸坯中心固相率0.3～0.7（图中的q_1区），但钢种不同，所要求的固相率也不同。一般来说，中碳钢为0.3～0.7，高碳钢为0.4～0.7[399]。

对于压下位置的具体值，目前还没有一个明确的通用值，一般都由各厂根据实际生产情况进行调整确定。

压下率是指沿拉坯方向单位长度的压下量，单位为mm/m。此参数是衡量压下速率的一个量。连铸坯固液相交界面处的强度很小，如果压下率超过其承受区间，则会产生内部裂纹。一般来说，板坯的压下率取0.5～1.1mm/m，而方坯取0.5～4mm/m。确定压下率的时候，还需考虑压下速率，即单位时间的压下量。铸坯的压下速率应该与该处的凝固速率一致，若压下速率过小，则凝固收缩补偿不充分，中心偏析难以改善；若压下速率过大，则会导致局部位置受力过大，容易产生裂纹。在动态轻压下的实际应用过程中，铸坯的变形并不是连续和一致的。压下速率通常是通过分解总压下量来实现的，即每一对辊上均采用一个不会超过最大压下速率的压下量，铸坯经过多次分步压下后，总的压下量就可以达到应用要求。

目前连铸过程产生的中心偏析问题基本上都可以通过上述一种或几种办法相结合来解决。但是每种办法的实施都有很多技术层面的问题，例如使用凝固末端电磁搅拌需要准确确定凝固末端的位置；使用轻压下技术需要很好控制凝固末端液芯的形状，否则轻压下还会起到相反的效果。另外，每个企业装备不同、工艺不同、产品不同，需要具体问题具体分析。

8.2.4　控制中心偏析的数学模拟研究

8.2.4.1　凝固传热模型

利用连铸宏观传热模型，研究连铸坯凝固过程行为，并据此对连铸过程以及铸坯质量进行控制，是目前使用较为广泛的方法手段。通过数值模拟研究连铸凝固结构，优化连铸工艺，可有效改善连铸坯质量。

20世纪60年代，以Mizikar[412]和Hills[413,414]为代表的连铸凝固传热数学模型开始得到实用化的发展。随后70年代，Brimacombe、Lait、Samarasekera、Weinberg[415-418]和Perkins[419]等对连铸过程中的凝固传热进行了定量化研究。20世纪80年代至今，国内外对连铸宏观凝固传热的数值模拟研究得到了广泛的发展。Thomas[420]在连铸数学模拟和物理模拟方面做了大量的研究。国内以蔡开科[421,422]为代表的研究学者们对中国连铸技术的发展做了很大的贡献。

连铸宏观凝固传热包括连铸结晶器内的传热以及二冷区的传热。连铸凝固传热过程是一个边界条件复杂的传热过程。对于连铸凝固传热模型，大致可以归类为两种：静态凝固传热数学模型[377,423]和动态凝固传热数学模型[424,425]。

静态凝固传热数学模型是指离线模拟计算在固定连铸工艺条件下的铸坯凝固

传热过程。数学模型输入的工艺参数，如拉速、浇注温度等，是一个固定的输入条件，不会实时变化。此类数学模型通常假设连铸坯的温度场不随时间的变化而变化。由于静态数学模型不需要考虑计算时间的快慢，可以考虑连铸坯一维、二维或三维的传热。

动态凝固传热数学模型目前的研究也较多。动态模型是指在连铸生产过程中，在线跟踪实际工艺操作参数（拉速、浇注温度等）的变化，实时计算连铸坯的当前热状态，并根据实时跟踪计算的结果在线执行相应的操作控制。模型模拟计算的铸坯温度场会随着当前工艺条件的变化而实时变化。动态凝固传热数学模型通常被用于连铸二次冷却在线控制。由于需要在线及时控制，要求动态数学模型能够快速进行计算，并对二冷水进行在线控制。因此，动态连铸凝固传热数学模型一般采用一维传热模型，以缩短计算时间[385]。

8.2.4.2　宏观凝固结构模型

连铸过程是钢液流动、传热和凝固等复杂行为相互作用的过程，铸坯在结晶器内和二冷区的凝固速率直接影响铸坯的质量和连铸机产量。国内外学者针对不同的目的运用各种方法建立模型，对结晶器及二冷区内铸坯的凝固过程进行了大量研究。对于连铸凝固过程数值模拟的研究，初期采用了基于切片法推导的有效传热模型，将流体传热近似为有效导热系数[411,426]。Bennon、Volle 等[427,428]提出了二元合金液-固两相凝固潜热的传热数学模型，二维模型所描述的流动、凝固传热与客观实际生产存在偏差；Thomas、张立峰[420,429,430]等分析了多种浸入式水口结构及其在结晶器内三维流场的分布规律；Seyedein、Hasan 等[431-433]基于低雷诺数湍流三维数学模型，研究了铸坯凝固传热过程，采用不锈钢凝固过程三维数学模型对流场、温度场与宏观偏析进行耦合分析；Schneider 等[434]研究了多元体系在凝固过程中宏观偏析的形成，通过固-液界面处的热力学平衡考虑温度和成分的耦合作用，给出了流场、凝固过程和宏观偏析的计算结果；国内张立峰、陈登福等[423,435]通过建立连续凝固传热过程三维耦合场分析模型，对流场、温度场及凝固偏析等过程进行了分析研究，并取得了很好的成果。

龙木军等[385]开发设计了连铸凝固传热模型，对二冷系统结构优化前 AH36 钢在不同拉速下的实际宏观连铸坯凝固结构进行了模拟研究，传热模型考虑了连铸横向和纵向水流密度分布对铸坯凝固行为的影响。其研究发现连铸坯中心偏析区域严重化与连铸过程中的凝固坯壳生长形貌息息相关。连铸坯中心偏析与凝固坯壳生长形貌的关系示意图如图 8-16 所示。连铸过程中，连铸机横向水流密度分布不均匀，导致凝固坯壳生长速率不均匀。在二冷水流密度较大的位置（距铸坯表面中心线 200 ~ 400mm 处），铸坯首先凝固，并将连铸坯的液芯分成三块细小狭长的液芯（图 8-16）。在细小狭长的液芯中富集了较多的偏析溶质元素，即使在轻压下的作用下，富集偏析溶质的钢液也不容易回流再分配。从而在此三块液芯中的偏析溶质元素局部富集，形成较严重的中心偏析。根据模拟研究可知，连铸坯最终凝固终端在距离铸坯窄面 100~200mm 处，比铸坯中心位置的凝固稍早。研究中由于二冷系统结构问题，连铸坯在距离窄面 100~200mm 的中心线处，富集的偏析溶质元素最多，中心偏析最严重。其次是铸坯中心区域，中心偏析情况相对稍轻微。在最先凝固位置（距铸坯表面中心线 200~400mm 处），中心偏析比较轻。

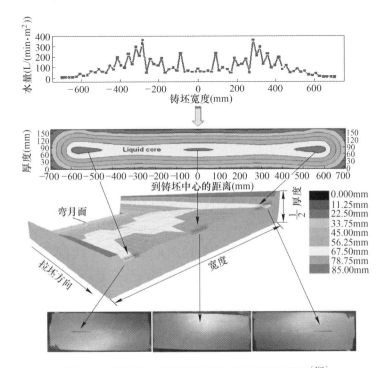

图 8-16 铸坯中心偏析与冷却工艺的关系示意图[385]

8.2.4.3 微观凝固组织模型

研究连铸微观晶体的生长机制，可从基础理论上把握连铸坯的凝固机理，分析连铸坯质量问题产生的原理，有助于改善连铸坯质量，为高质量铸坯的生产提供理论依据。

20 世纪 50 年代，Weinberg 和 Chalmers[436,437] 对金属凝固过程中枝晶的生长进行了相关研究。Langer 和 Müller-Krumbhaar[438] 在 20 世纪 70 年代对枝晶生长的影响因素进行了分析。Kurz[439-443] 于 20 世纪 80 年代开始对凝固枝晶生长进行研究，并对多组分合金的枝晶生长进行了全面研究。到目前为止，对于多组分合金枝晶生长的研究已较为广泛[434,443-446]。

连铸坯的凝固组织与其他铸件有相似的内部组织，存在两种形式：柱状晶和等轴晶。连铸坯一般存在三种凝固组织区域：表层细晶区、中间柱状晶区和心部等轴晶区（图8-17）[447]。连铸过程中，由于结晶器的快速冷却，在铸坯表层会形成一层细晶区（等轴晶），紧接着细晶区的是柱状晶区。当达到柱状晶向等轴晶的转变条件时，柱状晶区过渡为等轴晶区。

枝晶是连铸坯中较为常见的凝固组织形态，研究连铸凝固过程中枝晶的生长有利于把握连铸坯的凝固组织形态，对铸坯的质量控制至关重要。

对于铸坯的微观组织模拟分析方法很多，主要有以下八种：确定性方法[371,441]、相场法[448,449]、随机方法[450-453]、水平集法[454]、有限扩散凝聚法DLA[455]、界观分析法、尖锐界面法[456]、界面前沿跟踪法[457]。其中，确定性方法、相场法和随机方法在连铸坯微观组织模拟研究中使用较多。

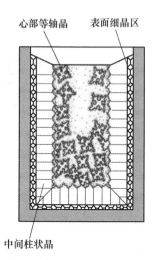

图 8-17　铸件的凝固组织示意图[447]

Cabrera-Marrero 等[458]根据传热模型结合实验数据线性回归、半经验公式开发了一次枝晶臂间距以及二次枝晶臂间距的数学模型，研究铸坯中的微观偏析及宏观偏析，并且通过工业试验及其他人的实验数据验证了模型的准确性。研究结果表明，C、Si、Ni 能够增大一次枝晶臂间距和二次枝晶臂间距，Al、Mn、Cr 可以减小一次枝晶臂间距和二次枝晶臂间距。图 8-18 表明，在普通冷却强度与弱冷条件下实验数据与计算结果的对应情况。可以看出，在弱冷条件下该模型的准确性更高。图 8-19 和图 8-20 分别给出拉速及过热度对一次枝晶臂间距和二次枝晶臂间距的影响。随着拉速的增加能够增大一次枝晶臂间距及二次枝晶臂间距；较高的过热度能够增大一次及二次枝晶臂间距。

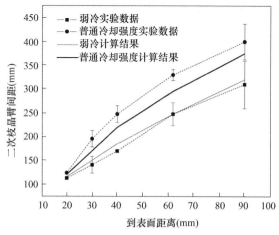

图 8-18　不同冷却条件下实验数据与计算结果的对应情况[458]

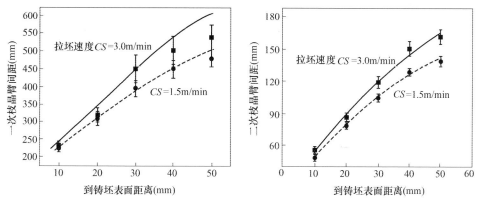

图 8-19　拉速对一次枝晶臂间距和二次枝晶臂间距的影响[458]

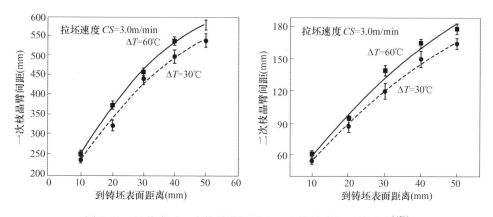

图 8-20　过热度对一次枝晶臂间距和二次枝晶臂间距的影响[458]

日本北海道大学的 Minoru 等[459]运用 CA 法模拟了结晶器电磁搅拌（M-EMS）对含碳量为 0.7% 的高碳钢小方坯凝固组织的影响。他们将有电磁搅拌情况下的钢液热传导率提高 9 倍来表征电磁搅拌对钢液热传导的影响，用没有电磁搅拌情况的异相形核率 R_{Nu} 和有电磁搅拌情况下的总形核率 $R_e = R_{Nu} + R_{Fr}$（其中：$R_{Nu} = 44.4 \text{cm}^{-2} \cdot \text{s}^{-1}$）来表征电磁搅拌对枝晶臂的破碎作用。图 8-21 分别为无电磁搅拌下、只考虑电磁搅拌对传热的影响和既考虑电磁搅拌对传热的影响又考虑电磁搅拌对枝晶臂的破碎作用，模拟出的小方坯横截面凝固组织。由图可知，电磁搅拌可以显著细化晶粒和增加等轴晶率。

清华大学的马长文、沈厚发等[460]采用数值模拟的方式研究了 133mm×133mm 断面的小方坯的中心偏析。他们基于连续模型对方坯连铸的溶质分布进行了数值模拟，分析了枝晶间流动对铸坯中心线偏析的影响。研究表明，沿拉坯方向，中心区域平均溶质质量分数在液相穴末端的糊状区内迅速升高，并在完全凝固时达到最大值，严重的中心偏析集中在中心线周围很小的区域内。

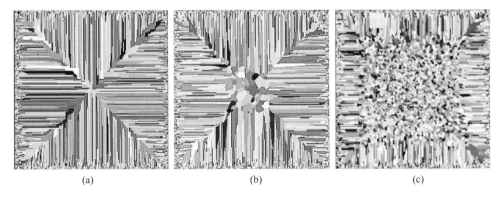

图 8-21　Minoru 等人模拟的连铸坯横截面凝固组织[459]

　　东北大学的张红伟和王恩刚等[461]通过凝固过程局部热力学平衡，建立了连铸方坯紊流流动、凝固传热及溶质传输的三维耦合模型，研究连铸方坯的紊流冲刷对凝壳分布的作用及凝固过程对溶质宏观偏析的影响。模拟结果表明，在结晶器上部，流股钢液形成回旋流动，其中回流的大部分返回主入流股，其余部分随凝固坯壳向下流动，随着铸坯凝固的进行，液相中溶质逐渐富集，最终在铸坯中心区域产生宏观偏析。

　　Victor 等[462]研究了连铸二冷区铸坯凝固末端二元合金的两相热机械性能及宏观偏析模型。他们在计算过程中引入热机械性能和宏观偏析模型。该模型考虑了凝固末端由液相和固相组成的二元混合物中的合金元素行为。通过质量、能量、溶质的微分方程得到宏观的质量、能量、溶质传输方程。假设系统内热量平衡，单独得到系统的混合能量方程。通过引入合适的微观偏析规则，同样可以得到溶质传输方程，从而建立二维有限元模型，实现对铸坯二冷区鼓肚及中心偏析的模拟，并验证讨论了这种模型在工业试验中的准确性。该模型特别有助于阐明二冷区凝固末端的中心偏析行为。

　　在模型中计算了 Fe-0.1%C 钢在浇注过程中板坯厚度为 222mm，连铸机矫直段之前的弧形半径为 12.5m。浇注速度为 1.25m/min，时间步长为 1s。图 8-22 给出了计算中的边界条件及中心偏析结果。

　　任嵬[463]和张炯明等运用 ProCAST 软件的 CAFE 模型模拟了 60Si2Mn 弹簧钢大方坯的凝固组织。在保持其他条件不变的前提下，浇钢过热度为 20℃，二冷比水量分别为 0.309L/kg 和 0.468L/kg，模拟的连铸坯完全凝固后横截面的凝固组织形貌如图 8-23 所示。对比可见，图 8-23 （b）中的等轴晶率较图 8-23 （a）中的略大，且柱状晶和等轴晶的晶粒略细。上述两种条件下，沿 Y 轴正方向对模拟凝固组织的晶粒参数进行统计，计算区域长度为 162.5mm，厚度为 2mm。可

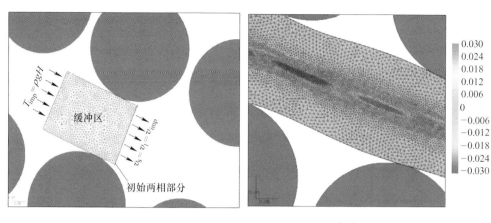

图 8-22　计算边界条件及中心偏析结果[462]

见，二冷区采用强冷后，晶粒密度从 $1.105 \times 10^6 m^{-2}$ 增加到 $1.117 \times 10^6 m^{-2}$，晶粒平均表面积从 $9.053 \times 10^{-7} m^2$ 减小到 $8.953 \times 10^{-7} m^2$，晶粒平均半径从 $745.9 \mu m$ 减小到 $721.8 \mu m$。

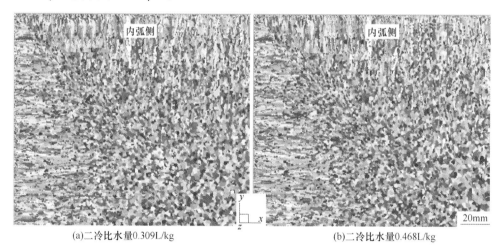

(a)二冷比水量0.309L/kg　　　　　　　　(b)二冷比水量0.468L/kg

图 8-23　不同二冷强度下模拟凝固组织形貌图[463]

（过热度为20℃）

　　龙木军、张立峰等[435]研究分析了实际连铸凝固机理，结合宏观凝固中固相线界面和液相线界面的推移，构建了连铸实际的枝晶生长速率与连铸拉速之间的定量关系；并在此基础上，研究分析了连铸过程中微观晶体的生长机制。采用确定性方法，建立了连铸微观枝晶生长模型，并对微观凝固模型进行了求解。以连铸板坯为研究对象，应用连铸微观枝晶生长模型，对不同拉速条件下的枝晶生长速率、一次枝晶臂间距、二次枝晶臂间距、枝晶尖端半径、枝晶尖端温度、固液界面的温度梯度、固液界面的液相浓度等微观凝固参数在拉坯方向、厚度方向和横向上的分布规律进行了模拟研究；并分析了枝晶生长参数与连铸坯质量的关系。图8-24为铸坯纵向和横向上的枝晶生长速率分布（1/2宽度）。板坯连铸机优化改造前，在距铸坯表面中心线200~400mm处，枝晶生长速率相对较大；而在表面中心处和距边部100~200mm处，枝晶生长速率较小；最大速率相差为0.07mm/s；优化改造后，枝晶生长参数的分布趋于均匀，凝固结构改善效果明显。连铸微观凝固结构的研究为铸坯质量的掌控与提升提供了理论依据。

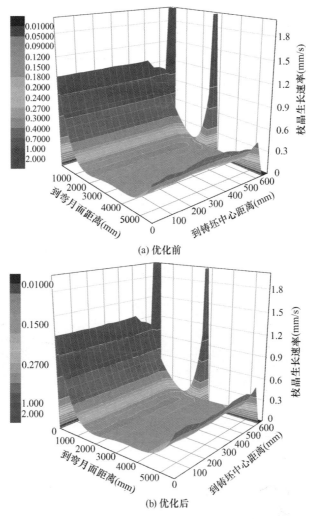

图8-24 铸坯纵向和横向上的枝晶生长速率分布（1/2宽度）[435]

9　连铸坯凝固组织研究

9.1　实验方法

GCr15 轴承钢生产现场采集的钢液成分数据见表 9-1，连铸工艺参数见表 9-2。采用热酸侵蚀的方法获取连铸坯的宏观凝固组织和微观凝固组织，然后对铸坯的晶区进行划分并统计 PDAS 和 SDAS 等微观组织，进而分析钢液凝固过程中枝晶的生长规律，对于控制铸坯的微观偏析具有重要的意义。

表 9-1　GCr15 轴承钢的化学成分

元　素	C	Si	Mn	P	S
含量（%）	0.97	0.21	0.33	0.013	0.007
元　素	Cr	Ni	Cu	Al_{sol}	V
含量（%）	1.47	0.015	0.02	0.028	0.003

表 9-2　GCr15 轴承钢连铸工艺参数

物　理　量	数　值	物　理　量	数　值
最高过热度（℃）	25	连铸机半径（m）	12
拉速（m/min）	0.68	结晶器各面水量（m^3/h）	130
液相线温度（℃）	1457	结晶器各面进出水温差（℃）	7.9
浇注温度（℃）	<1482	M-EMS 搅拌频率（Hz）	2.5
结晶器高度（mm）	800	M-EMS 搅拌电流（A）	450
结晶器工作高度（mm）	700	F-EMS 搅拌频率（Hz）	8
铸坯尺寸（mm^2）	220×300	F-EMS 搅拌电流（A）	750

实验过程所取铸坯样品厚度为 20mm。铸坯样经过铣、磨和抛光等机械加工处理，其表面精度 $R_a = 0.6 \sim 0.8 \mu m$。在此基础上，进行热酸侵蚀处理，使铸坯呈现出凝固组织。

实验过程采用热酸侵蚀法对铸坯样进行腐蚀，具体操作步骤如下：

（1）实验前做好防护工作，佩戴橡胶手套、口罩，穿好防护服等；

（2）配制体积比为 1:1 的盐酸溶液；

（3）将铸坯样放入搪瓷盘中，倒入配置好的盐酸水溶液，直至溶液没过铸坯表面。在侵蚀过程中，溶液的温度控制在 75℃ 左右，侵蚀时间 1~2h，如图 9-1 所示，侵蚀过程中用毛刷不断刷洗铸坯表面，并观察铸坯表面腐蚀情况；

（4）待凝固组织清晰可见时，将铸坯取出后立即用大量白开水冲洗，然后用酒精清洗表面，立即用热吹风将酒精吹干，拍照或者扫描得到铸坯的凝固组织影像。

图 9-1　铸坯酸侵示意图

9.2　铸坯宏观凝固组织测定

铸坯的典型凝固组织如图 9-2 所示。经热酸侵蚀后，能够清晰地显示出宏观凝固组织。凝固组织由激冷层、柱状晶区、混晶区和中心等轴晶区组成。铸坯的全断面凝固组织图像如图 9-3 所示，可用于分析铸坯的宏观凝固组织并统计枝晶的形态，如柱状晶长度、偏角等。在全断面上将各晶区进行划分，然后利用金相图像分析软件 Image-J 进行测量，统计结果如图 9-4 所示。

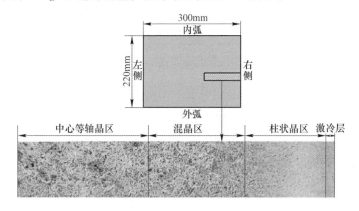

图 9-2　铸坯典型宏观凝固组织

激冷层、柱状晶区、混晶区和中心等轴晶区分别占铸坯横断面的 14.8%、40.1%、28.5% 和 16.8%。统计结果表明，连铸坯激冷层各方向的冷却强度不同，内弧侧的冷却强度大于外弧侧，左侧窄面的冷却强度大于右侧。与外弧相比，内弧的柱状晶生长更为发达且与混晶区分界线较明显。统计连铸坯混晶区和柱状晶区的总宽度表明，内弧侧比外弧侧宽 9.6mm，其长度占总宽度的 4.4%。这是因为在钢液凝固过程中，铸坯内弧侧的冷却强度要强于外弧侧；内弧侧的柱

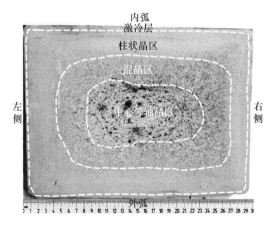

图 9-3 铸坯宏观凝固组织

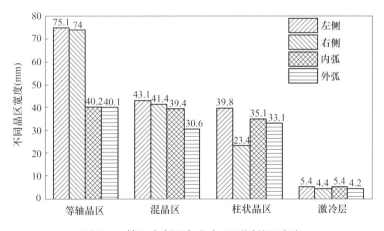

图 9-4 铸坯全断面各方向上不同晶区宽度

状晶是顺着重力方向生长的,而外弧侧是逆重力方向生长的;在钢液流动的作用下,内弧侧折断的枝晶前沿沉降到外弧侧,形成等轴晶区的凝固核心,导致外弧侧等轴晶区宽度增加。统计结果同样表明,铸坯左侧的柱状晶区宽度明显大于右侧,这是因为左侧的冷却强度大于右侧。所以,铸坯的凝固中心位置偏离铸坯的几何中心位置右下 9.9mm。该连铸机生产的铸坯对于以上凝固规律具有普遍性。

9.3 铸坯枝晶臂间距测定

枝晶臂间距是指枝晶之间的垂直距离(图 9-5),枝晶臂间距的大小是铸坯结构细化程度的标志。一般来说,一次枝晶臂间距(Primary Dendrite Arm Spacing,PDAS)取决于温度梯度和凝固速率的乘积,而二次枝晶臂间距(Secondary

Dendrite Arm Spacing，SDAS）则直接取决于冷却速率。取铸坯横断面 1/4（左上部分），在凝固组织中的柱状晶区和混晶区分别选取 3 个视场，中心等轴晶区选取 2 个视场，如图 9-6 所示，分别进行统计。在每个视场中，选取 5 个位置进行测量，统计位置如图 9-7 和图 9-8 所示，统计结果如表 9-3 和表 9-4 所示。统计结果表明在柱状晶区、混晶区和中心等轴晶区的 PDAS 分别为 645μm、1051μm、955μm，SDAS 分别为 204μm、339μm、346μm。

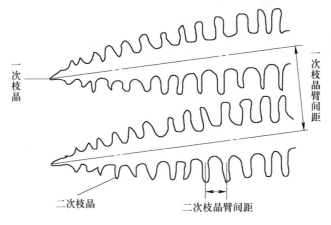

图 9-5　枝晶形态及枝晶臂间距示意图

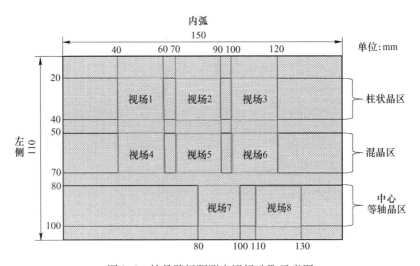

图 9-6　枝晶臂间距测定视场选取示意图

铸坯枝晶臂间距的大小取决于枝晶生长条件，二次枝晶的生长与局部冷却速率有关。关于铸坯凝固区二次枝晶臂间距与冷却速率之间的关系，目前比较认可的是铃木等提出的铃木实验方程：

$$\lambda_2 = 709R^{-0.3} \tag{9-1}$$

式中，λ_2 为二次枝晶臂间距，μm；R 为冷却速率，$^\circ C/\min$。

通过式（9-1）计算出各晶区的局部冷却速率。柱状晶区、混晶区和中心等轴晶区的局部平均冷却强度分别为 23.4$^\circ C/\min$、6.44$^\circ C/\min$ 和 6.12$^\circ C/\min$。计算结果表明柱状晶区的冷却速率要明显强于混晶区和中心等轴晶区，且混晶区和中心等轴晶区冷却强度相差不大，约为柱状晶区的 1/4。

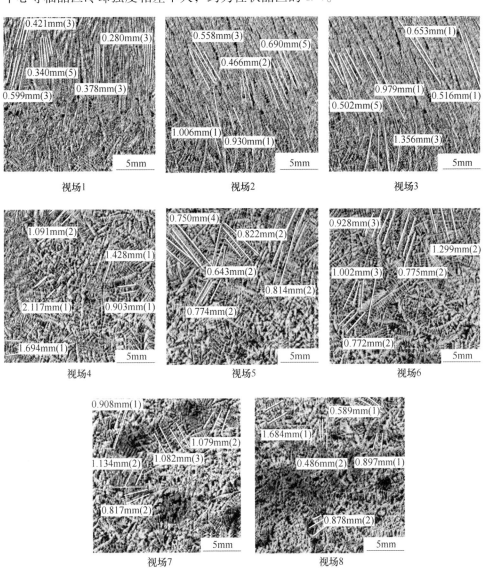

图 9-7　PDAS 测量位置

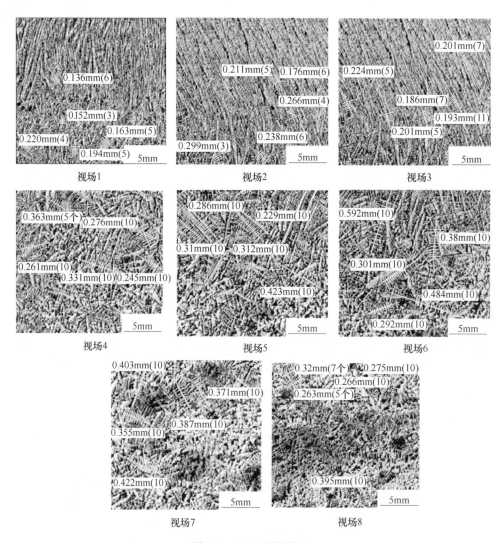

图 9-8 SDAS 测量位置

表 9-3 PDAS 测量结果 （μm）

晶区	视场	枝晶1	枝晶2	枝晶3	枝晶4	枝晶5	平均值
柱状晶区	视场1	421	599	340	378	280	645
	视场2	558	1006	930	466	690	
	视场3	502	979	653	516	1356	
混晶区	视场4	1091	2117	1684	1428	903	1051
	视场5	750	643	774	822	814	
	视场6	928	1002	722	755	1299	
中心等轴晶区	视场7	908	1134	817	1079	1082	955
	视场8	1684	589	897	486	878	

表 9-4　SDAS 测量结果　　　　　　　　　　（μm）

晶区	视场	枝晶 1	枝晶 2	枝晶 3	枝晶 4	枝晶 5	平均值
柱状晶区	视场 1	136	152	220	194	163	204
	视场 2	211	176	266	299	238	
	视场 3	201	224	201	186	193	
混晶区	视场 4	363	261	331	276	245	339
	视场 5	310	286	312	229	423	
	视场 6	592	380	301	292	484	
中心等轴晶区	视场 7	403	355	422	387	371	346
	视场 8	320	263	266	275	395	

9.4　铸坯柱状晶偏转角测定

　　轴承钢铸坯生产采用连铸工艺，并配以电磁搅拌，其结晶器电磁搅拌安装位置如图 9-9 所示。在钢液的凝固过程中，钢液的流动状态会受到电磁力的作用而产生旋转流动。该流动使枝晶凝固前沿的溶质分布不均，从而导致枝晶的生长方向发生偏转，如图 9-10 所示。所以，通过测量铸坯整个断面凝固组织中的柱状晶偏转角度，可以直观地反映出电磁搅拌作用所产生的实际效果。

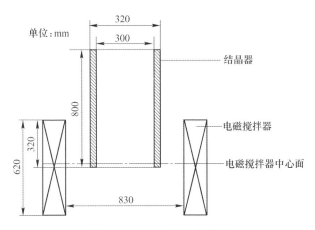

图 9-9　M-EMS 的安装位置

　　轴承钢铸坯柱状晶倾斜角度测定范围如图 9-11 所示，测定区域内均为清晰可辨的柱状晶区。统计测量部分具体分为内弧区、外弧区、左侧窄面区和右侧窄面区四个区域。测量之前，在每个区域的铸坯表面一侧先放置与图片实物相匹配的 1:1 标尺，作为刻画基准线的标识。接下来在图片上从铸坯表面开始，沿柱状

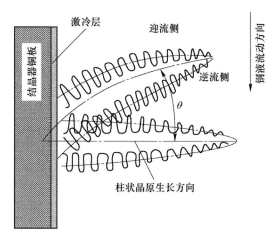

图 9-10　柱状晶偏转角示意图

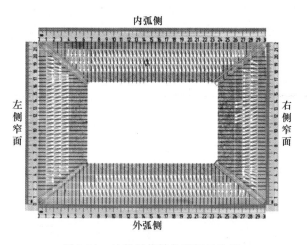

图 9-11　柱状晶偏转角的测量位置

晶生长的方向刻画基准线，相邻线间距为 5mm。之后，再以平行铸坯表面的方向，从铸坯表面起始，每隔 10mm 刻画间隔线，画四条间隔线，每侧区域测量统计 3 个层次的柱状晶偏转角。测量柱状晶偏转角度时以顺时针方向记为正方向，逐个描画出柱状晶的角度箭头，完成后测量箭头方向与基准线间的夹角。

　　轴承钢连铸坯整个横断面各区域柱状晶偏斜角度的统计结果如图 9-12 所示。从图中可以明显看出，偏转角度在各区域的中心位置处最大。在每个区域内，越往角部倾斜角度越小。在角部区域，由于柱状晶生长彼此相互竞争和角部传热的特点，出现对角线上树枝晶交互生长。在角度统计图上表现为倾斜角度出现负值，一次枝晶生长混乱，合金元素容易在此处富集，所以铸坯对角线 R/2 处发生严重偏析。此外，内外弧之间和左右窄面之间，倾斜角度呈中心对称趋势。

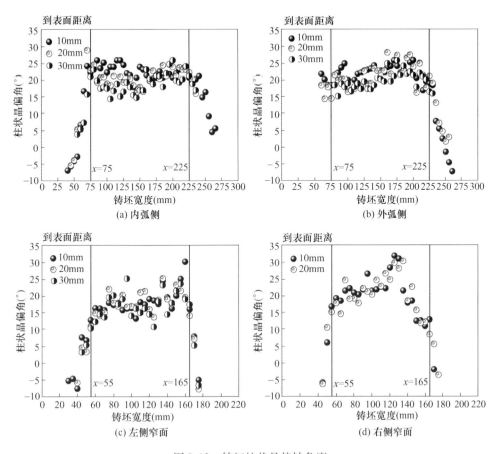

图 9-12 铸坯柱状晶偏转角度

对各边中间位置（图 9-12 两直线间区域，长度占总长 1/2）的倾斜角度取平均值，统计结果如表 9-5 所示。在各测量统计部位的中间区段，柱状晶倾斜角度比较一致，其值在 18°～23°之间。在距表面 10mm、20mm、30mm 的位置处倾斜角度的平均值分别为 22°、21°、19°。从中可以看到，从铸坯表面到内部柱状晶偏转角度减小；内弧和左侧窄面的中间区间内的柱状晶偏转角度的平均值分别小于外弧和右侧窄面。

为了进一步分析柱状晶偏转角，将 1/4 块铸坯每隔 1mm 进行一次腐蚀，然后统计其距内弧侧 20mm 处的柱状晶偏转角度，共统计了腐蚀面从 1mm 到 10mm 的 10 组数据，如表 9-6 所示。统计结果表明这 10 组数据具有相同的变化趋势。将前 9 组数据进行拟合，如图 9-13 所示，柱状晶偏转角与距左侧窄面之间的关系可以表示为：

$$\theta = 27.930 - 1331.487\mathrm{e}^{-0.0745d} \tag{9-2}$$

式中，θ 为柱状晶偏转角，（°）；d 为距左侧窄面的距离，mm。

在厚度方向上为 10mm 的腐蚀面上的柱状晶偏斜角度与前 9 组数据的拟合结果吻合的较好。

表 9-5 轴承钢铸坯各区域中心位置柱状晶偏转角度

区 域	柱状晶偏斜角度		
	距表面距离（mm）	中间位置平均值（°）	总平均值（°）
内弧侧	10	22.482	20.961
	20	21.029	
	30	19.372	
外弧侧	10	22.376	21.245
	20	21.519	
	30	19.841	
左侧窄面	10	18.603	18.304
	20	18.644	
	30	17.665	
右侧窄面	10	21.388	21.302
	20	21.216	

表 9-6 不同腐蚀厚度上的柱状晶偏转角 （°）

距离（mm）	腐 蚀 厚 度									
	1mm	2mm	3mm	4mm	5mm	6mm	7mm	8mm	9mm	10mm
55	-5.8	-5.0	5.1	6.3	3.8	3.7	9.9	5.0	-6.5	-5.1
60	16.7	25.6	10.2	17.7	23.5	26.1	11.6	26.1	22.0	5.1
65	13.2	18.4	18.3	14.3	25.6	20.7	18.4	14.6	23.1	12.3
70	17.0	17.7	7.1	11.6	14.6	21.4	18.9	22.4	26.6	17.3
75	21.2	19.9	12.5	24.4	21.4	24.1	22.5	24.0	25.0	20.3
80	20.2	23.6	16.9	27.1	24.4	26.6	24.2	25.5	27.1	24.5
85	23.9	25.6	24.2	25.0	26.1	27.1	23.0	27.1	27.1	25.0
90	23.3	25.6	25.1	25.1	25.0	25.6	24.9	24.6	17.3	27.1
95	24.2	29.5	26.0	28.1	26.1	27.1	25.4	25.6	25.6	26.6
100	27.5	28.5	28.4	28.4	26.1	25.0	25.4	25.1	26.1	27.1
105	27.5	27.6	28.4	27.1	25.6	26.1	27.7	26.1	29.0	26.1
110	27.5	29.0	27.2	26.6	27.1	27.6	28.2	27.1	28.5	25.6
115	27.5	29.5	29.1	27.6	28.1	28.1	28.2	27.1	28.0	23.5
120	27.5	29.5	29.7	29.4	29.6	27.6	27.7	27.6	28.1	24.5

续表9-6

距离	腐 蚀 厚 度									
(mm)	1mm	2mm	3mm	4mm	5mm	6mm	7mm	8mm	9mm	10mm
125	27.5	29.5	29.7	29.4	26.0	25.0	28.2	26.1	28.1	25.6
130	27.5	29.5	29.7	29.4	26.1	26.1	26.0	25.0	29.5	28.7
135	27.5	29.5	29.7	29.4	28.5	27.6	28.2	27.1	29.6	27.6
140	27.5	29.5	29.7	29.4	28.6	29.5	27.1	28.1	29.0	28.9
145	27.5	29.5	29.7	29.4	30.0	28.5	29.3	30.3	30.0	29.6

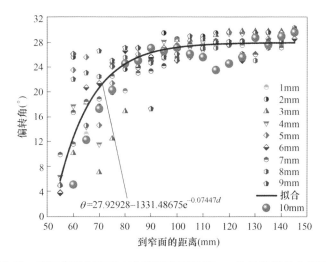

图 9-13 不同腐蚀深度下在内弧侧表面下 20mm 处的偏转角分布情况

10 电磁搅拌下轴承钢连铸坯柱状晶偏转角的模拟仿真研究

10.1 模型描述

为了进一步讨论柱状晶偏转角，通过 ANSYS 软件的电磁场模块计算了结晶器电磁搅拌的电磁场；然后将磁场数据通过自编的程序导入到 FLUENT 中计算结晶器内的钢液流场；最终输出了钢液内的电磁力和钢液流场，并讨论了其与柱状晶偏转角的关系。

10.1.1 电磁场计算模型

由于连铸过程结晶器电磁搅拌所采用的电源为低频，计算过程的电流变化较小，可以忽略不计，认为该搅拌现象为磁准静态问题。结晶器电磁搅拌的计算都是基于磁准静态方程进行的。为了能够准确描述结晶器电磁搅拌现象的磁场准静态特征，需要结合磁场计算过程的麦克斯韦方程组及基本方程，推导结晶器搅拌现象的磁场传输方程。

ANSYS 的电磁场计算过程是基于麦克斯韦方程组进行的，该方程组实际由四个定律组成，分别为电磁感应定律、高斯定律、安培环路定律和法拉第电磁感应定律，其微分形式分别如下：

$$\nabla \cdot D = \rho \tag{10-1}$$

$$\nabla \cdot \boldsymbol{B} = 0 \tag{10-2}$$

$$\boldsymbol{J} + \frac{\partial D}{\partial t} = \nabla \times H \tag{10-3}$$

$$\nabla \times E = -\frac{\partial \boldsymbol{B}}{\partial t} \tag{10-4}$$

式中，∇ 为向量算子；$\boldsymbol{B}$ 为磁感应强度，T；D 为电通密度，C/m^2；$\boldsymbol{J}$ 为传导电流密度矢量，A/m^2；H 为磁场强度，A/m；E 为电场强度，V/m；t 为时间，s；ρ 为导体电导率，S/m。

根据以上的方程组，安培环路定律可以变换为：

$$\boldsymbol{J} = \frac{1}{\mu} \nabla \times \boldsymbol{B} \tag{10-5}$$

式（10-5）中的 $\boldsymbol{B}$ 可以表示为：

$$\boldsymbol{B} = \mu_0 \mu_r H = \mu H \tag{10-6}$$

守恒方程：

$$\nabla \cdot \boldsymbol{J} = 0 \tag{10-7}$$

欧姆定律可变换为：

$$\boldsymbol{J} = \sigma(E + \boldsymbol{u} \times \boldsymbol{B}) \tag{10-8}$$

连续性方程：

$$\nabla \cdot \boldsymbol{u} = 0 \tag{10-9}$$

根据以上几组方程推导电磁场的计算过程。

在欧姆定律式（10-8）两端叉乘得式（10-10）：

$$\nabla \times \boldsymbol{J} = \nabla \times \sigma(E + \boldsymbol{u} \times \boldsymbol{B}) \tag{10-10}$$

将安培定律（10-5）代入式（10-10）得式（10-11）：

$$\frac{1}{\mu} \nabla \times \nabla \times \boldsymbol{B} = \nabla \times \sigma(E + \boldsymbol{u} \times \boldsymbol{B}) \tag{10-11}$$

进一步整理得式（10-12）：

$$\nabla \times \nabla \times \boldsymbol{B} = \mu\sigma \nabla \times E + \mu\sigma \nabla \times (\boldsymbol{u} \times \boldsymbol{B}) \tag{10-12}$$

对式（10-12）进行矢量关系分析得式（10-13）：

$$\nabla \times (\nabla \times \boldsymbol{B}) = -\nabla^2 \boldsymbol{B} + \nabla(\nabla \cdot \boldsymbol{B}) \tag{10-13}$$

和式（10-4）联立整理得式（10-14）：

$$\nabla(\nabla \cdot \boldsymbol{B}) - \nabla^2 \boldsymbol{B} = -\mu\sigma \frac{\partial \boldsymbol{B}}{\partial t} + \mu\sigma \nabla \times (\boldsymbol{u} \times \boldsymbol{B}) \tag{10-14}$$

由式（10-2），得：

$$\nabla^2 \boldsymbol{B} - \mu\sigma \frac{\partial \boldsymbol{B}}{\partial t} = -\mu\sigma \nabla \times (\boldsymbol{u} \times \boldsymbol{B}) \tag{10-15}$$

将次扩散率 $\lambda_m = (\mu\sigma)^{-1}$ 代入整理得式（10-16）：

$$\frac{\partial \boldsymbol{B}}{\partial t} - \nabla \times (\boldsymbol{u} \times \boldsymbol{B}) = \lambda_m \nabla^2 \boldsymbol{B} \tag{10-16}$$

进一步由矢量关系分析得：

$$\nabla \times (\boldsymbol{u} \times \boldsymbol{B}) = \boldsymbol{u}(\nabla \cdot \boldsymbol{B}) - \boldsymbol{B}(\nabla \cdot \boldsymbol{u}) + (\boldsymbol{B} \cdot \nabla)\boldsymbol{u} - (\boldsymbol{u} \cdot \nabla)\boldsymbol{B} \tag{10-17}$$

由式（10-2）和式（10-9）联立得式（10-18）：

$$\nabla \times (\boldsymbol{u} \times \boldsymbol{B}) = (\boldsymbol{B} \cdot \nabla)\boldsymbol{u} - (\boldsymbol{u} \cdot \nabla)\boldsymbol{B} \tag{10-18}$$

最终推导出磁场的传输方程：

$$\frac{\partial \boldsymbol{B}}{\partial t} + (\boldsymbol{u} \cdot \nabla)\boldsymbol{B} = (\boldsymbol{B} \cdot \nabla)\boldsymbol{u} + \lambda_m \nabla^2 \boldsymbol{B} \tag{10-19}$$

磁场在直角坐标系下的传输可以在三个方向上进行，进而可以通过以下三组标量方程进行表示：

$$\frac{\partial \boldsymbol{B}_x}{\partial t} + \left[\frac{\partial}{\partial y}(v_x \boldsymbol{B}_y - v_y \boldsymbol{B}_x) - \frac{\partial}{\partial z}(v_z \boldsymbol{B}_x - v_x \boldsymbol{B}_z) \right] = \lambda_m \left(\frac{\partial^2 \boldsymbol{B}_x}{\partial x^2} + \frac{\partial^2 \boldsymbol{B}_x}{\partial y^2} + \frac{\partial^2 \boldsymbol{B}_x}{\partial z^2} \right)$$

$$\tag{10-20}$$

$$\frac{\partial \boldsymbol{B}_y}{\partial t} + \left[\frac{\partial}{\partial z}(v_y \boldsymbol{B}_z - v_z \boldsymbol{B}_y) - \frac{\partial}{\partial x}(v_x \boldsymbol{B}_y - v_y \boldsymbol{B}_x) \right] = \lambda_m \left(\frac{\partial^2 \boldsymbol{B}_y}{\partial x^2} + \frac{\partial^2 \boldsymbol{B}_y}{\partial y^2} + \frac{\partial^2 \boldsymbol{B}_y}{\partial z^2} \right) \tag{10-21}$$

$$\frac{\partial \boldsymbol{B}_z}{\partial t} + \left[\frac{\partial}{\partial y}(v_z \boldsymbol{B}_x - v_x \boldsymbol{B}_z) - \frac{\partial}{\partial z}(v_y \boldsymbol{B}_z - v_z \boldsymbol{B}_y) \right] = \lambda_m \left(\frac{\partial^2 \boldsymbol{B}_z}{\partial x^2} + \frac{\partial^2 \boldsymbol{B}_z}{\partial y^2} + \frac{\partial^2 \boldsymbol{B}_z}{\partial z^2} \right) \tag{10-22}$$

式中，$\boldsymbol{B}_x$、$\boldsymbol{B}_y$、$\boldsymbol{B}_z$ 分别为 x、y、z 方向上的磁场分量；v_x、v_y、v_z 分别为在 x、y、z 方向上的速度分量。

一旦确定磁感应强度和传导电流密度矢量，根据式（10-23）可以计算洛伦兹力，进而可以推导电磁力与磁感应强度之间的关系，具体推导过程如下：

$$\boldsymbol{F} = \boldsymbol{J} \times \boldsymbol{B} \tag{10-23}$$

将式（10-5）代入式（10-23）得式（10-24）：

$$\boldsymbol{F} = \boldsymbol{J} \times \boldsymbol{B} = \frac{1}{\mu}(\nabla \times \boldsymbol{B}) \times \boldsymbol{B} \tag{10-24}$$

通过矢量分析关系得式（10-25）：

$$(\nabla \times \boldsymbol{B}) \times \boldsymbol{B} = (\boldsymbol{B} \cdot \nabla)\boldsymbol{B} - \frac{1}{2}\nabla(\boldsymbol{B} \cdot \boldsymbol{B}) \tag{10-25}$$

进一步整理得式（10-26）：

$$\boldsymbol{F} = \boldsymbol{J} \times \boldsymbol{B} = \frac{1}{\mu}(\nabla \times \boldsymbol{B}) \times \boldsymbol{B} = \frac{1}{\mu}(\boldsymbol{B} \cdot \nabla)\boldsymbol{B} - \nabla\left(\frac{\boldsymbol{B}^2}{2\mu}\right) \tag{10-26}$$

梯度项 $-\nabla\left(\dfrac{\boldsymbol{B}^2}{2\mu}\right)$ 代表磁压力项，有旋项 $(\boldsymbol{B} \cdot \nabla)\dfrac{\boldsymbol{B}}{\mu}$ 代表在流体中引起运动的力。

电磁力的计算同样需要在 x、y、z 三个方向分别进行计算。在直角坐标系下进行计算时，式（10-5）可以表示为：

$$\boldsymbol{J} = \frac{1}{\mu} \begin{vmatrix} \boldsymbol{i} & \boldsymbol{j} & \boldsymbol{k} \\ \dfrac{\partial}{\partial x} & \dfrac{\partial}{\partial x} & \dfrac{\partial}{\partial x} \\ B_x & B_y & B_z \end{vmatrix} = \frac{1}{\mu}\left[\left(\frac{\partial B_z}{\partial y} - \frac{\partial B_y}{\partial z}\right)\boldsymbol{i} + \left(\frac{\partial B_x}{\partial z} - \frac{\partial B_z}{\partial x}\right)\boldsymbol{j} + \left(\frac{\partial B_y}{\partial x} - \frac{\partial B_x}{\partial y}\right)\boldsymbol{k} \right]$$

$$\tag{10-27}$$

式（10-23）可以表示为：

$$\boldsymbol{F} = \frac{1}{\mu} \begin{vmatrix} \boldsymbol{i} & \boldsymbol{j} & \boldsymbol{k} \\ J_x & J_y & J_z \\ B_x & B_y & B_z \end{vmatrix} = \frac{1}{\mu}\left[(J_y B_z - J_z B_y)\boldsymbol{i} + (J_z B_x - J_x B_z)\boldsymbol{j} + (J_x B_y - J_y B_x)\boldsymbol{k} \right]$$

$$\tag{10-28}$$

将式（10-27）代入式（10-28）整理得电磁力的计算式（10-29），如下：

$$F = \frac{1}{\mu}\left\{\left[\left(\frac{\partial B_x}{\partial z} - \frac{\partial B_z}{\partial x}\right)B_z - \left(\frac{\partial B_y}{\partial x} - \frac{\partial B_x}{\partial y}\right)B_y\right]\boldsymbol{i} + \left[\left(\frac{\partial B_y}{\partial x} - \frac{\partial B_x}{\partial y}\right)B_x - \left(\frac{\partial B_z}{\partial y} - \frac{\partial B_y}{\partial z}\right)B_z\right]\boldsymbol{j} + \right.$$

$$\left.\left[\left(\frac{\partial B_z}{\partial y} - \frac{\partial B_y}{\partial z}\right)B_y - \left(\frac{\partial B_x}{\partial z} - \frac{\partial B_z}{\partial x}\right)B_x\right]\boldsymbol{k}\right\} \tag{10-29}$$

实际作用于流体上的电磁力用时谐平均值计算，如式（10-30）所示：

$$F_{em} = \frac{1}{2}\mathrm{Re}(\boldsymbol{J} \times \boldsymbol{B}^*) \tag{10-30}$$

式中，$\boldsymbol{B}^*$ 为磁感应强度的共轭复数；$\mathrm{Re}(\boldsymbol{J} \times \boldsymbol{B}^*)$ 为复杂矢量积（$\boldsymbol{J} \times \boldsymbol{B}^*$）的实数部分。

电磁场计算的初始条件为电源采用三相低频电源，各项电流的相位差为120°，相对应的两个线圈施加相同的电流，分析方式为谐波分析。计算时刻不同时，磁场具有相同的分布形式，但是两者之间具有一定的角度。当边界条件为平行条件时，需要施加磁力线平行条件；为垂直条件时，自然发生不用施加。ANSYS 电磁场计算过程所采用的几何模型和网格如图 10-1 所示。

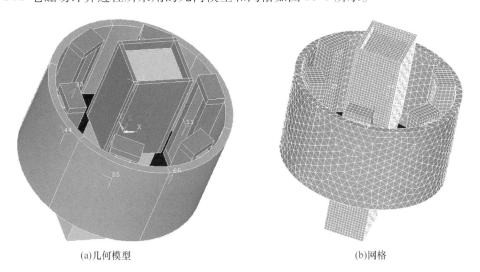

(a)几何模型　　　　　　　　　　　　　　　　(b)网格

图 10-1　ANSYS 电磁场计算模型

10.1.2　流场计算模拟

由于 ANSYS 和 FLUNET 的计算原理是不同的，ANSYS 是基于网格节点进行计算的，而 FLUNET 是基于单元进行计算的，两者之间的关系如图 10-2 所示。所以在 ANSYS 计算完成后，需将磁场分成实部和虚部分别输出，然后根据拉格朗日插值原理，将磁场进行重新插值分布，把插值完成的 .mag 格式文件导入到 FLUNET 的 MHD 模型中作为流场计算的磁场源项。

ANSYS单元的8个节点　　　　　　　　　　FLUENT单元的中心

$f(x,y,z)$　　　　　　　　　　　　　　　　$f(x'y'z')$

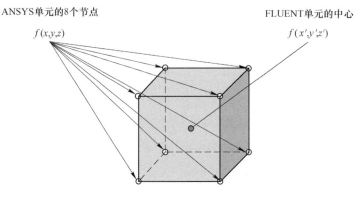

图 10-2　三维插值示意图

为了提高计算的准确性和精确度，基于软件 Matlab 开发出了 ANSYS 与 FLU-NET 中 MHD（Magnetohydrodynamics）模型接口软件，其工作界面如图 10-3 所示。

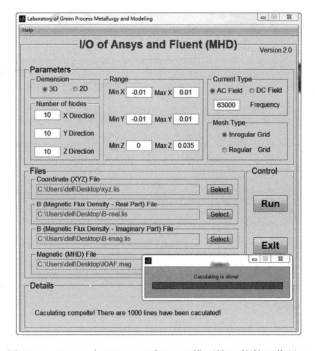

图 10-3　ANSYS 与 FLUENT 中 MHD 模型接口软件工作界面

ANSYS 与 FLUNET 中 MHD（Magnetohydrodynamics）模型接口软件是基于三维拉格朗日插值定理进行的。FLUNET 单元网格节点的任意点 $f(x'，y'，z')$ 在 ANSYS 中对应的点为 $f(x_i，y_i，z_k)$，然后根据其周围的 8 个节点 $f(x_{i+1}，y_j，z_k)$，

$f(x_i, y_{j+1}, z_k)$, $f(x_{i+1}, y_{j+1}, z_k)$, $f(x_i, y_{j+1}, z_k)$, $f(x_{i+1}, y_j, z_{k+1})$, $f(x_i, y_j, z_{k+1})$, $f(x_{i+1}, y_{j+1}, z_{k+1})$, $f(x_i, y_{j+1}, z_{k+1})$ 进行三维插值，插值过程应用杠杆原则，具体计算过程根据式（10-31）~式（10-37）进行。

$$f(x', y_j, z_k) = f(x_i, y_j, z_k) + \frac{x' - x_i}{x_{i+1} - x_i}[f(x_{i+1}, y_j, z_k) - f(x_i, y_j, z_k)] \quad (10\text{-}31)$$

$$f(x', y_{j+1}, z_k) = f(x_i, y_{j+1}, z_k) + \frac{x' - x_i}{x_{i+1} - x_i}[f(x_{i+1}, y_{j+1}, z_k) - f(x_i, y_{j+1}, z_k)] \quad (10\text{-}32)$$

$$f(x', y', z_k) = f(x', y_j, z_k) + \frac{y' - y_i}{y_{j+1} - y_j}[f(x', y_{j+1}, z_j) - f(x', y_j, z_k)] \quad (10\text{-}33)$$

$$f(x', y', z_{k+1}) = f(x_i, y_j, z_{k+1}) + \frac{x' - x_i}{x_{i+1} - x_i}[f(x_{i+1}, y_j, z_{k+1}) - f(x_i, y_j, z_{k+1})] \quad (10\text{-}34)$$

$$f(x', y_{j+1}, z_{k+1}) = f(x_i, y_{j+1}, z_{k+1}) + \frac{x' - x_i}{x_{i+1} - x_i}[f(x_{i+1}, y_{j+1}, z_{k+1}) - f(x_i, y_{j+1}, z_{k+1})] \quad (10\text{-}35)$$

$$f(x', y_{j+1}, z_{k+1}) = f(x', y_j, z_{k+1}) + \frac{y' - y_j}{y_{j+1} - y_j}[f(x', y_{j+1}, z_{k+1}) - f(x', y_j, z_{k+1})] \quad (10\text{-}36)$$

$$f(x', y', z') = f(x', y', z_k) + \frac{z' - z_k}{z_{k+1} - z_k}[f(x', y', z_{k+1}) - f(x', y', z_k)] \quad (10\text{-}37)$$

实际结晶器内的液体流动现象与电磁现象结合在一起是非常复杂的，所以在进行结晶器流场模拟之前，需要进行一定的简化和假设。

（1）不考虑结晶器锥度及振动对流动的影响；

（2）不考虑钢液液面波动及保护渣对流动的影响；

（3）不考虑钢液凝固对流动的影响；

（4）结晶器内的钢液为不可压缩流体，浇注过程为稳态浇注；

（5）结晶器内的钢液按均相介质处理，其黏度和密度等为常数；

（6）在电磁场作用下，钢液仅受到重力及电磁力的驱动；

（7）不考虑感生电流产生的磁场。

计算中的连续性方程和动量方程如下，流体受到的洛伦兹力以原项的形式加入到动量方程中，如式（10-39）所示：

$$\frac{\partial(\rho u_j)}{\partial x_j} = 0 \quad (10\text{-}38)$$

$$\rho u \cdot \nabla \cdot u - \nabla(\mu_{\text{eff}} \cdot \nabla \cdot u) = -\nabla \cdot P + \rho g + F_{\text{em}} \quad (10\text{-}39)$$

式中，ρ 为流体密度，kg/m³；u_j 为 x、y、z 的速度分量，m/s；x_j 为 x、y、z 方向上的距离，m；P 为压强，Pa；F_{em} 为时谐平均洛伦兹力，N/m³；μ_{eff} 为有效黏度，kg/(m·s)，其形式如式（10-40）。

$$\mu_{eff} = \mu_1 + \mu_t \tag{10-40}$$

式中，μ_1 为流体层流黏度，kg/(m·s)；μ_t 为流体湍动能黏度，kg/(m·s)。湍动能黏度由 $k\text{-}\varepsilon$ 湍动能方程计算：

$$\rho\frac{\partial k}{\partial t} + \rho u \cdot (\nabla \cdot k) = \nabla \cdot \left[\left(\mu + \frac{\mu_t}{\sigma_k}\right)\nabla k\right] + G_k + G_b - \rho\varepsilon \tag{10-41}$$

$$\rho\frac{\partial \varepsilon}{\partial t} + \rho u \cdot (\nabla \cdot \varepsilon) = \nabla \cdot \left[\left(\mu + \frac{\mu_t}{\sigma_\varepsilon}\right)\nabla\varepsilon\right] + C_1\frac{\varepsilon}{k}(G_k + C_3 G_b) - C_2\rho\frac{\varepsilon^2}{k}$$

$$\tag{10-42}$$

式中，G_k 为平均速度梯度产生的湍动能，m²/s²；G_b 为浮力产生的湍动能，m²/s²；C_1、C_2、C_3 为常数，其中 $C_1 = 1.44$，$C_2 = 1.92$；σ_k、σ_ε 分别为 k 和 ε 的普朗特常数 $\sigma_k = 1$、$\sigma_\varepsilon = 1.3$。

结晶器在浇注过程中采用直通型水口，划分网格时为了考虑壁面处计算结果的准确性，结晶器四周的网格要经过加密。模拟过程中的水口及网格如图 10-4 所示，网格总量为 34.2 万个。将网格导入 FLUENT 中耦合，将 ANSYS 导出的磁场数据作为源相，设置计算过程的边界条件和开始计算。确定边界条件时，入口处设置为速度入口边界条件，用式（10-43）计算，出口处设置为压力出口边界条件，结晶器液面（上表面）为自由液面边界条件，结晶器壁面处为无滑移边界条件。

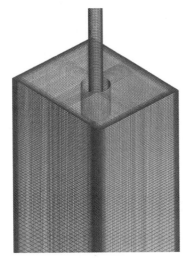

(a)斜视网格

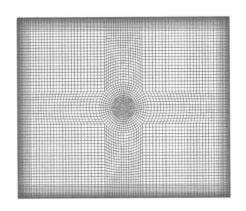

(b)俯视网格

图 10-4　钢液流动计算网格

$$v_{\text{inlet}} = \frac{v_c ab}{\rho_1 \pi r^2} \qquad (10\text{-}43)$$

式中，v_c 为拉速，m/s；a 为铸坯宽度，m；b 为铸坯厚度，m；ρ_1 为钢液密度，kg/m³；r 为水口半径，m。

10.2 模型验证

图 10-5 给出在相同电磁场参数下，从结晶器顶部到出结晶器沿结晶器中心线上实验测量和计算的磁场强度对比图，电磁场参数为 300A/2.2Hz。结晶器中心线上的磁场呈现为高斯分布，在距结晶器顶端 900mm 的位置出现最大值，约为 0.07T。从图中可以看出，计算结果与实验结果吻合的较好，该模型能够正确反应结晶内钢液的电磁场分布情况。

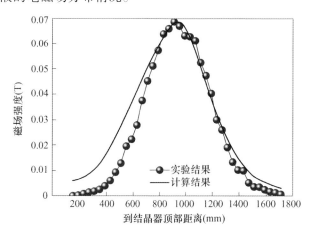

图 10-5 结晶器中心线上实验测量和计算的磁场强度

10.3 电磁力场和流场

结晶器电磁搅拌器中心面上的电磁力场和流场如图 10-6 所示。计算结果表明，在电磁场的作用下，钢液中产生旋转电磁力，其值从 1000N/m³ 变化到 3500N/m³，如图 10-6（a）所示。在该电磁力的作用下，钢液产生了水平旋转运动，如图 10-6（b）所示，其值从 0.10m/s 变化到 0.50m/s。

柱状晶偏转角主要与旋转电磁力诱导产生的钢液流速存在密切的关系。利用该模型在测量柱状晶偏转角相同的位置输出结晶器中心面（结晶器底端向上 10mm）上旋转电磁力和钢液流速，如图 10-7 所示。从图中可以看出，由于电磁场的集肤效应，电磁力在钢液角部出现最大值，在中间出现最小值，其值在

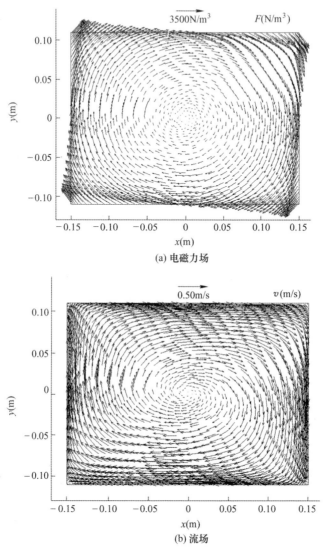

(a) 电磁力场

(b) 流场

图 10-6　M-EMS 中心面上的各场分布

$1200 \sim 2800 \mathrm{N}/\mathrm{m}^3$ 之间；而钢液的旋转速度与电磁力具有相反的变化趋势，在结晶器中间位置达到最大值，在角部出现最小值。这是因为结晶器角部的铜板垂直于钢液原本流动的方向，钢液出现了动量损失，从而导致流速减小。

图 10-8（a）表明钢液受到的电磁力与柱状晶偏转角具有相反的变化趋势，其值随着电磁力的增加而减小。所以，柱状晶偏转角是由电磁力引起钢液旋转流动而造成的，不是由电磁力的直接作用造成的。

在相同位置上输出该模型计算的钢液流速，然后将其与测量的柱状晶偏转角

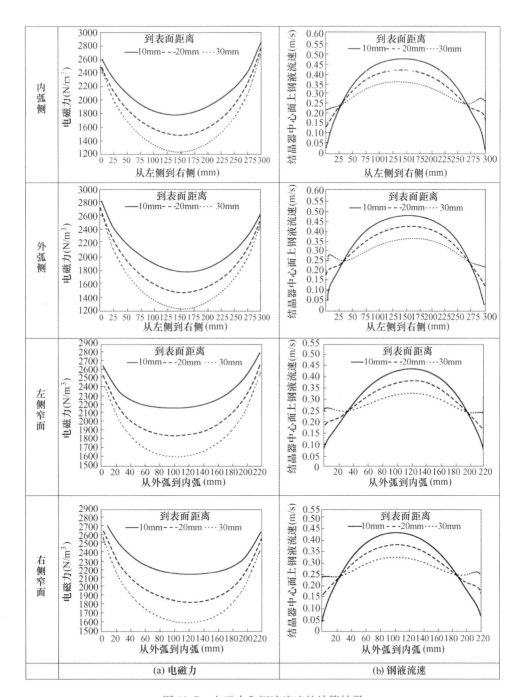

图 10-7 电磁力和钢液流速的计算结果

通过拟合构建柱枝晶偏转角与钢液流速之间的关系，如图 10-8（b）所示。两者

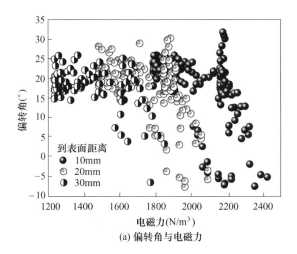

(a) 偏转角与电磁力

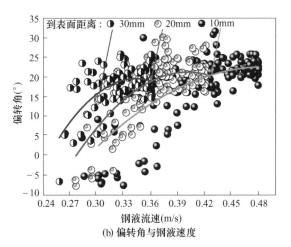

(b) 偏转角与钢液速度

图 10-8 柱状晶偏转角与电磁力和钢液流速的关系

之间的关系可以用式（10-44）表示：

$$\begin{cases} x = 10mm, & \theta = -118.5 + 581.0v - 597.6v^2 \\ x = 20mm, & \theta = -205.3 + 1129.6v - 1407.2v^2 \\ x = 30mm, & \theta = -233.5 + 1474.5v - 2146.7v^2 \end{cases} \quad (10\text{-}44)$$

式中，v 为钢液速度，m/s。

　　从图中可以看出，柱状晶偏角随着钢液流速的增加而增大，这是因为随着钢液流速的增加，枝晶前沿的迎流侧与逆流侧之间的浓度梯度及温度梯度增大。当钢液流速达到 0.30m/s 时，钢液流速的进一步增大对枝晶前沿的溶质场和温度场的影响几乎不再变化。所以，对于轴承钢来说，钢液流速超过 0.30m/s 时，铸坯的柱状晶偏转角达到最大值，不再发生变化。

10.4 柱状晶长度的测定

钢液在冷却凝固过程中，柱状晶的生长除了受到电磁搅拌作用的影响外，还会受到温度梯度的影响，柱状晶之间也会相互产生干涉。为了观察柱状晶在铸坯不同位置的生长规律，统计测量了单个柱状晶的长度。测定的区域为轴承钢连铸坯的内弧左侧 1/4 位置。

在测量柱状晶长度的过程中，能够明显地观察到柱状晶的倾斜生长，测定方法如图 10-9 所示。测量之前，同样在铸坯一侧标示与图片实物相匹配的 1:1 的标

图 10-9　柱状晶长度测量位置

尺，作为刻画基准线的标识。将内弧侧每隔 20mm 划分一个测量区间，共 7 个区间，在每个区间内随机画出 10 条清晰可见的柱状晶，完成后，利用 Image-J 软件逐个测量其长度。柱状晶长度的测量结果见表 10-1。将每个区域的柱状晶长度平均值绘制成误差图，如图 10-10 所示。从图中能够看出，中心部位的柱状晶平均长度达到 26mm，边部位置的

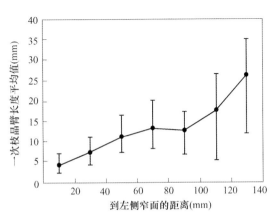

图 10-10　柱状晶长度的变化趋势

柱状晶长度小于10mm，表明从铸坯边部到中心，柱状晶的长度逐渐增大。这是因为在铸坯的中间位置，冷却强度较大，温度梯度较大，柱状晶生长空间充足，相较于铸坯的角部，柱状晶生长更为发达。

表 10-1　柱状晶长度测量结果　　　　　　　　　（mm）

柱状晶编号	到左侧窄面的距离（mm）						
	0~20	20~40	40~60	60~80	80~100	100~120	120~140
1	5.22	5.88	9.20	12.77	16.44	23.72	26.99
2	5.46	4.36	10.06	10.03	14.41	20.39	26.16
3	2.39	6.28	14.06	15.63	15.18	24.35	28.34
4	3.35	4.28	8.63	8.16	13.65	5.56	22.62
5	7.13	9.22	9.29	10.18	17.30	25.06	30.42
6	3.83	5.89	8.19	19.05	6.60	5.24	31.51
7	3.57	6.76	7.26	10.76	14.50	14.37	34.80
8	3.71	10.64	10.99	20.20	11.34	26.55	29.29
9	4.06	11.19	16.67	11.37	8.01	8.67	20.24
10	4.39	9.77	16.37	14.97	9.97	21.78	11.86
平均长度	4.31	7.43	11.07	13.31	12.74	17.57	26.22

10.5　结晶器电磁搅拌对连铸坯凝固组织的影响

结晶器电磁搅拌能够改变钢水的流动情况，从而改变结晶器内钢水的热量散失过程，并且会干扰树枝晶在凝固过程中的生长，最终表现为不同电磁搅拌参数下具有不同的凝固组织结构。本节主要讨论结晶器电磁搅拌参数对连铸坯凝固组织的影响。设计4组不同搅拌参数下的工业试验，然后使用金相分析软件分别对铸坯横断面的宏观凝固和微观凝固组织进行分析。通过对比以上4组不同参数下的凝固组织，确定该钢最优的结晶器电磁搅拌生产参数。根据已有的工业实际生产参数，制订实验计划，如表10-2所示。为了保证实验过程的唯一变量原则，将4炉钢水的过热度差异控制在2℃以内，其他参数保持不变。实验铸坯同样采用热酸腐蚀法获得凝固组织，进行分析统计。

表 10-2　工业试验方案

坯号	过热度（℃）	拉速（m/min）	M-EMS（A/Hz）	F-EMS（A/Hz）
1	27	0.55	220/2.0	150/8.0
2	27	0.55	220/2.2	150/8.0
3	28	0.55	160/2.2	150/8.0
4	26	0.55	100/2.2	150/8.0

晶区划分：铸坯经热酸腐蚀后，在横断面上能够清晰地显示出宏观凝固组

织，包括由细小等轴晶组成的激冷层、柱状晶、混晶区及中心等轴晶区。将高分辨率扫描图输入计算机，用图像分析软件对凝固组织进行划分并测量，如图10-11所示（以2号铸坯为例）。

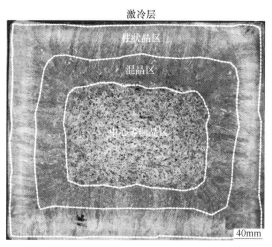

图 10-11　2号铸坯宏观凝固组织

PDAS 和 SDAS 测量方法：截取铸坯 1/4 断面来统计 PDAS 和 SDAS，测量视场分布如图10-12所示。在 1/4 铸坯断面上的柱状晶区取 P1～P7 共 7 个视场测量 PDAS，每个视场选取 5 个位置进行测量，然后求其平均值；在混晶区和等轴晶区共选取 70 个视场 S1～S70 测量 SDAS，所选视场中，每个视场取 5 个位置进行统计。每块铸坯约统计 1750 个 SDAS，最后求其平均值。

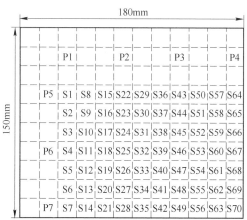

图 10-12　枝晶臂间距测量视场选取示意图

柱状晶偏角的测量方法：铸坯柱状晶偏斜角度测定位置如图10-13所示（以2号铸坯为例）。所测量统计区域分为内弧侧、外弧侧、左侧窄面和右侧窄面四个区域。测量之前，在每个区域的铸坯表面一侧先标示与图片实物相匹配的 1:1

的标尺，作为刻画基准线的标识。接下来在图片上从铸坯表面开始，沿柱状晶生长的方向刻画基准线，再以平行铸坯表面的方向，从铸坯表面开始画间隔线。测量柱状晶偏转角度时，以逆时针方向偏转为正方向，在统计内弧区和外弧区时，以竖直线为0°，统计左侧窄面和右侧窄面时则以水平线为0°，然后逐一画出偏转角度箭头，最后测量柱状晶的偏转角度。

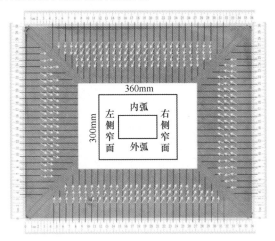

图 10-13　2 号铸坯柱状晶倾斜角度测量位置

柱状晶长度的测量方法：为了进一步观察柱状晶在铸坯不同部位的生长规律，统计测量了柱状晶区单个柱状晶的长度，进行测定的区域为 4 块铸坯的内弧侧和外弧侧区域，测定位置如图 10-14 所示（以 2 号铸坯为例）。在内弧侧和外

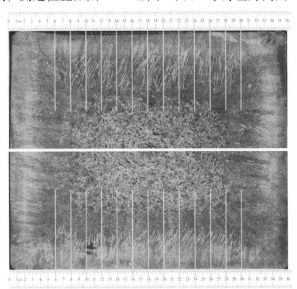

图 10-14　2 号铸坯柱状晶长度测量位置

弧侧区域内每隔20mm划分一个测量区间，共12个区间，每个区间内描画出10条可分辨的完整的柱状晶，最后逐个测量每条柱状晶的长度。

10.6 不同搅拌参数下的电磁场模拟

连铸是一个复杂的多场耦合的钢液凝固过程，很多重要参数不能通过实验获得，但是数值模拟能够获得该封闭体系内的各物理场。本节主要通过数值模拟的方法计算得到结晶器内的各物理场，然后构建这些物理场与凝固组织的关系。通过实验的方法获取凝固特征参数，最终评估电磁场强度并确定最优的电磁参数。为了能够更加全面地评价电磁参数与凝固过程中各个物理场的关系，结晶器搅拌电流从150A变化到500A，以50A为一个单位；频率从1Hz变化到8Hz，以0.5Hz为一个单位，一共进行64组计算。计算完成后，输出每种情况下结晶器电磁搅拌中心面的平均磁场强度、平均电磁力及钢液的平均流速，计算结果如图10-15所示。计算结果表明，在频率保持不变的情况下，平均磁场强度、平均电

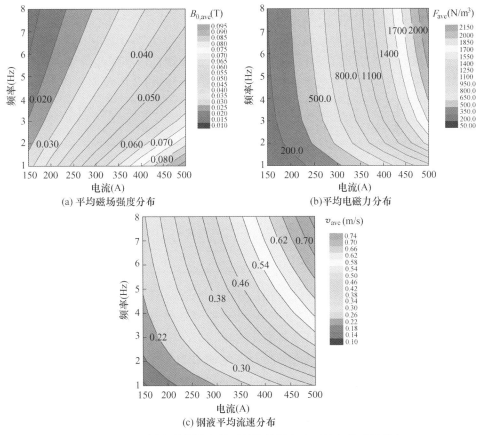

图 10-15　不同电磁搅拌参数下的结晶器中心面的各物理场分布

磁力及钢液平均流速随着电流的增加而增大；在保持电流不变的情况下，平均磁场强度随着频率的增大而减弱，而平均电磁力及钢液平均流速随着频率的增加而增大。

当对结晶器电磁搅拌的电流和频率进行调整时，根据这两个电磁参数对应图10-15 获取相应的结晶器电磁搅拌中心面上的平均磁场强度、平均电磁力及钢液平均流速，得到以上 4 组工业实验下各场的平均值，如表10-3 所示。

表 10-3　工业实验条件下结晶器中心面的各物理场

坯号	M-EMS(A/Hz)	B_0(T)	F(N/m³)	v(m/s)
1	220/2.0	0.0346	282.42	0.223
2	220/2.2	0.0335	295.19	0.230
3	160/2.2	0.0244	156.15	0.186
4	100/2.2	0.0152	60.99	0.142

10.7　电磁搅拌对宏观组织的影响

连铸坯的宏观凝固组织是由激冷层、柱状晶、混晶区和中心等轴晶区组成，各晶区分别在内弧侧、外弧侧、左侧窄面及右侧窄面的宽度及面积百分比如表10-4 所示。结果表明 4 块铸坯内弧侧柱状晶区明显比外弧侧发达。

表 10-4　连铸坯宏观凝固组织观察结果

坯号	电磁搅拌参数（A/Hz）	柱状晶区宽度（mm）				各晶区面积百分比（%）			
		左侧窄面	右侧窄面	内弧区	外弧区	激冷层	柱状晶区	混晶区	等轴晶区
1	220/2.0	458	379	446	408	6.5	43.0	27.5	23.0
2	220/2.2	358	313	388	396	7.8	40.3	27.7	24.2
3	160/2.2	404	358	421	329	8.5	38.7	29.4	23.4
4	100/2.2	450	392	517	421	7.6	45.3	29.0	18.1

铸坯凝固组织中心等轴晶区面积百分比与结晶器电磁搅拌中心面各物理场的关系如图 10-16 所示。图 10-16（a）给出中心等轴晶面积百分比与磁场的关系，两者之间呈线性关系。随着结晶器搅拌磁场强度的增加，等轴晶率逐渐增加。图10-16（b）给出中心等轴晶面积百分比与电磁力的关系，两者之间为指数关系。当电磁力小于 155N/m³ 时，中心等轴晶区面积百分比随着电磁力的增大而增大；当电磁力大于 155N/m³ 时，中心等轴晶区面积百分比随着电磁力的增大不再增大。图 10-16（c）给出中心等轴晶面积百分比与钢液流速的关系，两者之间同样表现为指数关系。当钢液流速小于 0.187m/s 时，中心等轴晶面积百分比随

着钢液流速的增大而增大；当钢液流速大于 0.187m/s 时，中心等轴晶区面积百分比随着钢液流速的增大不再增大。较大的结晶器电磁搅拌和电流能够产生较大的电磁力和钢液流速，使得凝固前沿生成的枝晶不断被钢水打碎，打碎的枝晶进而成为中心等轴晶成长的核心，加快等轴晶的形成，使中心等轴晶区面积变大。当电流和频率增加到一定程度时，所有凝固前沿生成的枝晶均被钢水打碎，此时，中心等轴晶区的面积百分比达到最大值，并且随着电磁场和钢液流速的进一步增大不再增大。中心等轴晶区面积百分比与结晶器电磁搅拌器中心面各物理场的关系如式（10-45）。

$$S = \begin{cases} 23.63 - 250e^{-B_0/0.004} \\ 23.61 - 44.50e^{-F/29.19} \\ 23.63 - 98296.86e^{-v/0.015} \end{cases} \quad (10-45)$$

式中，S 为中心等轴晶区面积百分比，%；B_0 为磁场强度，T；F 为电磁力，N/m³；v 为钢液流速，m/s。

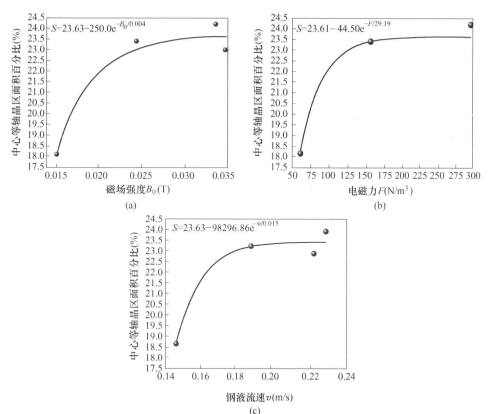

图 10-16　中心等轴晶区面积百分比与结晶器电磁搅拌中心面各场平均值的关系

10.8　电磁搅拌对枝晶臂间距的影响

连铸坯在冷却凝固过程中，树枝晶的生长会受到流场、温度场及浓度场相互作用的影响。不同的电磁搅拌强度会影响钢液的流动，从而会对钢液的温度场及浓度场产生影响，改变连铸坯的微观凝固组织。连铸坯的微观组织可以通过PDAS、SDAS及柱状晶偏角、长度等来表征。

10.8.1　PDAS 测量结果

观察铸坯的凝固组织，发现柱状晶区内的树枝晶生长取向较为一致，而进入混晶区后，树枝晶在电磁搅拌的作用下生长取向变为杂乱无序，位于中心位置的等轴晶区则几乎没有可供测量的一次枝晶。在图 10-12 中选取 P1 ~ P7 视场测量PDAS，2 号铸坯的 P1 和 P6 视场的测量结果如图 10-17 所示，测得的 4 块铸坯PDAS 的平均值如表 10-5 所示。

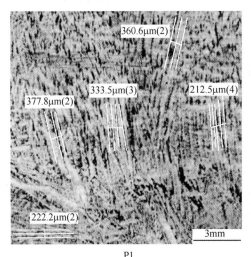
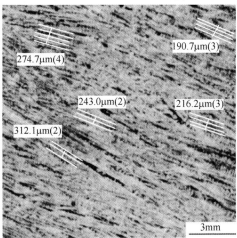

P1　　　　　　　　　　　　　　　　P6

图 10-17　2 号铸坯部分视场 PDAS 测量图

表 10-5　一次枝晶臂间距测量结果

坯号	电磁搅拌参数（A/Hz）	一次枝晶臂间距测量视场（μm）							平均值（μm）
		P1	P2	P3	P4	P5	P6	P7	
1	220/2.0	259.2	287.2	277.0	277.9	301.2	225.0	240.2	266.8
2	220/2.2	301.3	255.5	271.2	284.7	273.3	247.3	229.2	266.1
3	160/2.2	267.7	280.2	257.4	286.1	305.8	316.2	326.3	291.4
4	100/2.2	233.0	249.8	217.3	270.3	254.9	343.9	283.7	264.7

当电流保持在220A，搅拌频率由2.0Hz增加到2.2Hz时，PDAS的平均值没有变化，保持在266μm左右。在频率保持在2.2Hz的情况下，搅拌电流从100A增长到160A时，PDAS的平均值增加26.7μm；当电流增加到220A时，其平均值又减小25.3μm。铸坯凝固组织中PDAS与结晶器电磁搅拌中心面各物理场的关系如图10-18所示。图10-18（a）给出PDAS与磁场的关系，两者之间呈抛物线关系。当磁场强度小于0.026T时，PDAS随着磁场强度的增强而增大；当磁场强度大于0.026T时，PDAS随着磁场强度的增强而减小。图10-18（b）给出PDAS与电磁力的关系，两者之间为抛物线关系。当电磁力小于180N/m³时，PDAS随着电磁力的增大而增大；当电磁力大于180N/m³时，PDAS随着电磁力的增大而减小。图10-18（c）给出PDAS与钢液流速的关系，两者之间同样表现为抛物线关系。当钢液流速小于0.185m/s时，PDAS随着钢液流速的增大而增大；当钢液流速大于0.185m/s时，PDAS随着钢液流速的增大而减小。PDAS（λ，μm）与电磁搅拌器中心面各物理场的关系见式（10-46）。

$$\lambda_1 = \begin{cases} 118.62 + 13874.16B_0 - 279646.22B_0^2 \\ 229.288 + 0.705F - 0.002F^2 \\ -175.564 + 5020.259v - 13556.001v^2 \end{cases} \quad (10\text{-}46)$$

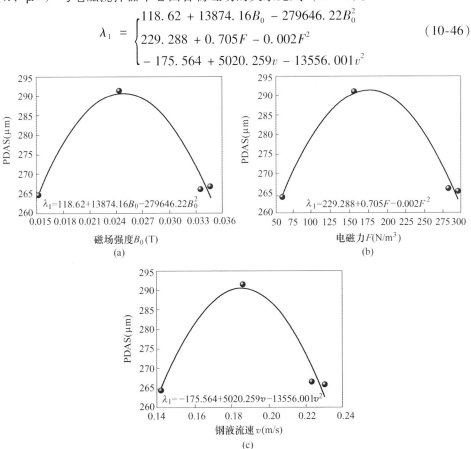

图10-18　PDAS与结晶器电磁搅拌中心面各场平均值的关系

10.8.2　SDAS 测量结果

　　SDAS 与铸坯的冷却情况存在密切的关系，因此二次枝晶臂间距是铸坯微观组织的一个重要特征。传统的方法是在断面选取几个位置进行测量，而本研究选取 1/4 断面进行全测量，数据量大，可以更好地显示 SDAS 的分布，从而反映铸坯在不同位置的冷却速率。图 10-19 给出了 2 号铸坯 S16 和 S44 两个视场的统计结果，S1 ~ S70 均采用相同的统计方法。统计完成后，将 4 块铸坯的 SDAS 分布作成云图，如图 10-20 所示。4 块铸坯的二次枝晶臂间距均呈现出边部小中心大的规律。铸坯的 SDAS 统计平均值如表 10-6 所示。当电流在 220A 保持不变，频率由 2.0Hz 增加到 2.2Hz 时，平均二次枝晶臂间距减小 9.3μm，这是因为随着频率的增加结晶器内钢液的搅拌作用增强。当结晶器电磁搅拌频率保持 2.2Hz 时，二次枝晶臂间距随着电流的增加呈线性减小，电流每增加 60A，二次枝晶臂间距减小约 23.5μm。铸坯凝固组织中 SDAS 与结晶器电磁搅拌中心面各物理场的关系如图 10-21 所示。图 10-21（a）给出 SDAS 与磁场的关系，两者之间呈线性关系，随着磁场强度的增强而减小；图 10-21（b）给出 SDAS 与电磁力的关系，两者之间也为线性关系，SDAS 随着电磁力的增大而减小；图 10-21（c）给出 SDAS 与钢液流速的关系，两者之间同样表现为线性关系，SDAS 随着钢液流速的增大而减小。SDAS（λ_2，μm）与电磁搅拌器中心面各物理场的关系见式（10-47）。

$$\lambda_2 = \begin{cases} 303.38 - 2184.13B_0 \\ 280.26 - 0.18F \\ 342.45 - 501.27v \end{cases} \tag{10-47}$$

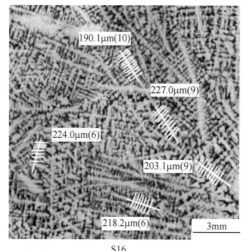

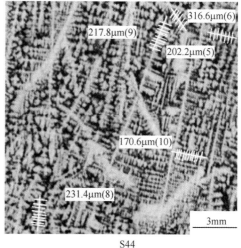

图 10-19　2 号铸坯部分视场二次枝晶臂间距测量图

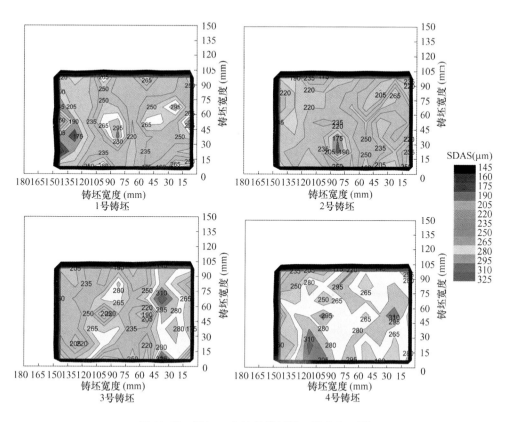

图 10-20 铸坯二次枝晶臂间距二维分布云图

表 10-6 二次枝晶臂间距测量结果和冷却速率计算结果

坯 号	电流/频率（A/Hz）	SDAS 平均值（μm）	平均冷却速率（℃/min）
1	220/2.0	234.1	16.42
2	220/2.2	224.8	18.19
3	160/2.2	247.6	14.25
4	100/2.2	271.8	11.46

　　铸坯的二次枝晶臂间距大小取决于树枝晶的生长条件，所以二次枝晶与局部冷却速率有关。通过方程（9-1）可以计算出各铸坯的平均冷却速率，不同结晶器搅拌参数下铸坯的平均冷却速率如表 10-6 所示。当电流保持在 220A 时，频率由 2.0Hz 增加到 2.2Hz 时，铸坯的平均冷却速率增加 1.77℃/min。当结晶器电磁搅拌频率保持在 2.2Hz 时，铸坯平均冷却速率随着电流的增加呈线性增大，电流每增加 60A，平均冷却速率增大约 3.8℃。铸坯的平均冷却速率与结晶器电磁

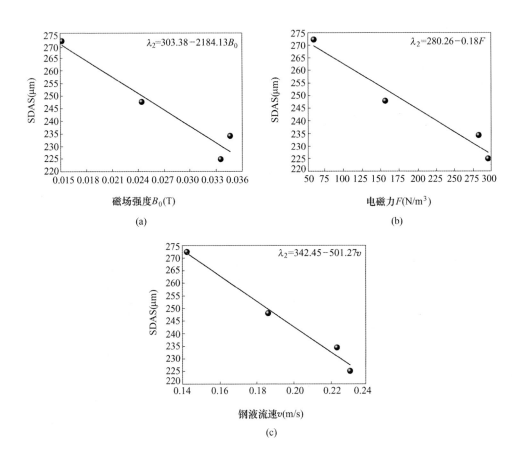

图 10-21　SDAS 与结晶器电磁搅拌中心面各场平均值的关系

搅拌中心面各物理场的关系如图 10-22 所示。图 10-22（a）给出了平均冷却速率与磁场的关系，两者之间呈线性关系，铸坯平均冷却速率随着磁场强度的增强而增大，图 10-22（b）给出了平均冷却速率与电磁力的关系，两者之间也为线性关系，铸坯平均冷却速率随着电磁力的增大而增大；图 10-22（c）给出了平均冷却速率与钢液流速的关系，两者之间同样表现为线性关系，铸坯平均冷却速率随着钢液流速的增大而增大。以上分析表明，随着结晶器搅拌强度的增强，二次枝晶臂间距减小，铸坯冷却速率增加。铸坯平均冷却速率（R，℃/min）与电磁搅拌器中心面各物理场的关系见式（10-48）。

$$R = \begin{cases} 6.84 + 306.00B_0 \\ 10.012 + 0.026F \\ 1.30 + 70.57v \end{cases} \tag{10-48}$$

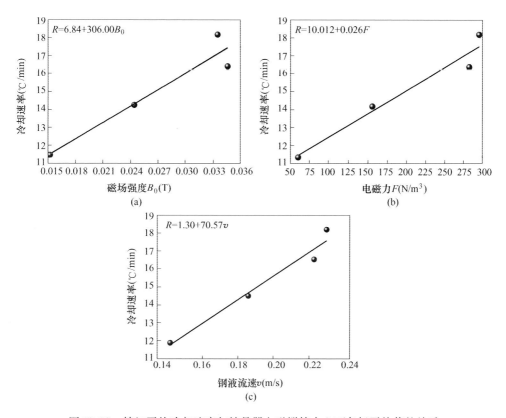

图 10-22　铸坯平均冷却速率与结晶器电磁搅拌中心面各场平均值的关系

10.9　电磁搅拌对柱状晶偏转角的影响

对表 10-2 试验得到四块铸坯侵蚀后整个横断面上各区域的柱状晶偏转角统计结果分别如图 10-23 ~ 图 10-26 所示。计算铸坯各侧中间位置（图 10-23 ~ 图 10-26 中两条直线间区域）的柱状晶偏转角平均值，如表 10-7 所示，表明外弧侧的柱状晶倾斜角大于内弧侧。搅拌频率保持 2.2Hz 不变时，较大的搅拌电流能产生较大的偏转角，但当搅拌电流大于 160A 时，偏转角增加不明显。柱状晶偏转角与结晶器电磁搅拌中心面各物理场的关系如图 10-27 所示。图 10-27（a）给出柱状晶偏转角与磁场的关系，两者之间呈指数关系。当磁场强度小于 0.035T 时，柱状晶偏转角随着磁场强度的增强而增大；当磁场强度大于 0.035T 时，柱状晶偏转角随着磁场强度的增强不再增大。图 10-27（b）给出柱状晶偏转角与电磁力的关系，两者之间也为指数关系。当电磁力小于 290N/m³ 时，柱状晶偏转角随着电磁力的增强而增大；当电磁力大于 290N/m³ 时，柱状晶偏转角随着电磁力的增强不再增大。图 10-27（c）给出柱状晶偏转角与钢液流速的关系，两者同样为指数关系。

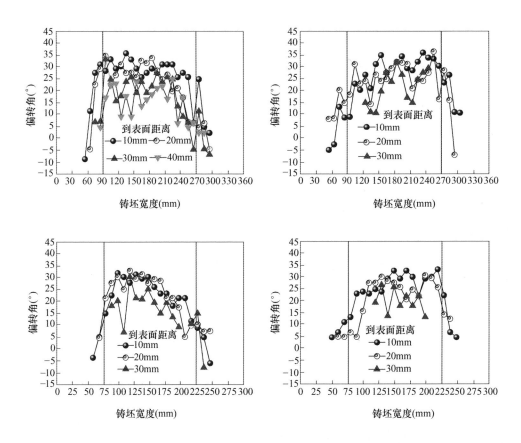

图 10-23　1 号铸坯内弧、外弧、左侧窄面和右侧窄面区域柱状晶倾斜角度测量结果

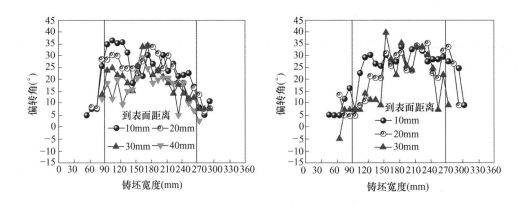

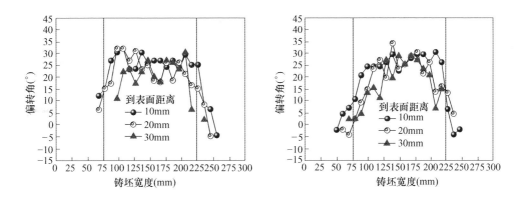

图 10-24　2 号铸坯内弧、外弧、左侧窄面和右侧窄面区域柱状晶倾斜角度测量结果

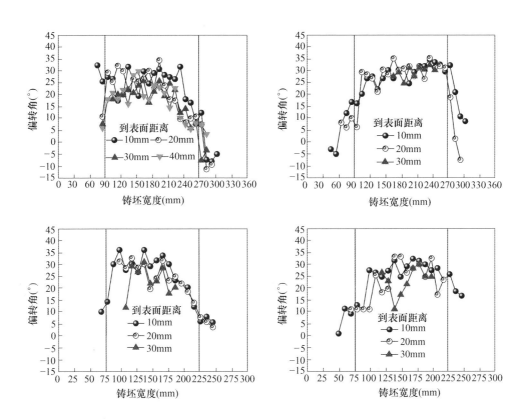

图 10-25　3 号铸坯内弧、外弧、左侧窄面和右侧窄面区域柱状晶倾斜角度测量结果

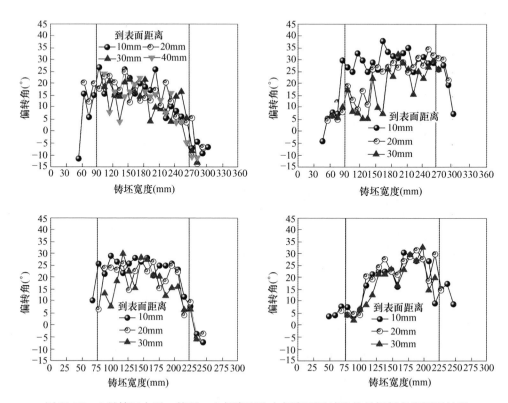

图 10-26　4 号铸坯内弧、外弧、左侧窄面和右侧窄面区域柱状晶倾斜角度测量结果

当钢液流速小于 0.235m/s 时，柱状晶偏转角随钢液流速的增大而增大；当钢液流速大于 0.235m/s 时，柱状晶偏转角随钢液流速的增大同样不再增大。柱状晶偏转角（θ，（°））与电磁搅拌器中心面各物理场的关系见式（10-49）。

$$\theta = \begin{cases} 24.69 - 121.47 \times 7.44\mathrm{e}^{-101B_0} \\ 24.68 - 14.01\mathrm{e}^{-0.022F} \\ 24.75 - 2004.75\mathrm{e}^{-44.32v} \end{cases} \qquad (10\text{-}49)$$

表 10-7　中间区域柱状晶偏斜角度

坯号	搅拌参数（A/Hz）	中间区域柱状晶偏斜角度平均值（°）				总平均值（°）
		内弧	外弧	左侧窄面	右侧窄面	
1	220/2.0	24.65	25.17	23.59	24.40	24.45
2	220/2.2	24.36	25.21	25.05	24.77	24.85
3	160/2.2	20.64	28.29	25.80	22.25	24.24
4	100/2.2	15.41	23.83	22.62	22.31	21.04

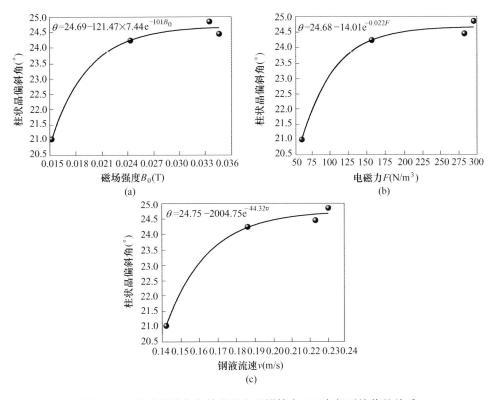

图 10-27　柱状晶偏角与结晶器电磁搅拌中心面各场平均值的关系

10.10　电磁搅拌对柱状晶长度的影响

　　柱状晶长度与钢液的流动状态、铸坯的冷却强度等存在密切的关系，因此，通过统计柱状晶长度也能反映铸坯的微观凝固组织。4 块铸坯在内弧和外弧侧的柱状晶长度统计结果如表 10-8 所示。表内平均值是由每个测量区内 10 个测量值的平均值计算而来的。从柱状晶长度统计结果可知，不管对于内弧侧还是外弧侧，从铸坯边缘到中心柱状晶长度均有逐渐增大的趋势。这是因为从铸坯表面到中心，冷却强度逐渐增强，温度梯度升高，柱状晶的生长空间充裕，使得相对于铸坯的角部，中心区域的柱状晶生长较为发达。整体上来讲，内弧侧的柱状晶长度大于外弧侧的柱状晶长度，这与宏观组织观察中的内弧侧的柱状晶区宽度大于外弧侧是一致的。当结晶器搅拌电流从 100A 增加到 160A 时，内弧侧柱状晶的平均长度减小 2.78mm，外弧侧柱状晶的平均长度减小 3.92mm；当电流从 160A 增加到 220A 时，内弧侧柱状晶和外弧侧柱状晶的平均长几乎没有变化。

表 10-8 铸坯柱状晶长度测量统计

位置		柱状晶长度平均值（mm）										
		6～8	8～10	10～12	12～14	14～16	16～18	18～20	20～22	22～24	24～26	26～28	28～30
1号铸坯	内弧	5.35	9.58	12.37	10.23	8.98	11.04	11.63	13.74	10.25	10.77	11.17	7.11
	外弧	6.93	9.29	7.87	9.15	8.72	10.43	10.95	7.48	7.76	9.19	6.18	5.29
2号铸坯	内弧	6.09	7.98	8.78	11.72	11.89	15.19	13.81	14.28	14.45	11.49	10.55	9.07
	外弧	6.80	6.40	11.04	6.27	8.59	9.50	9.23	10.66	10.37	8.72	9.18	8.96
3号铸坯	内弧	5.81	7.40	8.29	10.37	9.29	8.65	9.13	11.38	8.97	8.50	6.63	6.20
	外弧	6.31	6.62	8.64	11.38	9.26	9.66	10.39	8.87	8.03	8.86	5.52	4.91
4号铸坯	内弧	10.69	7.56	8.32	9.36	9.84	11.24	11.94	11.12	13.42	10.53	9.83	8.98
	外弧	7.06	7.24	8.26	9.35	11.08	11.63	13.40	12.91	9.13	11.76	10.48	8.83

11　GCr15 轴承钢连铸坯宏观偏析控制

11.1　连铸坯化学成分

某厂 GCr15 钢的化学成分及工艺参数分别如表 11-1 和表 11-2 所示。为了了解现有工艺条件下铸坯（300mm×360mm）的元素偏析情况，对铸坯进行钻孔取样分析。图 11-1 给出高碳钢 GCr15 铸坯水平中心线方向上的 C、S、P、Mn、Cr 元素的分布情况。从图 11-1（a）可以看出，C 元素在水平方向上基本呈对称分布，在中心两侧呈现较严重的负偏析，其值为 0.92；在中心处表现为中心正偏析，其值接近 1.15；图 11-1（b）中给出 P 的偏析指数，P 同样呈现中心正偏析，中心两侧负偏析，波动范围在 0.8 ~ 1.55 之间；图 11-1（c）给出 S 的分布情况，具有相同的规律，偏析范围在 0.7 ~ 1.6 之间；图 11-1（d）、图 11-1（e）分别给出 Mn、Cr 的偏析情况，可以看出，这两种元素在整个铸坯断面水平方向上的分布很均匀，几乎不存在宏观偏析情况。

表 11-1　GCr15 钢的化学成分

化学成分	C	Si	Mn	P	S	Cr	Ni
含量（%）	0.9532	0.2301	0.2952	0.0115	0.0039	1.4474	0.0155
化学成分	Cu	Mo	V	Ti	Al	As	B
含量（%）	0.0438	0.0054	0.0040	0.0035	0.0152	0.0132	0.0004

表 11-2　GCr15 钢的生产工艺参数

物　理　量	数值	物　理　量	数值
过热度（℃）	10 ~ 30	结晶器半径（m）	12
拉速（m/min）	0.48 ~ 0.5	结晶器各面水量（m³/h）	190
液相线温度（℃）	1458	结晶器出水温差（℃）	3 ~ 4
浇注温度（℃）	1467 ~ 1487	M-EMS 搅拌频率（Hz）	2.2
结晶器高度（mm）	704	M-EMS 搅拌电流（A）	300
结晶器工作高度（mm）	634	F-EMS 搅拌频率（Hz）	8
铸坯尺寸（mm²）	300 × 360	F-EMS 搅拌电流（A）	500

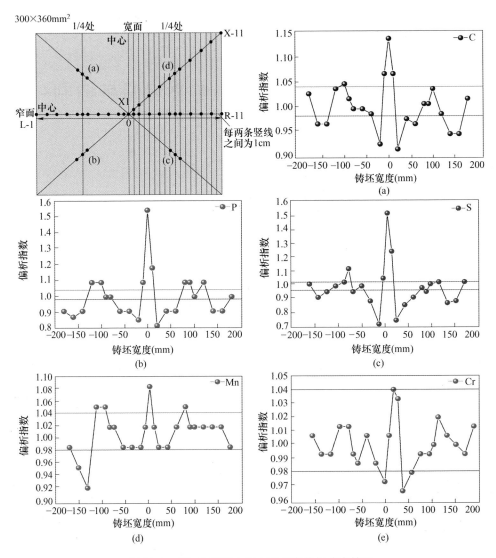

图 11-1　GCr15 铸坯水平方向元素偏析分布情况

　　图 11-2 给出该铸坯斜对角线方向 C、S、P、Mn、Cr 元素的分布情况。从图 11-2（a）可以看出，C 元素在斜对角线上的偏析指数在 0.94～1.13 之间；图 11-2（b）中给出 P 的偏析指数，靠近中心处出现较严重正偏析，其值在 0.9～1.5 之间；图 11-2（c）给出 S 的分布情况，S 的均匀性较差，其值在 0.7～1.55 之间；图 11-2（d）、图 11-2（e）分别给出斜对角线上的 Mn、Cr 的偏析情况，可以看出这两种元素在铸坯断面斜对角线方向上的分布同样较均匀，几乎不存在宏观偏析。

　　图 11-3 给出该铸坯四个对角线上三个点的元素偏析检测情况。从图中可以

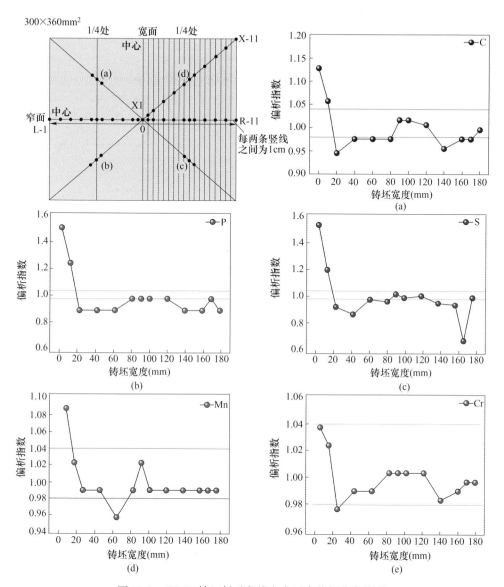

图 11-2　GCr15 铸坯斜对角线方向元素偏析分布情况

看出，该四处中心点的 C、S 元素分布比较均匀；而 P 元素在（a）、（d）处出现负偏析，偏析度为 0.97，在（b）、（c）处出现正偏析，偏析度为 1.05。

11.2　连铸坯低倍侵蚀实验

实验过程采用 1:1 的盐酸水溶液，边加热边用刷子反复刷铸坯。实验装置与图 9-1 相同。GCr15 铸坯在未进行侵蚀前的形貌如图 11-4 所示，其中心区域发现

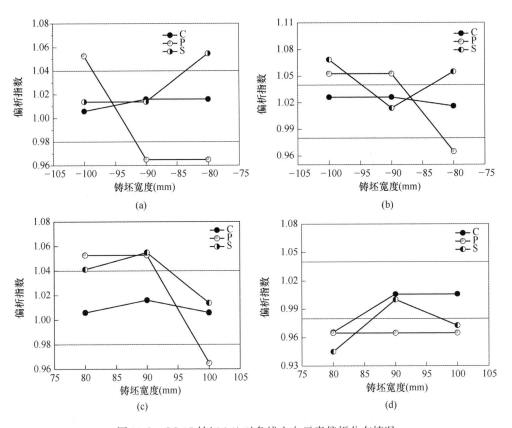

图 11-3　GCr15 铸坯 1/4 对角线方向元素偏析分布情况

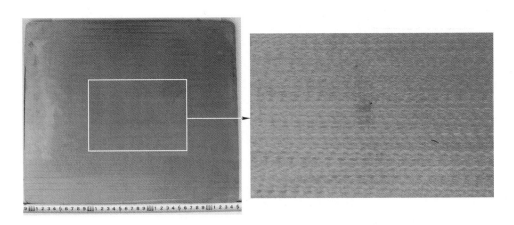

图 11-4　GCr15 铸坯未侵蚀前形貌

疏松、缩孔等缺陷。整体来说，该钢铸坯质量较好。

　　用 1:1 的盐酸水溶液在加热条件对铸坯进行侵蚀，待凝固组织完全显现时，用白开水冲洗铸坯表面，然后在整个表面喷上酒精，用数码相机采集图像，如图11-5 所示，其中心区域的疏松、缩孔及中心偏析缺陷明显显现。

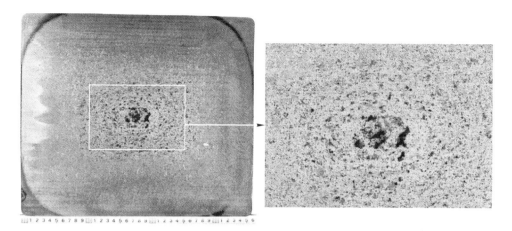

图 11-5　GCr15 铸坯侵蚀后形貌

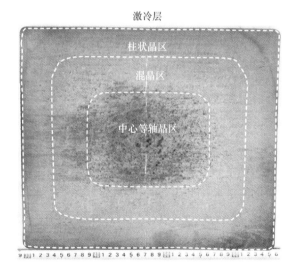

图 11-6　GCr15 铸坯微观组织示意图

11.3　连铸坯宏观组织统计

对上述低倍组织图片进行详细观察，发现其宏观组织分为激冷层、柱状晶区、混晶区和中心等轴晶区，如图 11-6 所示。然后对各区进行统计，结果如表11-3 所示。统计结果表明混晶区所占面积最大，达到 52.37%；等轴晶区次之，

表 11-3 GCr15 铸坯各晶区统计结果

各区	面积（cm²）	平均宽度（cm）						面积百分比（%）
		左	右	宽度百分比（%）	上	下	宽度百分比（%）	
铸坯断面	30×36=1080	—	—	—	—	100	100	100
激冷层	16.69	0.23	0.22	—	0.24	1.55	1.55	1.55
		0.23	0.64		0.25	0.83		
柱状晶区	179.51	4.31	4.37	—	3.70	16.62	16.62	16.62
		4.34	12.06		3.77	12.57		
混晶区	565.58	4.97	5.04	—	4.76	52.37	52.37	52.37
		5.01	13.92		4.57	15.23		
中心等轴晶区	318.22	16.84		46.78	12.82	42.73		29.46

占 29.46%；柱状晶区为 16.62%；而激冷层最小，只有 1.55%。整个轴向上激冷层的厚度大概仅有 2~3mm 左右。

为了能够更加清晰地观察到一次枝晶臂间距（PDAS）和二次枝晶臂间距（SDAS），从铸坯横断面上截取四个 100mm×100mm 的样品，取样位置如图 11-7 所示，抛光后重新侵蚀，然后用扫描仪扫描并进行统计。选取 GCr15 铸坯柱状晶区一次枝晶臂间距较清晰的 3 个视场（图 11-8）进行观察并进行统计，结果如表 11-4 所示。统计结果表明，GCr15 铸坯柱状晶区的平均一次枝晶臂间距为 0.353mm。

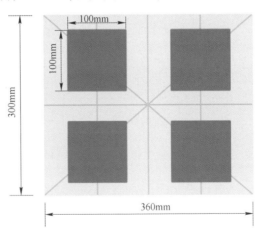

图 11-7 PDAS 和 SDAS 取样统计示意图

选取 GCr15 铸坯柱状晶区二次枝晶臂间距较清晰的 3 个视场（图 11-9）进行观察并进行统计，结果如表 11-5 所示。统计结果表明，GCr15 铸坯柱状晶区的平均二次枝晶臂间距为 0.152mm。

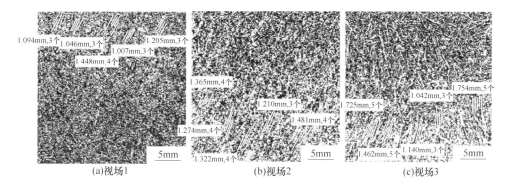

图 11-8 GCr15 铸坯 PDAS 统计位置

表 11-4 GCr15 铸坯 PDAS 统计结果 （mm）

位置	视场 1	视场 2	视场 3
1	0.365	0.341	0.345
2	0.349	0.319	0.292
3	0.362	0.331	0.380
4	0.336	0.403	0.347
5	0.402	0.370	0.351
平均	0.353		

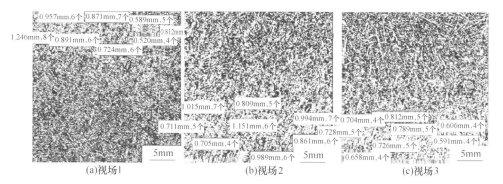

图 11-9 GCr15 铸坯柱状晶区 SDAS 统计位置

表 11-5 GCr15 铸坯柱状晶区 SDAS 统计结果 （mm）

位置	视场 1	视场 2	视场 3
1	0.156	0.142	0.146
2	0.149	0.145	0.176
3	0.160	0.176	0.165

续表 11-5

位置	视场 1	视场 2	视场 3
4	0. 124	0. 162	0. 162
5	0. 118	0. 192	0. 145
6	0. 121	0. 144	0. 158
7	0. 130	0. 165	0. 148
8	0. 162	0. 142	0. 152
平均	0. 152		

选取 GCr15 铸坯混晶区二次枝晶臂间距较清晰的 3 个视场（图 11-10）进行观察并进行统计，结果如表 11-6 所示。统计结果表明 GCr15 铸坯混晶区的平均二次枝晶臂间距为 0. 259mm。

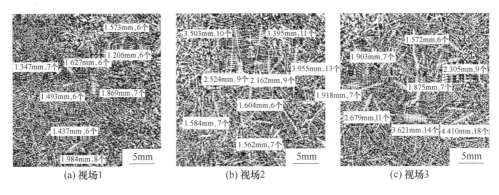

(a) 视场1　　　　　　(b) 视场2　　　　　　(c) 视场3

图 11-10　GCr15 铸坯混晶区 SDAS 统计位置

表 11-6　GCr15 铸坯混晶区 SDAS 统计结果　　（mm）

位置	视场 1	视场 2	视场 3
1	0. 192	0. 350	0. 274
2	0. 249	0. 309	0. 244
3	0. 240	0. 280	0. 272
4	0. 267	0. 240	0. 268
5	0. 271	0. 304	0. 259
6	0. 201	0. 267	0. 245
7	0. 262	0. 226	0. 256
8	0. 248	0. 223	0. 262
平均	0. 259		

选取 GCr15 铸坯中心等轴晶区二次枝晶臂间距较清晰的两个视场（图 11-11）进行观察并进行统计，结果如表 11-7 所示。统计结果表明，GCr15 等轴晶区的平均二次枝晶臂间距为 0.328mm。

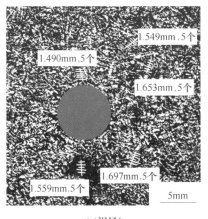

(a)视场1

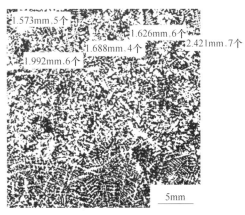

(b)视场2

图 11-11　GCr15 铸坯中心等轴区 SDAS 统计位置

表 11-7　GCr15 铸坯中心等轴晶区 SDAS 统计结果　　　　　　　　（mm）

位　　置	视　场　1	视　场　2
1	0.298	0.332
2	0.310	0.315
3	0.331	0.422
4	0.339	0.271
5	0.312	0.346
6	0.298	0.332
7	0.310	0.315
8	0.331	0.422
平均	0.328	

11.4　连铸过程结晶器传热模型

通过数值模拟对拉速、水口浸入深度，以及钢水过热度对流场、温度场的影响进行了研究。模拟过程中的水口及网格如图 11-12 所示。在模拟过程中，钢液的物性参数及壁面的散热条件如表 11-8 所示。

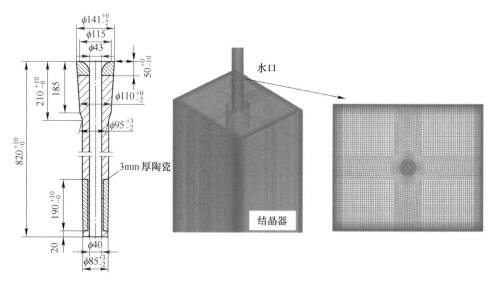

图 11-12　水口尺寸图及结晶器钢液网格

表 11-8　GCr15 钢液物性参数及壁面的散热条件

钢　　种	高碳钢（GCr15）
密度（kg/m³）	6900/7300
黏度（kg/(m·s)）	0.0062
比热容（J/(kg·K)）	757
导热系数（W/(m·K)）	32
凝固潜热（J/kg）	270000
液相线（K）	1731
固相线（K）	1612
过热度（K）	10，20，30，40
拉速（m/min）	0.40，0.45，0.50
水口浸入深度（mm）	90，110，130
结晶器热流密度（W/m²）	$q_w = 2742100 - 257000\sqrt{t}$
二冷一段传热系数（W/(m²·K)）	450

钢液浇注过程中采用直筒型水口，其浸入深度为 110mm，拉速为 0.45m/min。不考虑凝固时，流场内有一大的回流涡心，且流股冲击深度较深；考虑凝固时，由于坯壳的形成，使得下部流场空间区域沿高度方向逐渐减小，流股涡心位置显著上移。两种情况下的钢液基本流态如图 11-13 所示。

图 11-14 给出三种不同拉速条件下中心纵截面的流场。三种拉速条件下水口具有相同的浸入深度（110mm），且钢液具有相同的过热度（20K）。拉速由

0.40m/min 增大到 0.50m/min，近壁面流场流速有所增大，流场基本形态不变，但是钢液的冲击深度有所增大。

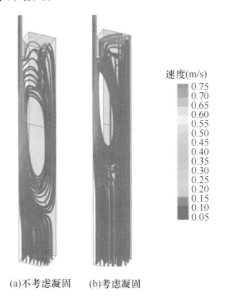

(a)不考虑凝固　　(b)考虑凝固

图 11-13　GCr15 钢液的基本流态

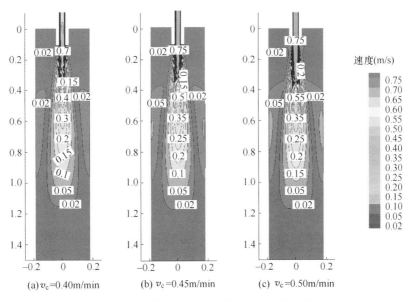

(a) v_c =0.40m/min　　(b) v_c =0.45m/min　　(c) v_c =0.50m/min

图 11-14　三种不同拉速条件下中心纵截面流场

图 11-15 给出三种不同拉速条件下中心纵截面坯壳变化情况。坯壳在结晶器上壁面处形成，随着距弯月面距离的增大，坯壳逐渐增厚，中心处为钢液存在的

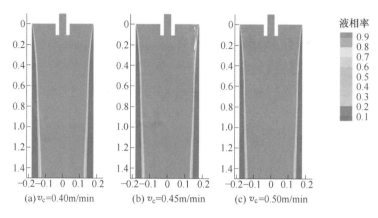

(a) v_c=0.40m/min　(b) v_c=0.45m/min　(c) v_c=0.50m/min

图 11-15　三种不同拉速条件下中心纵截面坯壳厚度变化

区域。随着拉速的逐渐增大，坯壳在高度方向上的生长率逐渐减小。计算得到当拉速为 0.40m/min 时，宽面中心出结晶器坯壳厚度为 23.7mm；拉速为 0.45m/min 时，厚度为 22.5mm；拉速为 0.50m/min 时，厚度为 20.4mm。计算结果表明，随着拉速的增加结晶器出口处坯壳厚度逐渐减小。

图 11-16 给出三种初始过热度条件下结晶器中心纵截面过热度分布。从图中可以看出，进入结晶器内的钢水温度越高，结晶器内钢水高温区越大。图 11-17 给出三种初始过热度条件下结晶器出口处坯壳厚度。钢水过热度为 10K 时，宽面中心出结晶器坯壳厚度为 23.1mm；过热度为 20K 时，厚度为 22.5mm；过热度为 30K 时，厚度为 21.4mm。结果表明，进入结晶器内的钢液过热度越大，结晶器出口处的坯壳厚度越薄。

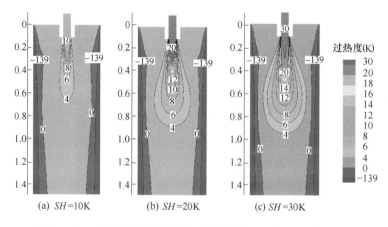

(a) SH=10K　(b) SH=20K　(c) SH=30K

图 11-16　三种初始过热度条件下结晶器中心纵截面过热度分布

表 11-9 总结了以上不同浇注条件下 GCr15 钢结晶器传热的计算结果。

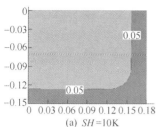 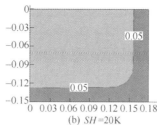 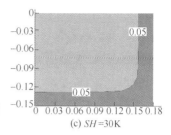

(a) $SH=10K$ (b) $SH=20K$ (c) $SH=30K$

图 11-17 三种初始过热度条件下结晶器出口处坯壳厚度

表 11-9 GCr15 钢结晶器传热计算结果统计

钢种	水口浸入深度 （mm）	拉速（m/min）	钢水过热度 （℃）	液面最大流速 （m/s）	结晶器出口处坯壳厚度 （mm）
高碳钢 GCr15	90	0.50	—	0.015	—
			20	0.010	20.2
	110	0.40	—	0.008	—
			20	0.013	23.7
		0.45	—	0.010	—
			10	0.010	23.1
			20	0.010	22.5
			30	0.015	21.4
		0.5	—	0.012	—
			20	0.013	20.4
	130	0.5	—	0.012	—
			20	0.012	20.4

11.5 连铸过程二冷传热模型

　　根据连铸过程中二冷横向条件及纵向条件，考虑水流密度分布均匀性、喷淋水覆盖面积、二冷水利用率、夹辊传热、辐射传热、喷淋水传热和水聚集蒸发传热（图 11-18），建立了连铸坯温度场分布数学模型。对二冷一区、二区、三区的喷嘴分别进行测量，其测量条件及结果分别如图 11-19 所示。在 ProCast 软件中输入钢

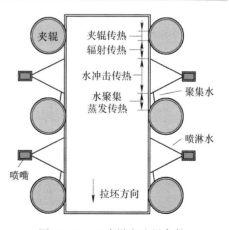

图 11-18 二冷纵向边界条件

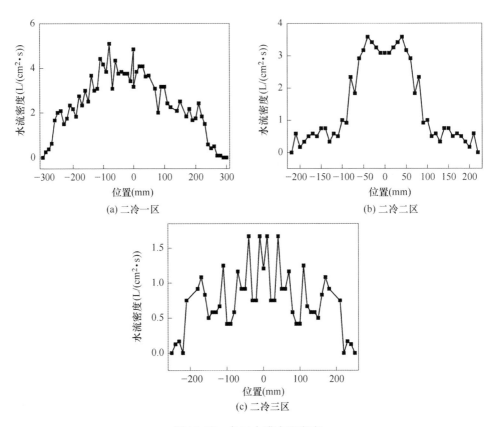

图 11-19　各区水嘴水流密度

液的成分，计算出该钢液的各项物性参数，如表 11-10 所示。其固相线为
1339℃，液相线为 1458℃。

表 11-10　GCr15 钢液的各项物性参数

物理量	$T < T_s$	$T_s < T < T_L$	$T > T_L$
密度（ρ，kg/m^3）	$-0.5119T + 8020$	$-0.0148T^2 + 37.761T - 16729$	$-0.8592T + 8151.2$
导热系数（λ，$W/(m \cdot K)$）	$0.0116T + 16.899$	$-0.0032T + 36.969$	$0.017T + 6.5936$
比热（C_p，$J/(kg \cdot K)$）	663	$31.2T - 41084$	851.9

GCr15 连铸过程各段距离及水量是计算的重要参数，如表 11-11 所示。计算
过程中浇注温度为 1478℃，拉速为 0.48m/min，比水量为 0.1808L/kg。

表 11-11　连铸过程各段距离及水量

物理量	结晶器	二冷一段	二冷二段	二冷三段	保温段	矫直一段	矫直二段	矫直三段
水量（L/min）	188	24.5	26.6	14.7	0	0	0	0
长度（m）	0.704	0.413	1.654	2.274	6.822	3.920	2.749	2.614
角度（°）	—	2	8	11	33	—	—	—
总长度（m）	0.704	1.117	2.771	5.045	11.867	15.787	18.536	21.150

图 11-20 给出计算完成后结晶器出口、保温段出口、矫直辊 1 及矫直辊 2 的温度场分布。出结晶器坯壳厚度大概在 25～30mm 之间，能够保证不漏钢。保温段结束时，钢的温度已全部在固相线以下，实现钢液的全部凝固。

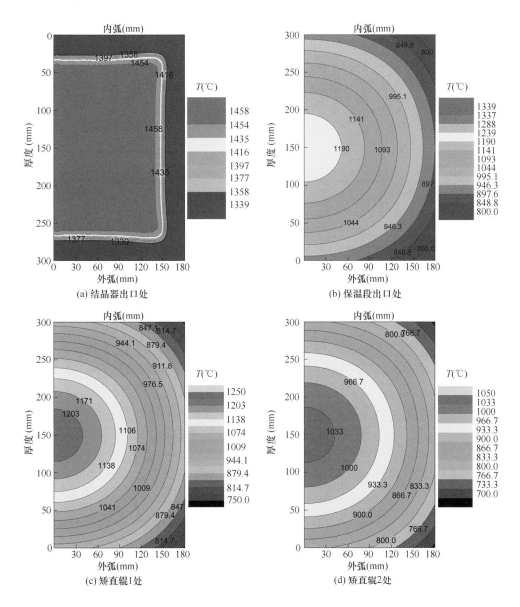

图 11-20 GCr15 钢连铸不同位置处的温度场分布

图 11-21 给出 GCr15 钢连铸不同位置处温度随距离的变化。在该模型中的液芯计算长度为 13.83m。图中的 9 个点是采用红外测温仪测量的铸坯表面温度的

结果，可以看出计算值与测量值存在一定的差距。

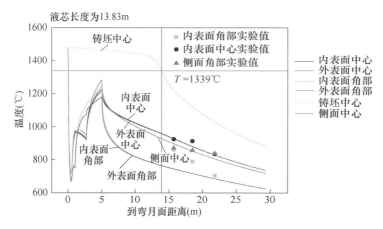

图 11-21　GCr15 钢连铸不同位置处温度随距离的变化

图 11-22 给出不同初始过热度条件下的液芯线长度。在保持其他条件不变的情况下，当初始过热度分别为 10℃ 和 30℃ 时，液芯线长度分别为 13.52m 和 14.19m。初始过热度每增加 10℃，液芯长度增加 0.335m。

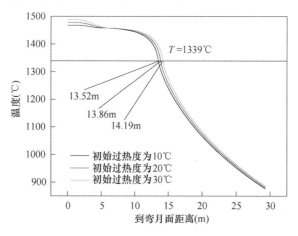

图 11-22　不同初始过热度条件下的液芯线长度

图 11-23 给出不同拉速条件下的液芯线长度。在保持其他条件不变的情况下，当拉速分别为 0.38m/min 和 0.58m/min 时，液芯线长度分别为 10.77m 和 17.06m。拉速每增加 0.1m/min 时，液芯长度增加 3.145m 左右。

图 11-24 给出不同二冷水流量条件下的液芯线长度。在保持其他条件不变的情况下，当二冷水流量分别减小和增加 20%，液芯线长度分别为 14.76m 和 13.08m。二冷水量每增加 20%，液芯长度减小 0.84m 左右。

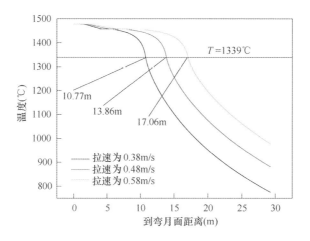

图 11-23　不同拉速条件下的液芯线长度

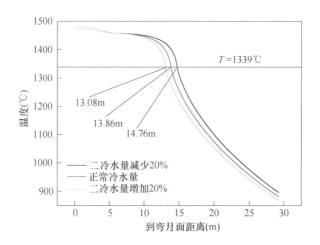

图 11-24　不同二冷水流量条件下的液芯线长度

11.6　连铸坯宏观组织模拟研究

采用 ProCast 的 CAFE 模型对铸坯的宏观凝固组织进行计算。本模型以长 10mm、横截面为 360mm×300mm 的方坯为三维热流模拟研究域，如图 11-25 所示，z 轴负方向为拉坯方向。以其中 2mm 厚铸坯区域为三维 CA 模拟研究域，研究不同浇钢过热度、不同二冷强度和不同拉速对铸坯凝固组织的影响。计算过程的边界条件如表 11-12 所示。

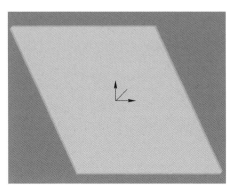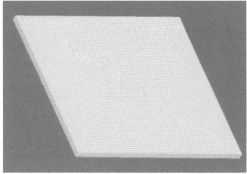

图 11-25　钢液计算区域及网格

表 11-12　凝固组织计算边界条件

冷却区	冷却区长度（m）	运行时间（s）	传热系数（W/(m²·℃)）		外界温度（℃）
			宽面	窄面	
二冷一区	0.413	42.72	516.7178	550.8661	40
二冷二区	1.654	171.10	345.3054	368.1256	40
二冷三区	2.274	235.24	257.5935	274.617	40

　　首先计算过热度为 20℃，拉速为 0.48m/min，比水量为 0.1808L/kg 时的凝固组织，并与铸坯侵蚀后的凝固组织进行对照，以验证模型的正确性。由图 11-26 可以看出，计算结果与实验结果能够较好稳合。

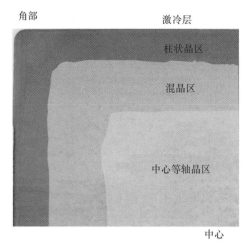

图 11-26　GCr15 铸坯凝固组织与计算凝固组织对照

　　保持唯一变量原则，计算出 7 组不同条件下的结果，如图 11-27 所示。前三

组在拉速为 0.48m/min、二冷水量不变的情况下，计算三种不同初始过热度条件
下的宏观凝固组织。计算结果表明，初始过热度对凝固组织的影响很明显，随着
过热度的增加，柱状晶明显变得发达。因此，为了有效防止中心偏析的发生，应
采用低过热度。中间三组是在保持初始浇注过热度为 20℃，二冷水量保证正常
的情况下，计算三种拉速条件下的宏观凝固组织。计算结果表明，随着拉速的增
加，宏观凝固组织变化不明显，只是柱状晶有所减少，但减少不明显。最后三组
是在初始过热度为 20℃，拉速为 0.48m/min 的情况下，改变二冷水量计算的宏
观凝固组织，计算结果表明，二冷区水量的变化对铸坯凝固组织的影响并不是很
大，但是随着二冷水量的增加，晶粒个数有所减少。

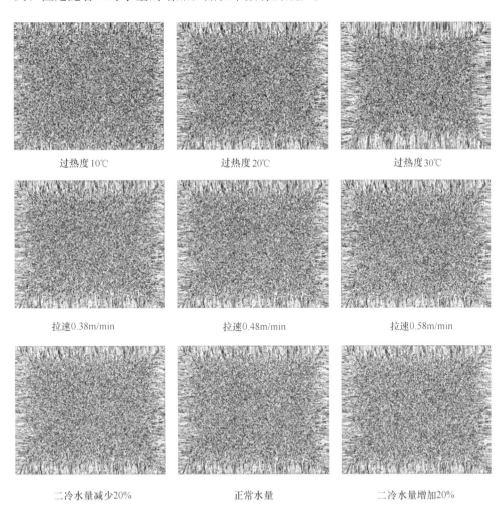

图 11-27　不同条件下的 GCr15 铸坯凝固组织

对以上计算结果进行数据统计，如表 11-13 所示。计算结果表明，初始过热度增加，晶粒个数减少较明显，柱状晶较发达，因此钢液应该采用低过热度浇注技术。对于拉速和二冷水量的计算结果表明，高冷却速率有利于形成面积较大的晶粒，即有助于柱状晶的形成。

表 11-13　不同条件下的 GCr15 铸坯凝固组织统计

过热度 （℃）	拉速 （m/min）	二冷水量	比水量 （L/kg）	晶粒数	平均晶粒面积 （$10^{-6}m^2$/个）	最大晶粒面积 （$10^{-5}m^2$/个）	平均晶粒半径 （$10^{-4}m$）
20	0.48	正常水量	0.1808	93379	1.15658	6.9	9.06325
10	0.48	正常水量	0.1808	99892	1.08117	3.236	8.53023
30	0.48	正常水量	0.1808	87398	1.23573	10.916	9.49402
20	0.38	正常水量	0.2284	93910	1.15004	6.744	9.02423
20	0.58	正常水量	0.1496	93186	1.15897	7.064	9.10393
20	0.48	水量减少20%	0.1446	93268	1.15795	6.904	9.07226
20	0.48	水量增加20%	0.2170	93310	1.15743	7.016	9.08077

11.7　连铸坯宏观偏析模拟研究

11.7.1　宏观偏析模拟计算

对 GCr15 钢种进行模拟计算，为了能够与实验结果进行对比，模拟成分采用实际化验结果，如表 11-14 所示。偏析的形成是伴随着连铸过程钢液凝固产生的，所以铸坯的冷却边界条件很重要。为了验证边界条件的正确性，在该连铸机上针对该钢种在距弯月面 11.7m 的位置进行射钉实验，其结果如图 11-28 所示。实验过程采用的钢钉成分为 60Si2Mn，钉长为 200mm，该位置处的坯壳厚度为 102mm。将计算过程的坯壳厚度输出，发现该处的坯壳厚度与实验测得的坯壳厚度吻合得较好，如图 11-29 所示，说明该模型的壁面条件设置较为合理。

表 11-14　偏析计算过程的 GCr15 钢的化学成分

元素	C	Si	Mn	P	S	Cr	Ni	Cu	Ti
含量（%）	0.9750	0.2301	0.2952	0.0110	0.0070	1.4474	0.0155	0.0155	0.0035

图 11-30 给出了铸坯中心、窄面中心、宽面中心及坯壳厚度与距弯月面距离的关系。铸坯表面温度在结晶器内急剧下降，在结晶器底部位置出现一定的回升。出结晶器后继续回升，但在二冷一区末端温度降低。铸坯进入二冷二区后，

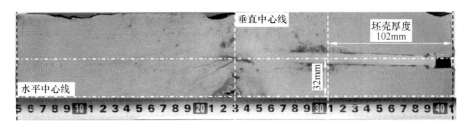

图 11-28 GCr15 钢射钉实验结果

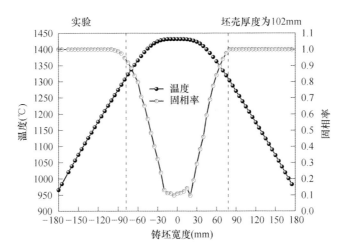

图 11-29 实验坯壳厚度与计算坯壳厚度对比

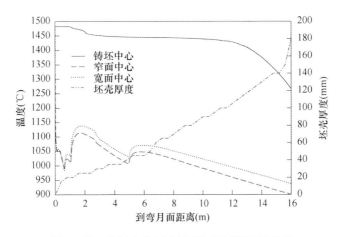

图 11-30 拉坯方向坯壳厚度与铸坯温度的关系

铸坯表面继续回温一小段时间，之后随着冷却的进行温度开始降低，直至二冷二区结束。当铸坯进入二冷三区后，铸坯表面温度在前一小段升温，然后接着降温。二冷区结束后，铸坯进入空冷段，铸坯表面同样先回温一小段距离，然后开始缓慢降温，大概在 16.0m 处铸坯完全凝固。

在中心线上将元素偏析的计算结果与实验结果进行对比，如图 11-31 所示。因为 C、P、S 具有相同的偏析趋势，所以选取 C 元素的分布情况进行对比。可以看出，两种情况下元素具有相同的分布趋势，但是在数值上表现出一定的偏差。计算过程是一个理想过程，没有完整考虑重力的作用，模型进行了简化，该模型能够用于二冷水的优化过程。通过计算多组采用不同二冷水分布情况下的铸坯元素偏析情况，来确定最优的二冷水分布情况。

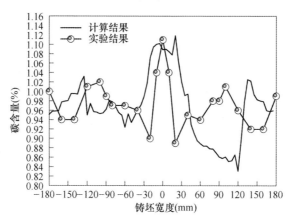

图 11-31   元素分布测量结果与计算结果对比

图 11-32 给出了铸坯完全凝固后 C、P、S 元素在横断面上的元素分布情况。计算结果表明，C、P、S 三种不同的元素主要在铸坯 1/4 处和中心处存在较严重的正偏析，在中间位置出现负偏析。

为了进一步分析元素在 1/4 处的分布情况，选取铸坯横断面上的 $Q1 \sim Q4$ 位置（图 11-33）在拉坯方向上进行分析。选取内弧侧的 $T0$ 位置观察温度变化，以此来区分不同位置处的不同二冷区。在完全凝固后，$Q1 \sim Q4$ 位置处的最终碳含量各不相同且含量均低于铸坯的平均成分，如图 11-34 所示，这进一步说明了凝固与偏析的非对称性。由于冷却强度很大，铸坯快速冷却，所以这 4 个位置形成坯壳时并没有产生元素偏析；进入二冷一区，该 4 处位置的元素开始正偏析；随着铸坯进入二冷二区，4 个位置处碳含量变化趋势相同，表现为正偏析；进入二冷三区，该位置开始凝固，碳含量急剧降低，最终该 4 个位置表现为负偏析且碳含量各不相同。

图 11-35 给出了 $Q1$ 位置沿拉坯方向碳含量与该位置的液相分数之间的关系。表明该位置在液相区时主要表现为正偏析，固相率由 0 增加到 0.2 的过程，C 元素急剧降低，最终完全凝固后表现为负偏析。

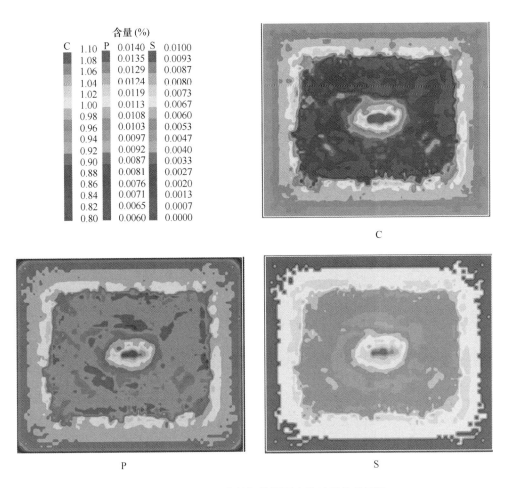

图 11-32 C、P、S 在铸坯横断面上的元素分布情况

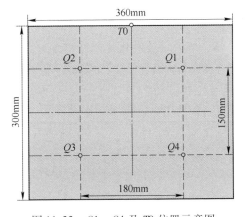

图 11-33 *Q*1 ~ *Q*4 及 *T*0 位置示意图

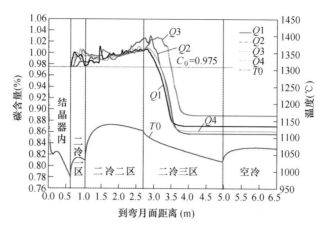

图 11-34　拉坯方向 $Q1 \sim Q4$ 位置处碳含量的变化情况

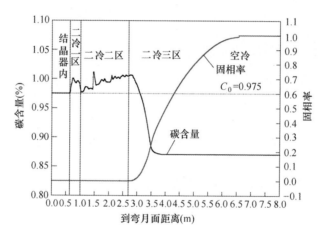

图 11-35　碳含量和固相率在 $Q1$ 位置的变化情况

11.7.2　二冷水分布优化方案

通过以上的讨论可知，该模型能够优化二冷水的分布情况，进而控制元素偏析，提升铸坯质量。根据钢厂 A 现有的生产情况，制订以下二冷水分布计算方案，如表 11-15 所示。

表 11-15　二冷水分布优化方案

实验	代号	二冷一段（L/min）	二冷二段（L/min）	二冷三段（L/min）
正常水量	1.0S2/S3	24.5	26.6	14.7
方案 1	0.8S1	19.6（减小 20%）	26.6	14.7
方案 2	0.9S1	22.1（减小 10%）	26.6	14.7
方案 3	1.1S1	27.0（增加 10%）	26.6	14.7
方案 4	1.2S1	29.4（增加 20%）	26.6	14.7

续表 11-15

实验	代号	二冷一段（L/min）	二冷二段（L/min）	二冷三段（L/min）
方案 5	0.8S2	24.5	21.3（减小 20%）	14.7
方案 6	0.9S2	24.5	24.0（减小 10%）	14.7
方案 7	1.1S2	24.5	29.3（增加 10%）	14.7
方案 8	1.2S2	24.5	31.9（增加 20%）	14.7
方案 9	0.8S2	24.5	26.6	11.8（减小 20%）
方案 10	0.9S2	24.5	26.6	13.2（减小 10%）
方案 11	1.1S2	24.5	26.6	16.2（增加 10%）
方案 12	1.2S2	24.5	26.6	17.6（增加 20%）

因为 C、P、S 具有相同的偏析趋势，同样只讨论 C 元素的分布情况。在不改变二冷二区和二冷三区水量的情况下，改变二冷一区水量。方案 1～方案 4 铸坯横断面上的 C 元素分布情况如图 11-36 所示。为了进一步定量对比 5 种工况下C 元素的偏析情况，沿宽面中心线输出碳含量，然后将以上 5 组数据输入同一图

碳含量 (%)
1.10
1.08
1.06
1.04
1.02
1.00
0.98
0.96
0.94
0.92
0.90
0.88
0.86
0.84
0.82
0.80

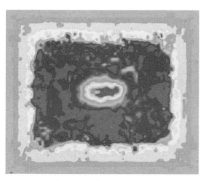

二冷一区水量减少20%

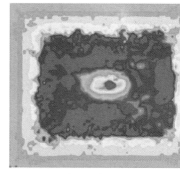

二冷一区水量减少10%

二冷一区水量增加10%

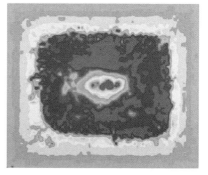

二冷一区水量增加20%

图 11-36　方案 1～方案 4 横断面的 C 元素分布

中进行对比,如图 11-37 所示。结果表明,5 种情况下 C 元素具有相同的分布趋势,方案 3 对应将二冷一区水量调整为 27.0L/min(原水量的 1.1 倍)时结果是最优的。

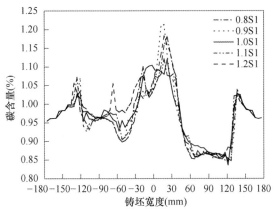

图 11-37 方案 1 ~ 方案 4 中心线上的 C 元素分布对比

在不改变二冷一区和二冷三区水量的情况下,改变二冷二区水量。方案 5 ~ 方案 8 铸坯横断面上的 C 元素分布情况如图 11-38 所示。宽面中心线上 C 元素分

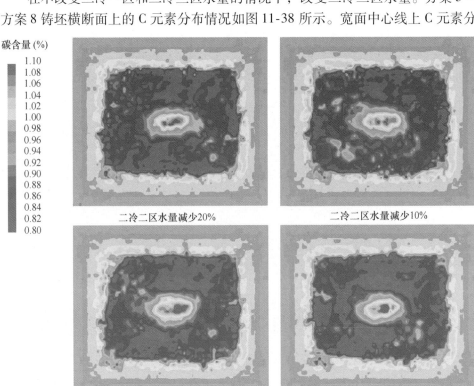

图 11-38 方案 5 ~ 方案 8 横断面的 C 元素分布

布情况如图 11-39 所示。结果表明，5 种情况下 C 元素具有相同的分布趋势，方案 6 对应二冷二区的水量调整为 24.0L/min（原水量的 0.9 倍）时结果是最优的。

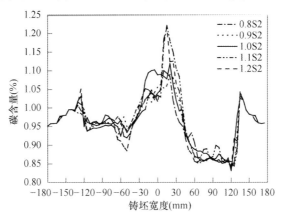

图 11-39　方案 5～方案 8 中心线上的 C 元素分布对比

在不改变二冷一区和二冷二区水量的情况下，改变二冷三区水量。方案 9～方案 12 铸坯横断面上的 C 元素分布情况如图 11-40 所示，宽面中心线上 C 元素

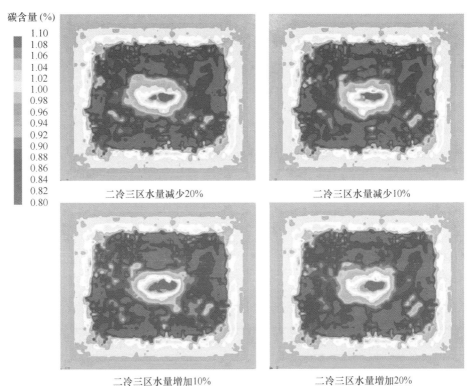

图 11-40　方案 9～方案 12 横断面的 C 元素分布

分布情况如图 11-41 所示。结果表明，5 种情况下 C 元素具有相同的分布趋势，将二冷三区的水量维持在 14.7L/min（原水量）时结果是最优的。

通过计算可知，针对该钢种将二冷一区水量调整为 27.0L/min，将二冷二区水量调整为 24.0L/min，二冷三区水量保持不变，有利于控制铸坯元素偏析，提升铸坯质量。

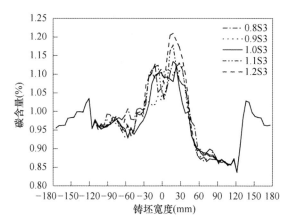

图 11-41　方案 9～方案 12 中心线上的 C 元素分布对比

11.8　GCr15 轴承钢工业验证实验

根据以上对 GCr15 轴承钢实验分析和计算分析，工业验证实验主要对 M-EMS、F-EMS、拉速和分配比等参数进行调整，特制订以下实验方案，如表 11-16 所示。

表 11-16　GCr15 轴承钢工业实验方案

坯号	钢种	1 流 M-EMS（A/Hz）	1 流 F-EMS（A/Hz）	3 流 M-EMS（A/Hz）	3 流 F-EMS（A/Hz）	拉速（m/min）	比水量（L/kg）	分配比
5705356-1	GCr15-SK	300/2.2	500/8	—	—	0.48	0.16	36:41:23
5705356-3	GCr15-SK	—	—	300/2.2	500/8	0.48	0.16	40:37:23
5805380-3	GCr15-SK	—	—	300/2.2	500/8	0.48	0.16	36:41:23
5805383-3	GCr15-SK	—	—	300/2.2	400/8	0.48	0.16	36:41:23
5805384-3	GCr15-SK	—	—	300/2.2	300/8	0.48	0.16	36:41:23
5805385-3	GCr15-SK	—	—	250/2.2	500/8	0.48	0.16	36:41:23
5705361-3	GCr15-SK	—	—	200/2.2	500/8	0.48	0.16	36:41:23

将以上 7 组铸坯打磨抛光后用 1:1 的盐酸水溶液侵蚀后观察其宏观和微观凝固组织。观察宏观凝固组织统计各晶区的面积百分比，然后统计 PDAS 和 SDAS，

其结果如表 11-17 所示。统计结果表明，采用 M-EMS（300A/2.2Hz）和 F-EMS（300A/8Hz）时的柱状晶区最小，等轴晶区最大。随着结晶器电磁搅拌电流的增加，中心等轴晶区应增大，而统计结果却减小，但是结果相差并不大，这是由不同炉次之间的凝固情况差异造成的。随着末端电磁搅拌电流的增加，中心等轴晶区减小。5805384-3 号铸坯的一次枝晶臂间距和二次枝晶臂间距均是最小的。PDAS 和 SDAS 随 M-EMS 和 F-EMS 的电流变化没有明显的变化规律。

表 11-17　GCr15 轴承钢铸坯凝固组织统计结果

坯号	激冷层（%）	柱状晶区（%）	混晶区（%）	等轴晶区（%）	PDAS（μm）	SDAS（μm）
5705356-1	3.03	58.01	17.31	21.56	232.6	266.0
5705356-3	2.48	52.91	21.48	23.13	243.9	285.2
5805380-3	1.73	55.59	29.20	13.48	200.8	232.8
5805383-3	2.13	50.55	24.23	23.00	241.8	291.8
5805384-3	1.97	47.16	22.75	28.12	194.4	220.4
5805385-3	1.49	50.92	22.23	25.36	235.2	255.6
5705361-3	2.07	50.16	24.47	23.29	228.0	267.4

为了更直观地评估元素的偏析行为，按照图 11-1 和图 11-2 所示位置进行钻孔，通过化学分析，获得碳、硫含量，然后进行对比以获得较佳的生产参数。

对于同一台连铸机在第一流和第三流所有浇注参数保持一致的情况下，将其中心线上的偏析指数进行对比，如图 11-42 所示，其元素分布也表现出较大的差异性。

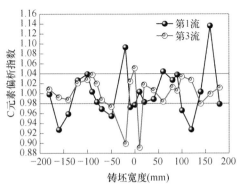
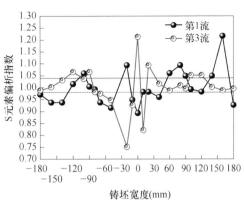

图 11-42　第 1 流和第 3 流的偏析指数对比

调整二冷水配比前后对比，铸坯 1/4 处偏析降低，但中心偏析明显增强，如

图 11-43 所示。综合考虑控制两种偏析，应采用 36:41:23 的二冷水配比。

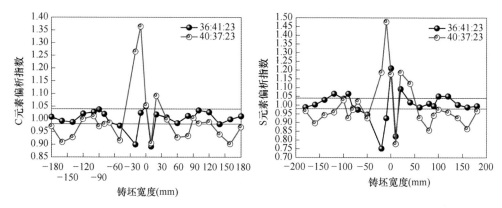

图 11-43 不同二冷水配比下偏析指数对比

不同结晶器电流情况下的铸坯偏析对比如图 11-44 所示。表明 300A/2.2Hz 时的搅拌参数下，1/4 处偏析和中心偏析控制的均较好。

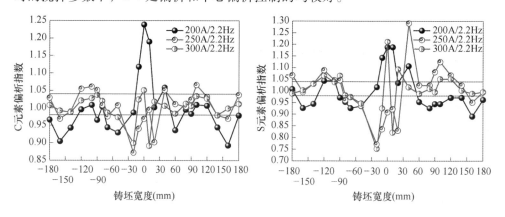

图 11-44 不同结晶器电磁搅拌参数下偏析指数对比

不同末端搅拌电流情况下的铸坯偏析对比如图 11-45 所示。表明 500A/8Hz 时的搅拌参数下，1/4 处偏析和中心偏析控制的均较好。

通过整体对比发现，生产 GCr15 轴承钢的最优参数如下：M-EMS 为 300A/2.2Hz，F-EMS 为 500A/8.0Hz，比水量为 0.16L/kg，二冷水分配比为 36:41:23。

优化前后 GCr15 轴承钢的生产参数如表 11-18 所示。两铸坯水平中心线上的元素分布对比如图 11-46 所示。对比结果表明，优化后的 C、S 元素在铸坯上的分布更为均匀。为了进一步验证铸坯偏析的改善情况，取优化后的 14 炉铸坯按照式（8-1）、式（8-2）进行偏析指数测量和计算，结果如表 11-19 所示。可以看出，在 6 块铸坯中有 4 炉的偏析指数控制在 0.98～1.04 之内，1 炉控制在

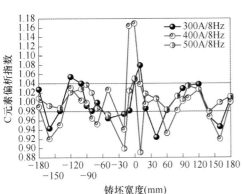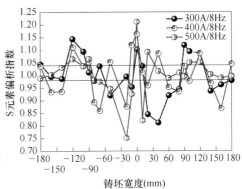

图 11-45 不同末端电磁搅拌参数下偏析指数对比

0.98 ~ 1.06 之内，1 炉控制在 0.98 ~ 1.07 之内，说明现有工艺条件下铸坯偏析已经控制得较好，但在生产过程中仍会存在一定的波动。

表 11-18 铸坯优化前后生产参数对比

坯号	钢种	M-EMS（A/Hz）	F-EMS（A/Hz）	拉速（m/min）	比水量（L/kg）	分配比
3718024	GCr15	300/2.2	500/8	0.48	0.16	36:41:23
5805380-3	GCr15-SK	300/2.2	500/8	0.48	0.16	36:41:23

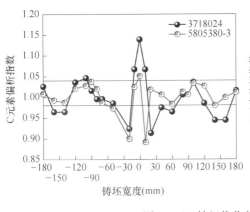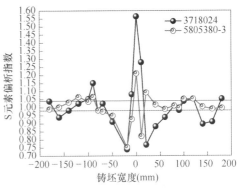

图 11-46 铸坯优化前后元素的分布情况

表 11-19 GCr15 轴承钢偏析指数

炉号	提桶样		位置 1		位置 2		位置 3		位置 4		位置 0	
	C（%）	S（%）	C（%）	S（%）	C（%）	S（%）	C（%）	S（%）	C（%）	S（%）	C（%）	S（%）
5807528-3	0.9500	0.0050	1.0159	0.0062	1.0116	0.0056	0.9980	0.0061	0.9878	0.0060	1.0298	0.0069
5807549-3	0.9500	0.0030	0.9993	0.0052	0.9863	0.0052	0.9813	0.0050	0.9900	0.0057	0.9677	0.0050

续表 11-19

炉号	提桶样		位置 1		位置 2		位置 3		位置 4		位置 0	
	C(%)	S(%)	C(%)	S(%)	C(%)	S(%)	C(%)	S(%)	C(%)	S(%)	C(%)	S(%)
5807540-1	0.9400	0.0060	0.9899	0.0057	0.9930	0.0055	0.9725	0.0054	0.9653	0.0055	1.0736	0.0066
5707501-1	0.9400	0.0040	1.0218	0.0056	1.0050	0.0057	1.0130	0.0054	0.9925	0.0059	0.9453	0.0047
5407493-3	0.9400	0.0040	0.9932	0.0058	0.9828	0.0059	0.9724	0.0056	0.9594	0.0050	1.0467	0.0052
5807538-1	0.9400	0.0040	0.9834	0.0049	0.9827	0.0046	0.9722	0.0048	0.9747	0.0051	1.0172	0.0054

12　轴承钢凝固组织和元素偏析控制总结

高碳铬轴承钢含有较高的碳含量及合金元素，在连铸过程中极易产生偏析，较严重的偏析行为影响轴承钢的质量，缩短轴承的使用寿命。所以尽量减轻或消除铸坯中元素的偏析行为对于改善轴承钢的均匀性、提升其质量具有重要意义。通过对电磁搅拌影响柱状晶的研究表明，电磁搅拌可以增加等轴晶区的比例，提高冷却速率，减小二次枝晶臂间距，进而减弱轴承钢的微观偏析。

轴承钢连铸坯凝固组织分为激冷层、柱状晶区、混晶区和中心等轴晶区，研究中电磁搅拌参数 M-EMS 为 450A/2.5Hz，F-EMS 为 750A/8Hz，各晶区分别占铸坯断面总面积的 14.8%、40.1%、28.5% 和 16.8%。结晶器电磁搅拌产生的电磁场诱导钢液产生旋转运动，从而导致铸坯在凝固过程中柱状晶生长方向偏离原生长方向，柱状晶偏转角在铸坯中间位置达到最大值，在角部位置具有最小值。钢液流速在 0.35~0.40m/s 之间变化时，铸坯的柱状晶偏角在 18°~23° 之间；当钢液速度进一步增大时，柱状晶偏角几乎不再变化。

电磁搅拌对宏观组织、枝晶臂间距、柱状晶偏转角等方面的影响概括为：（1）中心等轴晶区面积百分比与电磁搅拌强度呈指数关系，连铸坯中心等轴晶区随着电磁搅拌强度的增强，先增大然后保持不变；（2）PDAS 与电磁搅拌强度呈抛物线关系，PDAS 随着电磁搅拌强度的增强先增大后减小；（3）SDAS 及铸坯平均冷却速率与电磁搅拌强度呈线性关系，SDAS 随着电磁搅拌强度的增强而减小，铸坯平均冷却速率随着电磁搅拌强度的增强而增大；（4）柱状晶偏角与电磁搅拌强度呈指数关系，柱状晶偏角随着电磁搅拌强度的增强先增大然后保持不变。

微观偏析发生在几个晶粒范围内或树枝晶空间内，其成分的差异只局限于几个微米的区域之间，可以通过热处理等手段减轻其对钢材的影响。宏观偏析则发生在整个铸坯内，其成分的差异可表现在几厘米到几十厘米的范围内。与微观偏析的差别在于，溶质元素在固相中的扩散速率非常小，连铸坯完全凝固之后，宏观偏析就很难被消除。因此，要改善或者消除连铸坯宏观偏析，必须在连铸坯完全凝固之前采取措施。提高钢液纯净度、控制冷却速率、降低过热度、控制拉速、增加二冷强度、采用电磁搅拌及轻压下技术等因素对于消除或减轻中心偏析有重要作用，对二冷强度、过热度、拉速和电磁搅拌参数等因素对宏观偏析的影响进行了模拟和工业验证。工业验证实验表明，断面尺寸为 300mm × 360mm 的 GCr15 轴承钢连铸坯，采用拉速为 0.48m/min、过热度为 10~30℃工艺，最佳生产参数为：M-EMS 为 300A/2.2Hz，F-EMS 为 500A/8.0Hz，比水量为 0.16L/kg，二冷水分配比为 36:41:23。优化后 66.7% 铸坯偏析指数均控制在 0.98~1.04 之内，铸坯的元素分布较优化之前更加均匀，铸坯质量得到明显提升。

参 考 文 献

[1] Beswick J. The effect of chromium in high carbon bearing steels [J]. Metallurgical & Materials Transactions A, 1987, 18 (11): 1897-1906.

[2] Chakraborty J, Bhattacharjee D, Manna I. Austempering of bearing steel for improved mechanical properties [J]. Scripta Materialia, 2008, 59 (2): 247-250.

[3] 濑户浩藏. 轴承钢——在 20 世纪诞生并飞速发展的轴承钢 [M]. 北京: 冶金工业出版社, 2003.

[4] Lund T, Akesson J. Oxygen content, oxidic microinclusions, and fatigue properties of rolling bearing steels [J]. ASTM International, 1988, 308-330.

[5] Uesugi T. Recent development of bearing steel in Japan [J]. Transactions of the Iron and Steel Institute of Japan, 1988, 28 (11): 893-899.

[6] 虞明全. 轴承钢钢种系列的发展状况 [J]. 上海金属, 2008 (3): 49-54.

[7] 李昭昆, 雷建中, 徐海峰等. 国内外轴承钢的现状与发展趋势 [J]. 钢铁研究学报, 2016 (3): 1-12.

[8] 杨晓蔚. 对轴承钢的一般认识和深入认识 [J]. 轴承, 2012 (9): 54-58.

[9] 何加群. 中国工业强国战略和轴承产业 [J]. 轴承, 2015 (1): 55-63.

[10] Ovako Steel AB. Steels for bearing production from Ovako [R]. Hofors Sweden: Ovako Steel AB, 2006: 53-78.

[11] 王庆祥. 转炉吹氧炼钢去碳过程模型的研究 [J]. 炼钢, 1996 (4): 40-43.

[12] 魏果能, 许达, 俞峰. 高质量轴承钢的需求、生产和发展 [C]. 中国特殊钢年会. 北京, 2005: 106-112.

[13] Göransson M, Jönsson P. Ideas for process control of inclusion characteristics during steelmaking [J]. ISIJ International, 2001, 41 (Suppl): S42-S46.

[14] 邢梅峦. 转炉流程轴承钢生产 LF 工艺研究 [D]. 北京: 北京科技大学, 2006.

[15] Kato Y, Masuda T, Kawakami K et al. Recent improvements in cleanliness in high carbon chromium bearing steel [J]. ISIJ International, 1996, 36 (Suppl): S89-S92.

[16] 王现辉. 轴承钢连铸钢水凝固与二冷配水优化的研究 [D]. 唐山: 河北理工大学, 2005.

[17] Yoon B, Heo K, Kim J et al. Improvement of steel cleanliness by controlling slag composition [J]. Ironmaking & Steelmaking, 2013, 29 (3): 214-217.

[18] 朱诚意, 吴炳新, 张志成等. 轴承钢生产过程中夹杂物控制的研究进展 [J]. 机械工程材料, 2014, 38 (7): 8-15.

[19] 缪新德, 徐国庆, 陈情华等. GCr15 钢中大颗粒夹杂 (DS 类) 的生成原因分析 [J]. 炼钢, 2007, 23 (2): 21-24.

[20] 王金刚, 李雷. GCr15 轴承钢夹杂物缺陷分析及改进 [J]. 河北冶金, 2013, (5): 62-63.

[21] 叶婷, 肖爱平, 李德胜等. GCr15 轴承钢连铸坯冶金质量的分析 [J]. 特殊钢, 2002, 23 (3): 35-37.

［22］张仰东，吴晓东，谈盛康. GCr15 轴承钢中非金属夹杂物行为的研究［J］. 热加工工艺，2011，40（24）：44-46.

［23］付鹏冲，李文双，朱林林. 超低氧含量 GCr15 轴承钢夹杂物控制［J］. 山东冶金，2015，37（6）：23-25.

［24］石伟炜，唐艳丽. 80T 电炉生产 GCr15 轴承钢夹杂物控制研究［C］. 第十七届（2013年）全国炼钢学术会议论文集（B 卷）. 2013：925-927.

［25］段永卿，王建锋，郭朝军. 高碳铬轴承钢 GCr15 的生产实践［J］. 钢铁研究，2016，（1）：50-54.

［26］朱伦才. 高碳轴承钢 VD 精炼过程夹杂物行为的研究［J］. 安徽工业大学学报（自然科学版），2011，28（04）：340-344.

［27］高振波，陈扬，石玮等. 马钢轴承钢试制的非金属夹杂物控制的精炼工艺研究［J］. 安徽冶金科技职业学院学报，2015，（2）：1-4.

［28］张强，许可，杨森祥等. 转炉冶炼 GCr15 轴承钢质量控制实践［J］. 炼钢，2013，29（4）：15-25.

［29］王超，袁守谦，陈列等. GCr15 轴承钢冶炼工艺优化［J］. 炼钢，2009（4）：20-23.

［30］李世健，杨亮，成国光等. 电渣重熔 GCr15 轴承钢化学成分变化及夹杂物特性研究［C］. 宝钢学术年会论文集，上海，2015.

［31］李彬，马忠存. AOD-LF-VD-CC 工艺生产轴承钢洁净度的研究［J］. 黑龙江冶金，2014，（6）：7-9.

［32］蒋晨旭，岳峰，刘建等. 90 t BOF-LF-VD 工艺冶炼 GCr15 轴承钢的氧化物夹杂变化行为［J］. 特殊钢，2016，37（01）：5-8.

［33］熊洪进，李彬. 轴承钢冶炼过程铝含量的控制研究［J］. 特钢技术，2015（3）：36-38.

［34］Schlatter R. Double vacuum melting of high performance bearing steels［J］. Industrial Heating，1974，41（9）：40-55.

［35］钟顺思，王昌生. 轴承钢［M］. 北京：冶金工业出版社，2000.

［36］Shimamoto M, Sugimura T, Kimura S, et al. Improvement of the rolling contact fatigue resistance in bearing steels by adjusting the composition of oxide inclusions［J］. ASTM International, 2015, 10：173-185.

［37］王硕明，吕庆，王洪利等. 转炉流程轴承钢连铸坯非金属夹杂物的行为［J］. 东北大学学报，2006（2）：192-195.

［38］Agarwal N, Kahn H, Avishai A et al. Enhanced fatigue resistance in 316L austenitic stainless steel due to low- temperature paraequilibrium carburization［J］. Acta Materialia, 2007, 55（16）：5572-5580.

［39］Cho J, Joshi M, Sun C. Effect of inclusion size on mechanical properties of polymeric composites with micro and nano particles［J］. Composites Science and Technology, 2006, 66（13）：1941-1952.

［40］Liu H, Jiang Y, Zhou R et al. Mechanical property and rolling contact fatigue life of TiN film on bearing steel by plasma immersion ion implantation and deposition［J］. Reviews on Advanced Materials Science, 2013, 33（2）：131-136.

［41］ Ko H, Kagaya C, Itoga H et al. Effect of fine particle bombarding on fatigue strength of high strength steel ［J］. WIT Transactions on Engineering Sciences, 2001, 33：313-322.

［42］ Naito T, Ueda H, Kikuchi M. Fatigue behavior of carburized steel with internal oxides and non-martensitic microstructure near the surface ［J］. Metallurgical Transactions A, 1984, 15 (7)：1431-1436.

［43］ Shiozawa K, Lu L, Ishihara S. Subsurface fatigue crack initiation behavior and S-N curve characteristics in high carbon-chromium bearing steel ［J］. Journal of the Society of Materials Science, Japan, 1999, 48 (10)：1095-1100.

［44］ Shiozawa K, Lu L, Ishihara S. S-N curve characteristics and subsurface crack initiation behaviour in ultra-long life fatigue of a high carbon-chromium bearing steel ［J］. Fatigue & Fracture of Engineering Materials & Structures, 2002, 24 (12)：781-790.

［45］ 杨光维, 郝鑫, 杨叠等. GCr15 轴承钢冶炼过程钢液洁净度变化 ［J］. 钢铁, 2014 (11)：31-35.

［46］ 李明钢, 刘润藻, 林腾昌等. GCr15 轴承钢中非金属夹杂物的转变 ［J］. 钢铁研究学报, 2014 (5)：56-60.

［47］ 曹立国, 李士琦, 陈泽. 石钢 GCr15 轴承钢实践 ［J］. 钢铁, 2008 (6)：38-41.

［48］ 刘兴洪, 缪新德, 蔡燮鳌. 兴澄 GCr15 钢生产过程质量控制探讨 ［J］. 中国冶金, 2009 (1)：31-35.

［49］ 闫文凯, 杨卯生, 杜景红等. 高纯净 GCr15 轴承钢组织演变与快速球化工艺的研究 ［J］. 钢铁, 2010 (12)：63-67.

［50］ 龚伟, 战东平, 姜周华等. 转炉流程生产高品质轴承钢的实践 ［J］. 中国冶金, 2013 (4)：35-39.

［51］ 王博, 姜周华, 龚伟等. GCr15 轴承钢夹杂物及全氧含量控制工艺分析 ［J］. 材料与冶金学报, 2004 (2)：90-94.

［52］ Uesugi T. Production of high-carbon chromium bearing steel in vertical type continuous caster ［J］. ISIJ International, 1986, 26：614-620.

［53］ Gigović-Gekić A, Oruč M, Vitez I et al. Analyse and research of nonmetallic inclusions for steel 100Cr6 ［J］. Metalurgia, 2009, 48 (1)：29-32.

［54］ Pretorius E, Oltmannh, Schart B. An overview of steel cleanliness from an industry perspective ［C］. AIS Tech Conference Proceedings. 2013.

［55］ 于平. 高品质轴承钢的冶炼工艺和理论研究 ［D］. 北京：北京科技大学, 2004.

［56］ Johansson T, Lund T, Ölund P. A review of Swedish bearing steel manufacturing and quality assurance of steel products ［J］. Journal of ASTM International, 2006, 3 (10)：1-13.

［57］ 吴炳新. 高品质 GCr15 轴承钢精炼过程中非金属夹杂物演变规律及控制措施研究 ［D］. 武汉：武汉科技大学, 2015.

［58］ Albedyhl M, Feldmann H, Grotepass J et al. Temperature-controlled rolling of steel bar and wire rod ［J］. Metall Plant Technol., 1988, 11 (6)：46-48.

［59］ 蔡乔方. 加热炉 ［M］. 北京：冶金工业出版社, 1996.

［60］ Kim K, Bae C. Reduction of segregation during casting of 100Cr6 bearing steel by cerium inoculation [J]. Metals and Materials International, 2013, 19 (3): 371-375.

[61] Lu H, Su H, Mei C et al. Effects of B, N, Cr and Mo ion implantation on the corrosion resistance of pure iron and its alloys (GCr15 and Cr4Mo4V) [J]. Vacuum, 1989, 39 (2): 187-189.

[62] 胡兆民, 张伟国, 刘凤英等. 注入稀土元素改善钢的耐蚀性 [J]. 核技术, 1987 (1): 15-18.

[63] 王新华. 钢铁冶金——炼钢学 [M]. 北京: 高等教育出版社, 2007.

[64] 张立峰, 杨文, 张学伟等. 钢中夹杂物的系统分析技术 [J]. 钢铁, 2014, 49 (2): 1-8.

[65] Ruby-Meyer F, Hénault E, Rocher-Bakour M et al. Improvement of inclusion cleanness in bearing steel and Ca treated steel [J]. Revue De Métallurgie, 2007, 104 (12): 585-590.

[66] Nakagawa A, Sakai T, Harlow D et al. A probabilistic model on crack initiation modes of metallic materials in very high cycle fatigue [J]. Procedia Structural Integrity, 2016 (2): 1199-1206.

[67] Sakai T, Sato Y. Current studies on ultra-long-life fatigue properties for metallic materials mainly focusing to bearing steels: fundamental fatigue data required to ecodesign of mechanical structures [C]. 2005 4th International Symposium on Environmentally Conscious Design and Inverse Manufacturing. 2005: 296-303.

[68] Li W, Sakai T, Li Q et al. Reliability evaluation on very high cycle fatigue property of GCr15 bearing steel [J]. International Journal of Fatigue, 2010, 32 (7): 1096-1107.

[69] Li W, Wang P, Lu L et al. Evaluation of gigacycle fatigue limit and life of high-strength steel with interior inclusion-induced failure [J]. International Journal of Damage Mechanics, 2014, 23 (7): 931-948.

[70] Ochi Y, Matsumura T, Masaki K et al. High-cycle rotating bending fatigue property in very long-life regime of high-strength steels [J]. Fatigue & Fracture of Engineering Materials & Structures, 2002, 25 (8-9): 823-830.

[71] Sakai T, Haradah, Oguma N. Crack initiation mechanism of bearing steel in very high cycle fatigue [C]. Proceedings of European Conference of Fracture, 2006.

[72] Oguma N, Lian B, Sakai T et al. Long life fatigue fracture induced by interior inclusions for high carbon chromium bearing steels under rotating bending [J]. Journal of ASTM International, 2010, 7 (9): 1-9.

[73] Murakami Y. Effects of small defects and nonmetallic inclusions on the fatigue strength of metals [J]. Key Engineering Materials, 1991, 51 (2): 37-42.

[74] Murakami Y. Inclusion rating by statistics of extreme values and its application to fatigue strength prediction and quality control of materials [J]. International Journal of Fatigue, 1994, 18 (3): 215-215.

[75] 村上敬宜, 遠藤正浩. 微小き裂の下限界応力拡大係数幅 ΔK_- に及ぼす硬さとき裂形状の影響 [J]. 材料, 1986, 35 (395): 911-917.

[76] 村上敬宜, 児玉昭太郎, Shotaro K et al. 高強度鋼の疲労強度に及ぼす介在物の影響の定量的評価法 [J]. 日本機械学會論文集 A, 1988, 54 (500): 688-696.

［77］ Melander A, Gustavsson A. An FEM study of driving forces of short cracks at inclusions in hard steels ［J］. International Journal of Fatigue, 1996, 18 (6): 389-399.

［78］ Böhmerh. A new approach to determine the effect of nonmetallic inclusions on material behavior in rolling contact ［J］. Creative Use of Bearing Steels, 1993: 211-221.

［79］ Murakami Y, Nomoto T, Ueda T et al. Analysis of the mechanism of superlong fatigue failure by optical microscope and SEM/AFM observations ［J］. Zairyo, 1999, 48 (10): 1112-1117.

［80］ Moghaddam S, Sadeghi F, Paulson K et al. Effect of non-metallic inclusions on butterfly wing initiation, crack formation, and spall geometry in bearing steels ［J］. International Journal of Fatigue, 2015, 80 (18): 203-215.

［81］ Tricot R, Monnot J, Lluansi M. How microstructural alterations affect fatigue properties of 52100 steel ［J］. Met Eng Q, 1972, 12 (2): 39-47.

［82］ Shiozawa K, Morii Y, Nishinos et al. Subsurface crack initiation and propagation mechanism in high-strength steel in a very high cycle fatigue regime ［J］. International Journal of Fatigue, 2006, 28 (11): 1521-1532.

［83］ 上杉年一. わが国の軸受鋼の進步発展について ［J］. 鐵と鋼: 日本鐵鋼協會々誌, 1988, 74 (10): 1889-1894.

［84］ Sakai T, Takeda M, Tanaka N et al. S-N property and fractography of high carbon chromium bearing steel over ultra wide life region under rotating bending ［J］. Transactions of the Japan Society of Mechanical Engineers Part A, 2001, 67 (663): 1805-1812.

［85］ Hashimoto K, Fujimatsu T, Tsunekage N et al. Study of rolling contact fatigue of bearing steels in relation to various oxide inclusions ［J］. Materials & Design, 2011, 32 (3): 1605-1611.

［86］ Shiozawa K, Hasegawa T, Kashiwagi Y et al. Very high cycle fatigue properties of bearing steel under axial loading condition ［J］. International Journal of Fatigue, 2009, 31 (5): 880-888.

［87］ Schlicht H, Schreiber E, Zwirlein O. Effects of material properties on bearing steel fatigue strength ［J］. ASTM International, 1988, 81-101.

［88］ Brooksbank D. Thermal expansion of calcium aluminate inclusions and relation to tessellated stresses ［J］. J Ironsteel Inst, 1970, 208 (5): 495-499.

［89］ Zwirlein O, Schlicht H. Rolling contact fatigue mechanisms-accelerated testing versus field performance, rolling contact fatigue testing of bearing steels ［J］. ASTM Special Technical Publication, 1982: 358-379.

［90］ Monnot J, Heritier B, Cogne J. Effect of steel manufacturing process on the quality of bearing steels ［J］. ASTMSTP987, American Society for Testing Materials, Philadelphia, USA, 1988, 149-164.

［91］ Ota T, Okamoto K, Shiko S. Effect of non-metallic inclusion on the fatigue life of bearing steel ［J］. Tetsu-to-Hagane, 1967, 53: 876-880.

［92］ 维诺格拉德. 滚珠轴承钢中的非金属夹杂物 ［M］. 北京: 重工业出版社, 1956.

［93］ Kiessling R, Lange N. Non-Metallic Inclusions in Steel ［M］. London: The Metal Society, 1976.

［94］ Muan A, Osborn E. Phase Equilibria among Oxides in Steelmaking ［M］. New Jersey: Addison-Wesley, 1965.

[95] 王林梅, 杨川, 程海明等. 国产与进口轴承钢组织结构与性能分析 [J]. 热加工工艺, 2008, 37 (18): 48-51.

[96] Enekes S. Effects of some metallurgical characteristics on the fatigue life of bearing steels [J]. Production and Application of Cleansteels, 1972: 215-220.

[97] Chen Q, Shao E, Zhao D et al. Measurement of the criticalsize of inclusions initiating contact fatigue cracks and its application in bearing steel [J]. Wear, 1991, 147 (2): 285-294.

[98] Hashimoto K, Hiraoka K, Kida K et al. Effect of sulphide inclusions on rolling contact fatigue life of bearing steels [J]. Materials Science & Technology, 2013, 28 (1): 39-43.

[99] Matsuo T, Homma N, Matsuokas et al. Effect of hydrogen and prestrain on tensile properties of carbon steels GP (0.078C-0.012Si-0.35Mn, mass%) for 0.1MPa hydrogen pipelines [J]. Nihon Kikai Gakkai Ronbunshu Ahen/Transactions of the Japan Society of Mechanical Engineers Part A, 2008, 74 (744): 1164-1173.

[100] Kawahara J, Tanabe K, Banno T et al. Advance of valve spring steel [J]. Wire Journal International (USA), 1992, 25 (11): 55-61.

[101] 王昌生, 万业恕, 陈钜衔. 氧含量对轴承钢疲劳寿命的影响 [J]. 特殊钢, 1990, 6 (11): 22-28.

[102] Frank L. Castability-from alumina to spinels (and more) [C]. 84th Steelmaking Conference. 2001: 403-416.

[103] 結城, 晋梶川, ほが. 軸受鋼の寿命におよぼす介在物および組織の効果 [J]. 鉄と鋼, 1966, 52 (4): 747-750.

[104] 李作贤, 赖道金. 铝对高碳铬轴承钢氧含量和夹杂物的影响 [J]. 特钢技术, 2006, 11 (3): 28-31.

[105] 李涛, 王海江, 吉海峰. 高质量轴承钢金相夹杂物的控制研究 [C]. 中国钢铁年会, 2013.

[106] Wijk O, Brabie V. The purity of ferrosilicon and its influence on inclusion cleanliness of steel [J]. ISIJ International, 1996, 36 (Suppl): 132-135.

[107] Jos, Kims, Song B. Thermodynamics on the formation of spinel ($MgO \cdot Al_2O_3$) inclusion in liquid iron containing chromium [J]. Metallurgical and Materials Transactions B, 2002, 33 (5): 703-709.

[108] Ohta H, Suito H. Deoxidation equilibria of calcium and magnesium in liquid iron [J]. Metallurgical & Materials Transactions B, 1997, 28 (28): 1131-1139.

[109] 马文俊, 包燕平, 王敏等. 轴承钢 GCr15 铸坯夹杂物的分析研究 [J]. 钢铁钒钛, 2014, 35 (4): 98-102.

[110] 刘旭兰, 吴晓东, 周丹等. 轴承钢精炼过程非金属夹杂物行为的研究 [J]. 钢铁研究, 2009, 37 (2): 27-30.

[111] 谢文新, 包燕平, 王敏等. GCr15 轴承钢探伤缺陷与夹杂物的关系 [J]. 钢铁, 2015, (3): 44-48.

[112] Fujita S, Murakami Y. A new nonmetallic inclusion rating method by positive use of hydrogen

embrittlement phenomenon [J]. Metallurgical & Materials Transactions A, 2013, 44 (1): 303-322.

[113] Hetzner D. Developing ASTM E 2283: standard practice for extreme value analysis of non-metallic inclusions in steel and other microstructural features [J]. Journal of ASTM International, 2006, 3 (8): 18.

[114] Zou S, Murakami Y, Fukushima Y et al. Statistics of extremes analysis of nonmetallic inclusions based on 3D inspection [J]. Tetsu-to-Hagane, 2001, 87 (12): 748-755.

[115] Zhou S, Murakami Y, Berettas et al. Experimental investigation on statistics of extremes for three-dimensional distribution of non-metallic inclusions [J]. Materials Science & Technology, 2013, 18 (12): 1535-1543.

[116] Furuya Y, Matsuoka S, Abe T. A novel inclusion inspection method employing 20kHz fatigue testing [J]. Metallurgical & Materials Transactions A, 2003, 34 (11): 2517-2526.

[117] Murakami Y. Metal fatigue: effects of small defects and nonmetallic inclusions [J]. Chromatographia, 2002, 70 (7): 1197-1200.

[118] 山陽特殊製鋼（株）. 超高清净度鋼: SP 鋼の鋼種特性と部品展開 [J]. 山陽特殊鋼技報, 2006, 13 (1): 77-78.

[119] 山陽特殊製鋼（株）. 高信頼性長寿命軸受鋼 PremiumJ2 [J]. 山陽特殊鋼技報, 2013, 20 (1): 70-71.

[120] Monnot J, Heritier B, Cogne J. Relationship of melting practice, inclusion type and size with fatigue resistance of bearing steels [J]. ASTM International, 1988: 149-165.

[121] Lund T, Törresvoll K. Quantification of large inclusions in bearing steels [J]. Bearing steels: Into the 21st Century. ASTM International, 1998: 27-38.

[122] Yamada H, Tsushima N. Evaluation of non-metallic inclusions of steels used for rolling bearings from fracture surface by rotating ring fatigue fracture test [J]. Wear, 1987, 118 (3): 305-317.

[123] 龚伟. 连铸轴承钢氧含量和夹杂物控制研究 [D]. 沈阳: 东北大学, 2006.

[124] 川上潔, 谷口剛, 中島邦彦. 高清净度鋼における介在物の生成起源 [J]. 鐵と鋼: 日本鐵鋼協會々誌, 2007, 93 (12): 743-752.

[125] 刘绍康, 黄煌. 减少轴承钢和齿轮钢中大颗粒点状氧化物夹杂（Ds）的工艺实践 [J]. 特殊钢, 2008, 29 (5): 41-42.

[126] 刘浏, 范建文, 王乐等. 轴承钢精炼中大型夹杂物来源的示踪研究 [C]. 宝钢学术年会, 2015.

[127] 杨娥, 周立新, 刘光辉等. 轴承钢大颗粒夹杂物的高频超声波 C 型扫描检测 [J]. 理化检验: 物理分册, 2011 (1): 30-32.

[128] 左辉. 高纯净度 GCr15 轴承钢的开发与研究 [D]. 镇江: 江苏大学, 2014.

[129] 许正周. 轴承钢精炼工艺的研究 [D]. 镇江: 江苏大学, 2015.

[130] Lund T, Ölund L. Improving production, control and properties of bearing steels intended for demanding applications [J]. ASTM Special Technical Publication, 1999, 1361: 32-48.

[131] Reinholdsson F, Lind A, Nilsson R et al. A metallurgical tool for rapid determination of micro

inclusion characteristics in bearing steel production [J]. ISIJ International, 1997, 37 (6): 637-639.

[132] Toriyama T, Murakami Y, Yamashita T et al. Inclusion rating by statistics of extreme for electron beam remelted super clean bearing steel and its application to fatigue strength prediction [J]. Tetsu-to-Hagane, 1995, 81: 1019-1024.

[133] Sandaiji Y, Tamura E, Tsuchida T. Influence of inclusion type on internal fatigue fracture under cyclic shear stress [J]. Procedia Materials Science, 2014 (3): 894-899.

[134] 周德光, 王平, 徐卫国等. 轴承钢的生产与发展 [J]. 炼钢, 1998 (5): 53-57.

[135] 秦添艳. 轴承钢的生产和发展 [J]. 热处理, 2011, 26 (2): 9-13.

[136] Bombardelli B, Pacchiani G, Holznerh et al. The distribution and quantitative relationship of oxygen and inclusions in high-carbon ball bearing steel [J]. ASTM International, 1988, 166-188.

[137] 耿克, 吴明, 翁韶华等. 高纯净 GCr15 轴承钢脆性夹杂物的控制 [J]. 特殊钢, 2008, 29 (5): 54-55.

[138] 庞洪亮, 边延君. 90t LF (VD) 精炼工艺对 GCr15 轴承钢氧含量的影响 [J]. 特殊钢, 2006, 27 (1): 57-58.

[139] 汪质刚, 肖爱平, 潘明旭等. 高品质大规格 GCr18Mo 轴承钢的试制 [J]. 特殊钢, 2008, 29 (3): 55-56.

[140] 汪质刚, 安钢, 肖爱平等. SKF3 轴承钢的试制 [J]. 特殊钢, 2007, 28 (2).

[141] 汪国才, 龚志翔. 110t UHP EAF—LF—RH—CC 流程生产 GCr15 轴承钢的工艺实践 [J]. 特殊钢, 2013, 34 (6): 39-41.

[142] 黄涛, 范连明, 宋满堂. 150t 转炉—LF—RH—350mm×470mm CC 流程生产优质轴承钢 GCr15 的工艺实践 [J]. 特殊钢, 2013, 34 (2): 38-40.

[143] 阎丽珍, 修建军, 苏庆林等. 降低轴承钢 GCr15 全氧含量生产实践 [C]. 中国钢铁年会, 2013.

[144] 何西, 万文华, 华建民等. 90t 电转炉轴承钢冶炼氧含量控制 [C]. 中国金属学会特钢分会特钢冶炼学术委员会, 2014 年全国特钢年会, 2014: 212-216.

[145] 陈爱梅. 120t BOF—LF—VD—CC 工艺生产 GCr15 轴承钢的氧含量控制 [J]. 特殊钢, 2012, 33 (5): 43-44.

[146] 吴伟. 转炉生产轴承钢冶炼工艺的研究 [D]. 北京: 钢铁研究总院, 2006.

[147] 王立君, 周艳丽, 叶黎华. 莱钢低氧轴承钢冶炼工艺分析 [C]. 中国金属学会青年学术年会, 2006: 209-211.

[148] 于桂玲, 王忠英. 钡合金脱氧对 GCr15 轴承钢夹杂物和疲劳寿命的影响 [J]. 特殊钢, 2003, 24 (5): 49-50.

[149] 王治钧, 袁守谦, 陈列等. LF—VD 精炼过程中 GCr15 钢中夹杂物的行为 [J]. 钢铁研究学报, 2012, 24 (2): 11-15.

[150] Zhang X, Chen Q, Xiong Y et al. study on cleanliness of bearing steel GCr15 during steelmaking process [J]. Iron & Steel, 2008, 43 (7): 37-40.

[151] 范植金, 罗国华, 徐志东等. 钢液预处理→120t 转炉→钢包精炼→真空脱气→连铸流程

生产 GCr15 轴承钢的纯净度［J］. 理化检验：物理分册，2011，47（12）：744-747.

［152］彭波，刘丽丽，温瀚. 轴承钢用精炼渣冶金性能分析［J］. 山东冶金，2013（2）：38-40.

［153］Deng Z，Zhu M，Zhou Y et al. Attachment of alumina on the wall of submerged entry nozzle during continuous casting of Al-killed steel［J］. Metallurgical & Materials Transactions B，2016，47（3）：2015-2025.

［154］Holappa L，hämäläinen M，Liukkonen M et al. Thermodynamic examination of inclusion modification and precipitation from calcium treatment to solidified steel［J］. Ironmaking & Steelmaking，2013，30（2）：111-115.

［155］Verma N，Pistorius P，Fruehan R et al. Transient inclusion evolution during modification of alumina inclusions by calcium in liquid steel：part II. results and discussion［J］. Metallurgical & Materials Transactions B，2011，42（4）：720-729.

［156］李树森，任英，张立峰等. 管线钢精炼过程中夹杂物 CaO 和 CaS 的研究［J］. 工程科学学报，2014（S1）：168-172.

［157］任英，张立峰，杨文. 不锈钢中夹杂物控制综述［J］. 炼钢，2014，30（1）：71-78.

［158］Pretorius E，Oltmann H，Cash T. The effective modification of spinel inclusions by Ca-treatment in LCAK steel［J］. Iron & Steel Technology，2010，7（7）：31-44.

［159］陈秀娟，郑少波，洪新等. VD 冶炼轴承钢时渣中 CaO 还原热力学分析［C］. 首届宝钢学术年会，2004.

［160］Sakata K. Technology for production of austenite type clean stainless steel［J］. ISIJ International，2006，46（12）：1795-1799.

［161］Solano-Alvarez W，Bhadeshia H. White-etching matter in bearing steel. Part I：controlled cracking of 52100 steel［J］. Metallurgical & Materials Transactions A，2014，45（11）：4907-4915.

［162］陈然，陈兆平，徐迎铁等. 轴承钢夹杂物行为的原位观察［J］. 钢铁研究学报，2015，27（12）：48-53.

［163］石超民，缪新德，于春梅等. 轴承钢中钙铝酸盐夹杂物行为研究［C］. 冶金工程科学论坛，2006：209-212.

［164］董学涛，刘红神. 电炉高等级 GCr15 轴承钢的试制［J］. 本钢技术，2013（6）：13-16.

［165］邹恒言，刘道第，王国强. GCr15 钢点状夹杂成因的探讨［J］. 钢铁，1981，16（11）：30-38.

［166］卓伟伟，雷强，王庆祥等. 影响转炉低碳钢冶炼脱磷的因素分析［J］. 钢铁研究，2008，36（5）：9-11.

［167］李涛，王海江. 低钛轴承钢中 Ti 含量控制研究［C］. 全国炼钢-连铸生产技术会，2012：423-427.

［168］战东平，姜周华，龚伟等. 轴承钢中氮化钛的生成与控制［J］. 过程工程学报，2009，9（s1）：238-241.

［169］郑少波，洪新，徐建伦等. 高碳铬轴承中 Ti 含量的控制［C］//中国特殊钢年会 2005 论文集，2005：145-147.

［170］Baum R，Böhnke K，Boeckers T et al. Properties of through hardening bearing steels produced by BOF blowing metallurgy and by electric arc furnace with ladle metallurgy [J]. ASTM International, 1988: 360-374.

[171] Cui H, Bao Y, Wang M et al. Clogging behavior of submerged entry nozzles for Ti-bearing IF steel [J]. International Journal of Minerals, Metallurgy, and Materials, 2010, 17 (2): 154-158.

[172] Basu S, Choudhary S, Kumar G et al. Nozzle clogging behaviour of Ti-bearing Al-killed ultra low carbon steel [J]. ISIJ International, 2004, 44 (10): 1653-1660.

[173] Murakami Y, Toriyama T, Tsubota K et al. What happens to the fatigue limit of bearing steel without nonmetallic inclusions?: Fatigue strength of electron beam remelted super clean bearing steel [J]. ASTM Special Technical Publication, 1998, 1327: 87-105.

[174] 胡蒙均, 李法兴, 赵俊学等. 50t EAF—LF (VD) —CC 流程冶炼轴承钢的氮含量控制 [J]. 特殊钢, 2006, 27 (4): 53-54.

[175] 刘立, 赵俊学, 李凯等. EAF→LF (VD) →CC 流程生产 GCr15 轴承钢氮含量分析 [J]. 炼钢, 2010, 26 (1): 32-35.

[176] Wang S, Wang W, Yan H et al. Analysis and preventive measures of the increment of nitrogen of GCr15 bearing steel in LF process [J]. Industrial Heating, 2014, 6 (23): 30-34.

[177] Li X, Shi L, Xue Z. Ti content control of GCr15 bearing steel [J]. Steelmaking, 2011, 27 (2): 29-32.

[178] 田新中, 刘润藻, 周春芳等. 轴承钢中 TiN 夹杂物的控制研究 [J]. 北京科技大学学报, 2009 (S1): 150-153.

[179] 夏冬冬. 轴承钢精炼工艺研究 [D]. 镇江: 江苏大学, 2008.

[180] Deng Z, Zhu M. Deoxidation mechanism of Al-killed steel during industrial refining process [J]. ISIJ International, 2014, 54 (7): 1498-1506.

[181] 郑沛然. 炼钢学 [M]. 北京: 冶金出版社, 2002.

[182] Lee K, Suito H. Reoxidation of aluminum in liquid iron with CaO-Al$_2$O$_3$-Fe$_t$O (≤3 mass%) slags [J]. ISIJ International, 1995, 35 (5): 480-487.

[183] 徐曾启. 炉外精炼 [M]. 北京: 冶金工业出版社, 1994.

[184] 刘宇雁, 李传薪. 炉渣碱度对轴承钢夹杂物的影响 [J]. 华东冶金学院学报, 1997 (4): 370-375.

[185] Lu S. Quality of continuously cast ball bearing steel [J]. Continuous Casting 2005 (2): 35-37.

[186] 刘发友, 徐志刚, 尚明. 高品质 GCr15 轴承钢 80t 转炉-钢包炉精炼渣的研究 [J]. 特殊钢, 2013, 34 (1): 25-27.

[187] 李法兴, 兰新哲, 宋永辉等. 莱钢 50 t EBT EAF—LF (VD) —CC 生产 GCr15 轴承钢的工艺实践 [J]. 特殊钢, 2006, 27 (3): 57-58.

[188] 张贤忠, 陈庆丰, 熊玉彰等. GCr15 冶炼过程中钢水洁净度的研究 [J]. 钢铁, 2008, 43 (7): 37-40.

[189] 李铮, 胡俊辉, 徐明华等. 精炼渣系对轴承钢 D 类夹杂物的影响 [C]. 全国宝钢学术年会, 2006: 411-414.

[190] Ma W, Bao Y, Wang M et al. Influence of slag composition on bearing steel cleanness [J]. Ironmaking & Steelmaking, 2014, 41 (1): 26-30.

[191] 赵丙新. GCr15 轴承钢 LF 精炼脱硫渣系研究 [D]. 包头: 内蒙古科技大学, 2012.

[192] 迪林, 土半. 精炼渣氧化性对炉渣发泡性能影响的实验研究 [J]. 钢铁研究, 1998 (6): 25-27.

[193] Suito H, Inoue R. Thermodynamics on control of inclusions composition in ultra-clean steels [J]. ISIJ International, 1996, 36 (5): 528-536.

[194] 黄晓斌. VOD 吹炼不锈钢脱氧工艺及渣系分析 [J]. 特钢技术, 2006, 11 (2): 1-6.

[195] Zhuo W, Lei Q, Wang Q et al. Analysis on factors affecting low carbon steel dephosphorization in converter smelting [J]. Research on Iron & Steel, 2008, 36 (5): 9-11.

[196] 李海波, 朱国森, 王新华等. 炉外精炼工艺对钢液氧、硫的影响 [C]. 2009 全国炉外精炼生产技术交流研讨会, 2009: 155-160.

[197] Turkdogan E. Slags and fluxes for ferrous ladle metallurgy [J]. Ironmaking & Steelmaking, 1985, 12 (2): 64-78.

[198] Numata M, Higuchi Y, Fukagawa S. The change of composition of inclusion during Ca treatment [J]. Tetsu-to-Hagane, 1998, 84: 159-164.

[199] Andersson M, Jönsson P, Hallberg M. Optimisation of ladle slag composition by application of sulphide capacity model [J]. Ironmaking & Steelmaking, 2013, 27 (4): 286-293.

[200] 城田良康. 青岛铁钢七专于一莆演资料 [C]. 2010 年中国金属学会钢质量控制与炉外精炼高级研讨会会议论文集, 2010.

[201] Ohsiro T, Doi K, Kawasaki S. Production of super clean bearing quality steel using BOF—CC process [J]. Kobelco Technology Review, 1988 (3): 23-26.

[202] 张仰东. 转炉流程轴承钢氧含量与夹杂物行为的研究 [D]. 镇江: 江苏大学, 2011.

[203] 林功文. 钢包炉 (LF) 精炼用渣的功能和配制 [J]. 特殊钢, 2001, 22 (6): 28-29.

[204] Jonsson P, Jonsson L, Sichen D. Viscosities of LF slags and their impact on ladle refining [J]. ISIJ International, 1997, 37 (5): 484-491.

[205] 杨广前. 120t 转炉冶炼 GCr15 轴承钢的工艺实践 [J]. 特殊钢, 2004, 25 (1): 41-42.

[206] 王昌生, 易继松. 轴承钢非真空精炼工艺及其冶金效果 [J]. 特殊钢, 1992 (1): 45-49.

[207] 阮小江, 姜周华, 龚伟等. 精炼渣对轴承钢中氧含量和夹杂物的影响 [J]. 特殊钢, 2008, 29 (5): 1-3.

[208] Jiang M, Wang X, Chen B et al. Formation of $MgO \cdot Al_2O_3$ inclusions in high strength alloyed structural steel refined by $CaO-SiO_2-Al_2O_3-MgO$ slag [J]. ISIJ International, 2008, 48 (7): 885-890.

[209] Jiang M, Wang X, Wang W et al. Control of non-metallic inclusions by slag-metal reactions for high strength alloying steels [J]. Steel Research International, 2010, 81 (9): 759-765.

[210] Wang X, Jiang M, Chen B et al. Study on formation of non-metallic inclusions with lower melting temperatures in extra low oxygen special steels [J]. Science China Technological Sciences, 2012, 55 (7): 1863-1872.

[211] Wang X, Jiang M, Chen B et al. Study on Non-metallic Inclusions in High Strength Alloy Steel Refined by High Basicity and High Al₂O₃ Content Slag [M]. Berlin Heidelberg: Springer, 2011: 485-494.

[212] 高泽平. 钢中夹杂物变性处理技术研究 [J]. 湖南冶金职业技术学院学报, 2004 (2): 161-163.

[213] Patsiogiannis F, Pal U, Bogan R. Laboratory scale refining studies on low carbon aluminum killed steels using synthetic fluxes [J]. ISIJ International, 1994, 34 (2): 140-149.

[214] Bertrand C, Molinero J, Landa S et al. Metallurgy of plastic inclusions to improve fatigue life of engineering steels [J]. Ironmaking & Steelmaking, 2003, 30 (2): 165-169.

[215] 张家雯, 熊轶. 电渣重熔酸性渣的研究及应用 [J]. 特殊钢, 1998 (3): 6-9.

[216] 周德光, 王昌生, 钱励等. Ca-Si 脱氧及酸性渣重熔改善轴承钢的夹杂物 [J]. 钢铁, 1994 (7): 25-28.

[217] Yang X, Hu L, Cheng G et al. Effect of refining slag containing Ce₂O₃ on steel cleanliness [J]. Journal of Rare Earths, 2011, 29 (11): 1079-1083.

[218] 朱立新, 马志刚, 雷思源等. 宝钢300t LF 渣精炼技术的开发与应用 [J]. 钢铁, 2004, 39 (4): 21-23.

[219] 周宏, 吴晓春, 崔崑. 硫在 CaO-Al₂O₃ 系熔渣与钢液间分配率 [J]. 钢铁, 1995 (6): 14-17.

[220] Haddock J, Hussain I, Fox A et al. New MgO-CaO based reagent for ladle treatment of steel [J]. Ironmaking & Steelmaking, 1994, 21 (6): 479-486.

[221] Saxena S. Refining reactions of magnesium in steel at steelmaking temperatures [C]. Proceedings International Symposium on the Physical Chemistry of Iron and Steelmaking, Conference of Metallurgists, Toronto 1982: 17-22.

[222] 王博, 姜周华, 姜茂发. 镁铝合金处理 GCr15 轴承钢夹杂物的变质 [J]. 中国有色金属学报, 2006, 16 (10): 1736-1742.

[223] 孙伟. 中厚钢板超声波探伤不合格原因分析 [J]. 理化检验: 物理分册, 2011, 47 (2): 123-125.

[224] Ma W, Bao Y, Wang M et al. Effect of Mg and Ca treatment on behavior and particle size of inclusions in bearing steels [J]. ISIJ International, 2014, 54 (3): 536-542.

[225] 阮国智, 李楠, 吴新杰. 耐火材料在渣-铁 (钢) 界面局部蚀损机理 [J]. 材料导报, 2005, 19 (2): 47-49.

[226] Li N. Thinking about some problems related to refractories for the new century [J]. Refract. Appl, 2001: 8-9.

[227] 陈林权, 范启星. 钢包内衬耐火材料的选择与使用 [J]. 炼钢, 2002, 18 (4): 40-43.

[228] 朱立光, 邸光明. 洁净钢生产技术 [J]. 河北冶金, 1998 (6): 4-8.

[229] Brabie V. Mechanism of reaction between refractory materials and aluminum deoxidation molten steel [J]. ISIJ International, 1996, 36 (Supplement): 109-112.

[230] Fujii K, Nagasaka T, Hino M. Activities of the constituents in spinel solid solution and free energies of formation of MgO, MgO·Al₂O₃ [J]. ISIJ International, 2000, 40 (11): 1059-1066.

［231］ Okuyama G，Yamaguchi K，Takeuchi S et al. Effect of slag composition on the kinetics of formation of $Al_2O_3 \cdot MgO$ inclusions in aluminum killed ferritic stainless steel ［J］. ISIJ International，2000，40（2）：121-128.

［232］ Komninou D，Richie J. A thermodynamic study on the inclusion formation in ferritic stainless steel melt ［J］. ISIJ International，2004，44（7）：1134-1139.

［233］ Todoroki H，Mizuno K. Effect of silica in slag on inclusion compositions in 304 stainless steel deoxidized with aluminum ［J］. ISIJ International，2004，44（8）：1350-1357.

［234］ Pirozhkova V，Yatsenko M. Formation of magnesia-spinel inclusions ［J］. Steel in Translation，2011，41（3）：225-228.

［235］ Cho M，Hong G，Lee S. Corrosion of spinel clinker by $CaO-Al_2O_3-SiO_2$ ladle slag ［J］. Journal of the European Ceramic Society，2002，22（11）：1783-1790.

［236］ Ghosh A，Sarkar R，Mukherjee B et al. Effect of spinel content on the properties of magnesia-spinel composite refractory ［J］. Journal of the European Ceramic Society，2004，24（7）：2079-2085.

［237］ 吴承建. 金属材料学 ［M］. 北京：冶金工业出版社，2000.

［238］ Wang H，Ma Y，Wang S. Area method analysis and thermodynamic behavior of nonmetallic micro-inclusions in casting slab of GCr15 bearing steel ［J］. Transactions of Tianjin University，2009，15：187-192.

［239］ Wasai K，Mukai K，Miyanaga A. Observation of inclusion in aluminum deoxidized iron ［J］. ISIJ International，2002，42（5）：459-466.

［240］ Wang L，Lee H，Hayes P. Prediction of the optimum bubble size for inclusion removal from molten steel by flotation ［J］. ISIJ International，1996，36（1）：7-16.

［241］ 刘勇. 转炉流程生产轴承钢 VD 工艺优化 ［D］. 北京：北京科技大学，2006.

［242］ 高振波，李京社. 影响出口车轴钢 T.O 含量因素的探讨 ［J］. 安徽冶金科技职业学院学报，2013，23（3）：5-8.

［243］ 王文军，刘金刚，李战军等. 钢包软吹氩对钢中夹杂物去除效果的研究 ［J］. 钢铁，2010，45（9）：28-31.

［244］ 李强，王建，王新华等. X80 管线钢钙处理后软吹时间对夹杂物行为的影响 ［J］. 钢铁钒钛，2011，32（2）：74-78.

［245］ Huet L，Jönsson P，Reinholdsson F. The effect of deoxidation practise on inclusion characteristics in bearing steel production ［J］. Steel Times International，1997，21（6）：47-50.

［246］ 胡文豪，朱施利. VD 精炼工艺对 GCr15 钢中总氧及 ［Al］s 含量的影响 ［J］. 北京科技大学学报，2009（S1）：113-117.

［247］ Mund A. Über die Möglichkeit der Vakuum behandlung von flüssigemstahl ［J］. Stahl und Eisen，1962，82：1485-1499.

［248］ 汪明东，李扬洲，仲剑丽. RH 钢水真空处理技术现状 ［J］. 钢铁钒钛，1997，18（4）：35-41.

［249］ 刘良田. RH 真空顶吹氧技术 ［C］. 第九届全国炼钢学术会议论文集，广州，1996：385-392.

[250] Xu K. The circulation charactercteristic and stirring efficiency in RH injection ladel [J]. ISIJ International, 1982, 1391-1403.

[251] 张鉴. RH 循环真空除气法的新技术 [J]. 炼钢, 1996, 12 (2): 32-48.

[252] 远藤公一. 多功能二次精炼技术 RH 喷粉法的开发 [J]. 制铁研究, 1989, 335: 20-25.

[253] 赵启云, 李炳源. RH 用氧技术的发展与应用 [J]. 炼钢, 2001, 17 (5): 54-58.

[254] Matsunoh, Kikuchi Y, Komatsu M et al. Development of a new deoxidation technique for RH degassers [J]. Iron & Steelmaker, 1993, 20 (7): 35-38.

[255] Hahn F, Haastert H. Entwicklung der RH-vakuummetallurgie furstahle mit tiefen kohlenstoff-gehalten bei der Thyssenstahl AG [J]. Stahl und Eisen, 1993, 113 (12): 103-107.

[256] Cialone H, Asaro R. The role of hydrogen in the ductile fracture of plain carbon steels [J]. Metallurgical & Materials Transactions A, 1979, 10 (3): 367-375.

[257] Murakami Y, Matsuoka S. Effect of hydrogen on fatigue crack growth of metals [J]. Engineering Fracture Mechanics, 2010, 77 (11): 1926-1940.

[258] Fukui S. The effect of tempering on the delayed fracture characteristics of low-alloy steels [J]. Tetsu-to-hagane, 1969, 55: 151-161.

[259] 刘柏松. RH-MFB 脱碳过程模型与工艺优化 [D]. 唐山: 河北理工大学, 2005.

[260] Janke D. Metallurgische grundlagen der vakuumbehandlung vonstahlschmelzen [J]. Stahl und Eisen, 1987, 19: 867-874.

[261] Winkler O, Bakish R. Vacuum Metallurgy [M]. New York: Elsevier Publishing Co., 1971.

[262] Knüppel H. Desoxidation und Vakuum behandlung Vonstahl Schmelzen [M]. Dusseldorf: Verlagstahleisen mbH, 1970.

[263] Akbasoglu F, Edmonds D. Rolling contact fatigue and fatigue crack propagation in 1C-1.5Cr bearing steel in the bainitic condition [J]. Metallurgical & Materials Transactions A, 1990, 21 (3): 889-893.

[264] 艾新港, 包燕平, 吴华杰等. RH 工艺生产轴承钢脱氧和去除夹杂物研究 [J]. 钢铁, 2009, 44 (7): 43-46.

[265] Miyagawa D, Nomura E, Kishida T et al. Measurement of circulating rate of molten steel in RH degassing process [J]. 铁と钢, 1967, 53: 302-304.

[266] Watanabe H, Asano K, Saeki T. Some chemical engineering aspects of RH degassing process [J]. Tetsu-to-Hagane, 1968, 54: 1327-1342.

[267] 田中英雄, 榊原路晤, 林順一. RH 真空脱ガス法の環流量特性 (熱技術特集) [J]. 製鉄研究, 1978, 293: 12427-12432.

[268] Ono K, Yanagida M, Katoh T et al. The circulation rate of RH degassing process by water model experiment [J]. Electric Furnace Steel, 1981, 52 (3): 149-157.

[269] Seshadri V, Costa S. Cold model studies of R.H. degassing process [J]. Transactions of the Iron & Steel Institute of Japan, 1986, 26 (2): 133-138.

[270] Kuwabara T, Umezawa K, Mori K et al. Investigation of decarburization behaviour in RH-reactor and its operation improvement [J]. ISIJ International, 1988, 28: 305-314.

[271] 区铁. RH 真空处理钢水循环流量的研究 [J]. 炼钢, 1993 (1): 56-60.

［272］彭一川，李洪利，刘爱华等. RH 水模型的理论和实验研究 ［J］. 钢铁，1994，29（12）：15-18.

［273］郁能文，魏季和，樊养颐等. RH 过程中钢液流动特性的水模拟研究 ［J］. 上海大学学报（自然科学版），1997，3（s1）：189-194.

［274］贾斌，陈义胜，贺友多. RH 真空处理设备循环流量的研究 ［J］. 内蒙古科技大学学报，2000，19（1）：34-38.

［275］朱德平，魏季和，郁能文等. 真空循环精炼过程中钢液的流动和混合特性 ［J］. 内蒙古科技大学学报，2001，20（1）：12-18.

［276］上杉年一. 垂直型連続鋳造法による軸受鋼の製造 ［J］. 鐵と鋼：日本鐵鋼協會々誌，1985，71（14）：1631-1638.

［277］Matsuoka K，Terabarake T，Kameyarna K. Improvement of quality of steel for bearing at JFE West Japan Works ［C］. The 4th International Congress on the Science and Technology of Steelmaking. Oifu，Japan，2008：457-459.

［278］Stolte G，Teworte R，Wahle H. Experience with advanced secondary steelmaking technologies ［C］. Steelmaking Conference Proceedings. 1991：74：471-480.

［279］Cogne J，Heritier B，Monnot J. Cleanness and fatigue life of bearing steels ［J］. Cleansteel 3，1986，26-31.

［280］Tardy P，Tolnay L，Karoly G et al. Bearing steels：cleanliness or inclusion modification ［C］. IISC. The Sixth International Iron and Steel Congress，1990：3：629-636.

［281］Teworte R，Stolte G. Status of development of secondary metallurgical units for the assured production of high quality steel ［J］. Milleniumsteel，2000：134.

［282］Tanakah，Nishihara R，Kitagawa I et al. Quantitative analysis of contamination of liquidsteel in tundish ［J］. Tetsu-to-Hagane，1993，79：1254-1259.

［283］Akesson J，Lund T. SKF rolling bearings-properties and processes ［J］. Ball Bearing Journal，1983，217（10）：32-44.

［284］川上潔. "軸受鋼の清淨化"，介在物制御と高清淨度鋼製造技術，日本鉄鋼協会，東京-神戸. 2005：151-179.

［285］Mishima T，Kimura K，Ichihara K et al. Start-up of No. 3 bloom continuous caster operations at Kokura Works ［J］. Sumitomo Research，1996，58：65-71.

［286］Johnson O，Szekely J. Transport phenomena in tundishes：heat transfer and the role of auxiliary heating ［J］. Steel Research，1991，62（5）：193-200.

［287］Barron-Meza M，Barreto-Sandoval J，Morales R. Physical and mathematical models of steel flow and heat transfer in a tundish heated by plasma ［J］. Metallurgical & Materials Transactions B，2000，31（1）：63-74.

［288］Barreto-Sandoval J，Hills A，Barron-Meza M et al. Physical modelling of tundish plasma heating and its mathematical interpretation ［J］. ISIJInternational，1996，36（9）：1174-1183.

［289］Kittaka S，Sato T，Wakida S et al. Twin-torch type tundish plasma heater " NS-plasma II" for continuous caster ［J］. Nipponsteel Technical Report，2005，92：1-21.

［290］Mihovsky M. Thermal plasma application in metallurgy ［J］. Journal of the University of

Chemical Technology and Metallurgy, 2010, 45（1）: 3-18.

[291] Fujimoto H. A high-powered A. C. plasma torch for the arc heating of molten steel in the tundish [J]. Plasma Chemistry & Plasma Processing, 1994, 14（3）: 361-382.

[292] Pan H. Necessity analysis of tundish heating technology application [J]. Applied Mechanics & Materials, 2012, 217: 2519-2522.

[293] Pak Y, Filippov G, Yusupov D et al. Two-strand tundish with chambers for plasma heating of liquid metal [J]. Metallurgist, 2014, 58（7-8）: 672-676.

[294] Isakaev E, Tyuftyaev A, Filippov G et al. Study of the microstructure and mechanical proper-ties of steel cast using plasma heating in a CBCM tundish [J]. Metallurgist, 2013, 57（5-6）: 427-433.

[295] 加藤恵之, 塗嘉夫. 鋼中酸素の低減技術の現状と今後の展望 [J]. 日本鉄鋼協会高温フロセス部会精煉フォラム, 2007: 26-72.

[296] 毛斌, 陶金明, 蒋桃仙. 连铸中间包通道式感应加热技术 [J]. 连铸, 2008（5）: 4-8.

[297] 川上潔, 北出真一, 畑山俊明, ほか. 第2号連続鋳造機（60t CC）の建設と稼動 [J]. 山陽特殊鋼技報, 2013, 20（1）: 51-59.

[298] 赵沛, 王新江. 连铸中间包钢液加热方式的模拟 [J]. 北京科技大学学报, 1994, 16（1）: 6-9.

[299] 李红霞, 王金相, 姬宝坤. 防止 Al_2O_3 堵塞浸入式水口复合材料的研制 [J]. 耐火材料, 1996（4）: 184-187.

[300] 佐祥均, 张立峰, 刘石虹等. 中碳钢连铸过程中碳质水口结瘤现象的研究 [J]. 炼钢, 2008（6）: 27-32.

[301] 刘宏娟. 连铸过程中水口堵塞的防止 [J]. 冶金信息导刊, 2002（4）: 21-22.

[302] Rackers K, Thomas B. Clogging in continuous casting nozzles [C]. 78th Steelmaking Confer-ence Proceedings. Nashville, TN, 1995: 78: 723-734.

[303] 段锋, 平增福, 蒋明学等. 浸入式水口 Al_2O_3 附着堵塞机理及防止办法 [J]. 耐火材料, 2004（3）: 204-207.

[304] Thomas B, Denissov A, Bai H. Behavior of argon bubbles during continuous casting of steel [C]. Steelmaking Conference Proceedings. ISS, Warrendale, PA, 1997: 375-384.

[305] Richard G, John K, Jerry M et al. Conversion of Ispat Inland's No. 1 slab caster to vertical bending [C]. ISS Tech 2003 Conference Proceedings. ISS, Warrandale, PA, 2003: 3-18.

[306] Hiroyuki T, Ryoji T, Akira I et al. Effect of length of vertical section on inclusion removal in vertical bending-type continuous casting machine [J]. ISIJ International, 1994, 34（6）: 498-506.

[307] Shirota Y. Continuous casting processes for the production of high purity steel [C]. Nishiyama Memorial Seminar. ISIJ Tokyo, 1992: 143/144: 167-191.

[308] Bessho N, Yoda R, Yamasaki H et al. Numerical analysis of fluid flow in the continuous cast-ing mold by a bubble dispersion model [J]. Ironsteelmaker, 1991, 18（4）: 39-44.

[309] Gert A, Wout D, Geert de G et al. Argon bubbles in slabs [J]. ISIJ International, 1996, 36: S219-S222.

［310］ Hashio M, Tokuda N, Kawasaki M et al. Improvement of cleanliness in continuous cast slab at Kashima Steel Works ［C］. Continuous Casting of Steel, Secondary Process Technology Conference. Warrendale, PA, USA, 1981: 65-73.

［311］ Ohno T, Ohashi T, Matsunaga H et al. Study of large nonmetallic inclusions in continuous cast Al-Si killed steel ［J］. Trans ISIJ, 1974, 15: 407-416.

［312］ Zhang L, Thomas B, Cai K et al. Inclusion investigation during clean steel production at Baosteel ［C］. ISS Tech 2003. ISS, Warrandale, PA, 2003: 141-156.

［313］ Burns M, Schade J, Newkirk C. Recent developments in measuring steel cleanliness at Armcosteel Company ［C］. 74th Steelmaking Conference Proceedings. ISS, Warrendale, PA, 1991: 74: 513-523.

［314］ 森井廉, 早川静則, 稲垣佳夫, ほが. 大同特殊鋼（株）知多工場第2号連鋳設備の建設と操業 ［J］. 電気製鋼, 1993, 64（1）: 13-22.

［315］ Tsubota K, Fukumoto I. Production and quality of high cleanliness bearing steel ［C］. The sixth International Iron and steel Congress. Nagoya, Japan, 1990: 3: 637-643.

［316］ 王伟, 仇圣桃, 颜慧成等. GCr15 轴承钢 LF 控氮工艺分析 ［J］. 铸造, 2014, 63（6）: 617-619.

［317］ 虞明全, 王治政, 徐明华等. 超纯轴承钢的精炼工艺 ［J］. 钢铁, 2006, 41（9）: 26-29.

［318］ 杨建维, 刘军会. 加热温度对 GCr15 轴承钢液析影响分析 ［J］. 金属世界, 2007（5）: 39-41.

［319］ 韩逊, 康如尧. 模铸生产工艺对高碳铬轴承钢中带状碳化物的影响 ［J］. 四川冶金, 1998, 6（1）: 30-33.

［320］ Qian Y, Ma C, Niu D et al. Influence of alloyed chromium on the atmospheric corrosion resistance of weathering steels ［J］. Corrosion Science, 2013, 74（9）: 424-429.

［321］ Guo S, Xu L, Zhang L et al. Corrosion of alloy steels containing 2% chromium in CO_2 environments ［J］. Corrosion Science, 2012, 63（10）: 246-258.

［322］ Wu Q, Zhang Z, Dong X et al. Corrosion behavior of low-alloy steel containing 1% chromium in CO_2 environments ［J］. Corrosion Science, 2013, 75（11）: 400-408.

［323］ Lu J, Luo K, Yang D et al. Effects of laser peening on stress corrosion cracking（SCC）of ANSI 304 austenitic stainless steel ［J］. Corrosion Science, 2012, 60（7）: 145-152.

［324］ Zhang L, Zhang Y, Lu J et al. Effects of laser shock processing on electrochemical corrosion resistance of ANSI 304 stainless steel weldments after cavitation erosion ［J］. Corrosion Science, 2013, 66（1）: 5-13.

［325］ Lu J, Qi H, Luo K et al. Corrosion behaviour of AISI 304 stainless steel subjected to massive laser shock peening impacts with different pulse energies ［J］. Corrosion Science, 2014, 80（3）: 53-59.

［326］ Levy A. The solid particle erosion behavior of steel as a function of microstructure ［J］. Wear, 1981, 68（3）: 269-287.

［327］ Ninham A, Levy A. The erosion of carbide-metal composites ［J］. Wear, 1988, 121（3）: 347-361.

[328] Seetharamu S, Sampathkumaran P, Kumar R. Erosion resistance of permanent moulded high chromium iron [J]. Wear, 1995, 186: 159-167.

[329] Bergman F, Hedenqvist P, Hogmark S. The influence of primary carbides and test parameters on abrasive and erosive wear of selected PM high speed steels [J]. Tribology International, 1997, 30 (3): 183-191.

[330] Hong H, Rho B, Nam S. Correlation of the $M_{23}C_6$ precipitation morphology with grain boundary characteristics in austenitic stainless steel [J]. Materials Science and Engineering: A, 2001, 318 (1-2): 285-292.

[331] Kim KJ, Hong HU, Min KS et al. Correlation between the carbide morphology and cavity nucleation in an austenitic stainless steels under creep-fatigue [J]. Materials Science and Engineering: A, 2004, 387 (12): 531-535.

[332] Cuppari M, Souza R, Sinatora A. Effect of hard second phase on cavitation erosion of Fe-Cr-Ni-C alloys [J]. Wear, 2005, 258 (1): 596-603.

[333] Chatterjees, Pal T. Solid particle erosion behaviour of hardfacing deposits on cast iron—Influence of deposit microstructure and erodent particles [J]. Wear, 2006, 261 (10): 1069-1079.

[334] Yaer X, Shimizu K, Matsumoto H et al. Erosive wear characteristics of spheroidal carbides cast iron [J]. Wear, 2008, 264 (11): 947-957.

[335] Suchánek J, Kuklík V, Zdravecká E. Influence of microstructure on erosion resistance of steels [J]. Wear, 2009, 267 (11): 2092-2099.

[336] Chauhan A, Goel D, Prakash S. Solid particle erosion behaviour of 13Cr-4Ni and 21Cr-4Ni-N steels [J]. Journal of Alloys and Compounds, 2009, 467 (1): 459-464.

[337] Gadhikar A, Sharma A, Goel D et al. Effect of carbides on erosion resistance of 23-8-N steel [J]. Bulletin of Materials Science, 2014, 37 (2): 315-319.

[338] Avnish K, Ashok S, Goel S. Effect of heat treatment on microstructure, mechanical properties and erosion resistance of cast 23-8-Nnitronic steel [J]. Materials Science and Engineering: A, 2015, 637 (7): 56-62.

[339] 赵杰, 薛松, 席军良. GCr15 钢液析缺陷控制工艺的探讨与改进 [J]. 中国冶金, 2007, (2): 12-13.

[340] 蔡乔方. 加热炉 [M]. 北京: 冶金工业出版社, 1989.

[341] Ota T, Okamoto K, Nakamura S et al. Diffusion of massive carbides in bearing steels by soaking [J]. Tetsu-to-Hagane, 1966, 1 (52): 1851-1859.

[342] 张维敬. 二元合金中第二相溶解和母相中成分均匀化的数学模型 [J]. 钢铁, 1981, 16 (4): 43-49.

[343] Kim K, Bae C. Study on the soaking condition of high carbon chromium bearing [J]. Material Science Forum, 2014, 1 (5): 825-830.

[344] 刘靖, 韩静涛, 席军良等. GCr15 轴承钢加热温度与碳化物的溶解扩散 [J]. 金属热处理, 2008, 33 (10): 87-90.

[345] 王刚, 张小华, 许正周. 降低轴承钢液析级别的技术措施 [J]. 江苏冶金, 2008, 36

(4)：69-70.

[346] 朱龙贵，许正周. 轴承钢液析缺陷控制的生产工艺实践 [J]. 安徽科技，2013 (3)：47-48.

[347] 赵恒波. 高碳铬轴承钢液析缺陷控制探讨 [J]. 本钢技术，2014 (3)：17-19.

[348] 贾大海，刘超群，马丙涛. 加热制度对 GCr15 钢碳化物液析和带状的影响 [J]. 莱钢科技，2012，4 (6)：34-36.

[349] 郭大勇，高航，常宏伟等. 降低 GCr15 轴承钢盘条液析级别理论分析及实践 [C]. 纪念全国金属制品信息网建网 40 周年暨 2014 金属制品行业技术信息交流会论文集，2014.

[350] 丁礼权，范植金，方德法等. GCr15 轴承钢液析碳化物的控制工艺 [J]. 武钢技术，2013，51 (2)：27-30.

[351] 李文竹，马惠霞，黄磊等. 高碳铬轴承钢网状组织遗传性及其危害 [J]. 金属热处理，2012，37 (8)：36-38.

[352] 查敏. GCr15 轴承钢过热"带状组织"的分析 [J]. 金属热处理，1998，23 (4)：27-29.

[353] 孙艳坤. 轴承钢热轧组织控制机理与超快速冷却研究 [D]. 沈阳：东北大学，2009.

[354] 王有铭. 轴承钢轧制新工艺及其理论 [J]. 特殊钢，1991，1 (2)：44-48.

[355] Yin F, Hua L, Mao H et al. Constitutive modeling for flow behavior of GCr15 steel under hot compression experiments [J]. Materials & Design, 2013, 43: 393-401.

[356] Yin F, Hua L, Mao H et al. Microstructural modeling and simulation for GCr15 steel during elevated temperature deformation [J]. Materials & Design, 2014, 55: 560-573.

[357] Li W, Sakai T, Li Q et al. Effect of loading type on fatigue properties of high strength bearing steel in very high cycle regime [J]. Materials Science and Engineering：A, 2011, 528 (6): 5044-5052.

[358] Nakajima M, Kamiya N, Itoga H et al. Experimental estimation of crack initiation lives and fatigue limit in subsurface fracture of a high carbon chromium steel [J]. International Journal of Fatigue, 2006, 28 (11): 1540-1546.

[359] Sakai T, Sato Y, Nagano Y et al. Effect of stress ratio on long life fatigue behavior of high carbon chromium bearing steel under axial loading [J]. International Journal of Fatigue, 2006, 28 (11): 1547-1554.

[360] Mayer H, Haydn W, Schuller R et al. Very high cycle fatigue properties of bainitic high carbon-chromium steel under variable amplitude conditions [J]. International Journal of Fatigue, 2009, 31 (8): 1300-1308.

[361] Sakai T, Lian B, Takeda M et al. Statistical duplex S-N characteristics of high carbon chromium bearing steel in rotating bending in very high cycle regime [J]. International Journal of Fatigue, 2010, 32 (3): 497-504.

[362] Bhadeshia H. Steels for bearings [J]. Progress in Materials Science, 2012, 57 (2): 268-435.

[363] Xie J, Alpas A, Northwood D. The role of heat treatment on the erosion-corrosion behavior of AISI 52100 steel [J]. Materials Science and Engineering：A, 2005, 393 (1): 42-50.

［364］ 吕永年，梁立军. GCr15 轴承钢添加 Cu 的试验 ［J］. 河北冶金，2007，161 （5）：13-15.

［365］ 姚辛茹. 铜含量对普碳钢耐蚀性能的影响 ［J］. 钢铁研究，1985，4 （2）：39-46.

［366］ Hucklenbroich I, Stein G, Chin H et al. High nitrogen martensitic steel for critical components in aviation ［J］. Materials Science Forum, 1999, 318：161-166.

［367］ Kim J, Kim Y, Uhm S et al. Intergranular corrosion of Ti-stabilized 11wt% Cr ferritic stainless steel for automotive exhaust systems ［J］. Corrosion Science, 2009, 51 （11）：2716-2723.

［368］ Kim J, Lee B, Lee B et al. Intergranular segregation of Cr in Ti-stabilized low-Cr ferritic stainless steel ［J］. Scripta Materialia, 2009, 61 （12）：1133-1136.

［369］ Kim J, Kim Y, Lee J et al. Effect of chromium content on intergranular corrosion and precipitation of Ti- stabilized ferritic stainless steels ［J］. Corrosion Science, 2010, 52 （5）：1847-1852.

［370］ Park J, Kim J, Lee B et al. Three-dimensional atom probe analysis of intergranular segregation and precipitation behavior in Ti-Nb-stabilized low-Cr ferritic stainless steel ［J］. Scripta Materialia, 2013, 68 （5）：237-240.

［371］ Flemings M. Solidification processing ［J］. Metallurgical Transactions, 1974, 5 （10）：2121-2134.

［372］ 胡汉起. 金属凝固 ［M］. 北京：冶金工业出版社，1985.

［373］ Brody H, Flemings M. Solute redistribution in dendritic solidification ［J］. Transactions of AIME, 1965, 236：615-623.

［374］ Clyne T, Kurz W. Solute redistribution during solidification with rapid solid state diffusion ［J］. Metallurgical Transactions A, 1981, 12 （6）：965-971.

［375］ Clyne T, Wolf M, Kurz W. The effect of melt composition on solidification cracking of steel, with particular reference to continuous casting ［J］. Metallurgical Transactions B, 1982, 13 （2）：259-266.

［376］ 季晨曦. 不锈钢薄带连铸凝固组织和溶质元素偏析的研究 ［D］. 北京：北京科技大学，2007.

［377］ Meng Y, Thomas B. Heat transfer and solidification model of continuous slab casting：CON1D ［J］. Metallurgical and Materials Transactions B, 2003, 34B （5）：685-705.

［378］ 姜锡山. 连铸钢缺陷分析与对策 ［M］. 北京：机械工业出版社，2012.

［379］ Choudharys, Gangulys. Morphology and segregation in continuously cast high carbon steel billets ［J］. ISIJ International, 2007, 47 （12）：1759-1766.

［380］ 李润生，李延辉，周大刚. 中间包钢水等离子加热技术在我国应用中的问题与探讨［J］. 钢铁，1999，34 （1）：70-73.

［381］ Liang W, Mustoe T. Low superheat casting through control of tundish steel temperature ［J］. Steel Times （UK），1998，（226）：2-4.

［382］ Kondo H, Yamamoto H, Williams J. Application and development of tundish plasma heater ［J］. SEAISI Q （Malaysia），1995，24 （2）：73-80.

［383］ Ozbayraktar S, Koursaris A. Effect of superheat on the solidification structures of AISI 310S austenitic stainless steel ［J］. Metallurgical and Materials Transactions B, 1996, 27B （4）：

287-296.

[384] 王叶婷，魏江．连铸二次冷却技术 [J]．重工与起重技术，2010，25 (1)：1-4.

[385] 龙木军．基于高质量铸坯的连铸凝固结构及温度控制的研究 [D]．重庆：重庆大学，2011.

[386] Long M, Chen D. Study on mitigating center macro-segregation during steel continuous casting process [J]. Steel Research International, 2011, 82 (7): 847-856.

[387] Shah N, Moor J. A review of the effect of electromagnetic stirring (EMS) in continuously cast steel: Part I [J]. Iron & Steelmaker, 1982, 9 (10): 317-376.

[388] 浅野钢一．连铸铁片内の凝固偏析现象と溶钢流动に关系すめ研究 [J]．铁と钢，1974，60 (7)：894-914.

[389] 刘泳，王恭亮，刘瑞宁．结晶器电磁搅拌对轴承钢小方坯碳偏析的影响 [J]．连铸，2012，1 (5)：43-46.

[390] 刘洋，王新华．二冷区电磁搅拌对连铸板坯中心偏析的影响 [J]．北京科技大学学报，2007，29 (6)：581-585.

[391] 李建超，崔建忠，王宝峰等．大方坯连铸凝固末端电磁搅拌的数值模拟和试验分析[J]．金属热处理，2007，32 (8)：69-71.

[392] Oh K, Chang Y. Macrosegregation behavior in continuously cast high carbon steel blooms and billets at the final stage of solidification in combination stirring [J]. ISIJ International, 1995, 35 (7): 866-875.

[393] Li J, Wang B, Ma Y et al. Effect of complex electromagnetic stirring on inner quality of high carbon steel bloom [J]. Materials Science and Engineering: A, 2006, 425 (1-2): 201-204.

[394] 魏勇，倪红卫，罗传清．轻压下技术在连铸中的应用及研究 [J]．武汉科技大学学报：自然科学版，2007，30 (4)：346-349.

[395] 张奇．板坯连铸轻压下系统开发研究和应用 [D]．西安：西安建筑科技大学，2010.

[396] Yokoyama T, Ueshima Y, Mizukami Y. Effect of Cr, P and Ti on density and solidification shrinkage of iron [J]. Tetsu-to-Hagane, 1997, 83 (9): 557-562.

[397] Zeze M, Misumi H, Nagata S et al. Segregation behavior and deformation behavior during soft-reduction of unsolidified steel ingot [J]. Tetsu-to-Hagane, 2001, 87 (2): 71-76.

[398] Takahashi T, Ohsasa K, Katayama N. Simulation for progress of solid-liquid coexisting zone in continuous casting of carbon steels [J]. Tetsu-to-Hagane, 1990, 76 (5): 557-562.

[399] Suzki K, Miyamoto T. Study on the formation of left double quote segregation insteel ingot [J]. Transactions of the Iron and Steel Institute of Japan, 1978, 18 (2): 80-89.

[400] 邓湘斌．方坯连铸机铸坯质量控制与改进研究 [D]．华南理工大学，2011.

[401] Flemings M. Our understanding of macrosegregation: past and present [J]. ISIJ International, 2000, 40 (9): 833-841.

[402] El-bealy M. On the mechanism of halfway cracks and macro-segregation in continuously cast steel slabs. I: Halfway cracks [J]. Scandinavian Journal of Metallurgy, 1995, 24 (2): 63-80.

[403] El-bealy M. On the mechanism of halfway cracks on macro-segregation in continuously cast

steel slabs. Ⅱ: Macrosegregation [J]. Scandinavian Journal of Metallurgy, 1995, 24 (3): 106-120.

[404] Du Y, Lu S, Courtney T. Macrosegregation and sedimentation in liquid-phase sintering [J]. Metallurgical and Materials Transactions A, 2001, 32 (12): 3091-3097.

[405] 钱刚, 阮小江, 蔡燮鳌. 连铸轴承钢大方坯中心偏析的成因及对策 [J]. 钢铁, 2002, 37 (5): 16-18.

[406] Ogibayashi S, Yamada M, Yoshida Y et al. Influence of roll bending on center segregation in continuously cast slabs [J]. ISIJ International, 1991, 31 (12): 1408-1415.

[407] Moore J. Review of axial segregation in continuously cast steel [J]. Iron and Steelmaker, 1980, 10: 8-16.

[408] 郑忠, 占贤辉, 罗小刚. 基于遗传算法的板坯连铸二冷配水方法 [J]. 重庆大学学报, 2008, 31 (12): 1365-1370.

[409] 陈训浩. 中心偏析原因、危害、评定及预防 [J]. 冶金标准化与质量, 1998, 4: 12-17.

[410] 朱立光, 王硕明, 张彩军. 现代连铸工艺与实践 [M]. 石家庄: 河北科学技术出版社, 2000.

[411] Aboutalebi M, Hasan M, Guthrie R. Coupled turbulent flow, heat andsolute transport in continuous casting processing [J]. Metallurgical and Materials Transactions B, 1995, 26 (4): 731-744.

[412] Mizikar E. Mathematical heat transfer model for solidification of continuous cast steel slabs [J]. Trans. TMS-AIME, 1967, 239 (11): 1747-1753.

[413] Hills A. Simplified theoretical treatment for the transfer of heat in continuous-casting [J]. Journal of the Iron and Steel Institute, 1965, 203: 18-27.

[414] Hills A, Malhotra S, Moore M. The solidification of pure metals under unidirectional heat flow conditions: I-solidification with zero superheat [J]. Metallurgical and Materials Transactions B, 1975, 6 (1): 131-142.

[415] Brimacombe J. Design of continuous casting machines based on a heat-flow analysis: state-of-the-art review [J]. Canadian Metallurgical Quarterly, 1976, 15 (2): 163-175.

[416] Lait J, Brimacombe J, Weinberg F. Mathematical modelling of heat flow in the continuous casting of steel [J]. Ironmaking and Steelmaking, 1974, 1 (2): 90-97.

[417] Samarasekera I, Brimacombe J. The thermal field in continuous-casting moulds [J]. Canadian Metallurgical Quarterly, 1979, 18 (3): 251-266.

[418] Brimacombe J, Weinberg F. Continuous casting of steel. Pt. 2. theoretical and measured liquid pool profiles in the mould region during the continuous casting of steel [J]. Iron Steel Inst., 1973, 211 (1): 24-33.

[419] Perkins A. Mathematical heat transfer model for solidification of continuously cast steel slabs [J]. AIME Metsoc Trans, 1967, 239 (11): 1747-1758.

[420] Thomas B. Modeling of the continuous casting of steel-past, present and future [J]. Metall. Mater. Trans. B, 2002, 33B (6): 795-812.

[421] 蔡开科. 连铸技术的进展 (续完) [J]. 炼钢, 2001, 17 (3): 6-14.

[422] 蔡开科. 连铸技术的进展（二）[J]. 炼钢, 2001, 17（2）: 1-5.

[423] Long M, Chen D, Jin X. Study on algorithm of all-purpose simulation model for slab continuous casting and its software development [J]. Journal of Iron and Steel Research International, 2008, 15: 589-593.

[424] Richard A, Kai L, Atul K et al. A transient simulation and dynamic spray cooling control model for continuous steel casting [J]. Metallurgical and Materials Transactions B, 2003, 34（3）: 297-306.

[425] Liu W, Xie Z, Ji Z et al. Dynamic water modeling and application of billet continuous casting [J]. Journal of Iron and Steel Research International, 2008, 15（2）: 14-17.

[426] Choudhary S, Mazumdar D, Ghosh A. Mathematical modeling of heat transfer phenomena in continuous casting of steel [J]. ISIJ International, 1993, 33（7）: 764-774.

[427] Bennon W, Incropera F. A continuum model for momentum, heat and species transport in binary solid- liquid phase change systems: I. model formulation [J]. Heat Mass Transfer, 1987, 30（5）: 2161-2170.

[428] Voller V, Brent A, Prakash C. The modeling of heat, mass, andsolute transport in solidification systems [J]. Heat Mass Transfer, 1989, 32（7）: 1719-1731.

[429] Wang Y, Zhang L. Transient fluid flow phenomena during continuous casting: Part I-caststart [J]. ISIJ International, 2010, 50（12）: 1777-1782.

[430] Wang Y, Zhang L. Transient fluid flow phenomena during continuous casting: Part II-castspeed change, temperature fluctuation and steel grade mixing [J]. ISIJ International, 2010, 50（12）: 1783-1791.

[431] Honeyands T, Herbertson J. Flow dynamics in thin slab caster molds [J]. Steel Research International, 1995, 66（7）: 287-292.

[432] Seyedein S, Hasan M. A three- dimensional simulation of coupled turbulent flow and macroscopic solidification heat transfer for continuous slab casters [J]. International Journal of Heat and Mass Transfer, 1997, 40（18）: 4405-4423.

[433] Seydein S, Hasan M. A 3-D numerical prediction of turbulent flow, heat transfer and solidification in a continuous slab caster for steel [J]. Canadian Metallurgical Quarterly, 1998, 37（3-4）: 213-228.

[434] Schneider M, Beckermann C. A numerical study of the combined effects of microsegregation, mushy zone permeability and fllow, caused by volume contraction and thermosolutal convection, on macrosegregation and eutectic formation in binary alloy solidification [J]. International Journal of Heat and Mass Transfer, 1995, 38（18）: 3455-3473.

[435] Long M, Zhang L, Lu F. A simple model to calculate dendrite growth rate during steel continuous casting process [J]. ISIJ International, 2010, 50（12）: 1792-1796.

[436] Weinberg F, Chalmers B. Dendritic growth in lead [J]. Can J Phys, 1951, 29: 382-387.

[437] Weinberg F, Chalmers B. Further observations on dendritic growth in metals [J]. Canadian Journal of Physiology and Pharmacology, 1952, 30（5）: 488-489.

[438] Langer J, Müller- Krumbhaar H. Stability effects in dendritic crystal growth [J]. Journal of

Crystal Growth, 1977, 42: 11-14.

[439] Esaka H, Kurz W. Columnar dendrite growth: A comparison of theory [J]. Journal of Crystal Growth, 1984, 69 (2-3): 362-366.

[440] Kurz W, Fisher D. Dendrite growth at the limit of stability: tip radius and spacing [J]. Acta Metallurgy, 1981, 29 (1): 11-20.

[441] Kurz W, Fisher D. Fundamentals of solidification [M]. Switzerland: Trans Tech Publication LTD, 1989.

[442] Lipton J, Glicksman M, Kurz W. Equiaxed dendrite growth in alloys at small supercooling [J]. Metall. Mater. Trans. A, 1989, 18A (2): 341-345.

[443] Trivedi R, Kurz W. Dendritic growth [J]. International Materials Reviews, 1994, 39: 49-74.

[444] Kraft T, Chang Y. Predicting microstructure and microsegregation in multicomponent alloys [J]. JOM, 1997, 49 (12): 20-28.

[445] Kraft T, Rettenmayr M, Exner H. An extended numerical procedure for predicting microstructure and microsegregation of multicomponent alloys [J]. Modelling Simul. Mater. Sci. Eng., 1996, 4 (2): 161-177.

[446] Zhu M, Cao W, Chen S et al. Modeling of microstructure and microsegregation in solidification of multi-component alloys [J]. Journal of Phase Equilibria and Diffusion, 2007, 28 (1): 130-138.

[447] 崔忠圻, 覃耀春. 金属学与热处理 [M]. 北京: 机械工业出版社, 2007.

[448] Tong X, Beckermann C, Karma A. Phase-field simulation of dendrite growth with convection// in: Modeling of Casting, Welding and Advanced Solidification Process VIII [M]. TMS: San Diego, California, 1998: 613-615.

[449] Steinbach I, Schmitz G, Direct numerical simulation of solidification structure using the phase-field method//in: Modeling of Casting, Welding and Advanced Solidification Process VIII [M]. Thomas BG, Editor. The Minerals, Metal & Materials Society: San Diego, California 1998: 521-523.

[450] Zhu P, Smith R. Dynamic simulation of crystal growth by Monte Carlo method-1. Model description and kinetics [J]. Acta Materialia, 1992, 40 (4): 689-692.

[451] Zhu P, Smith R. Dynamic simulation of crystal growth by Monte Carlo method-2. Ingot microstructure [J]. Acta Materialia, 1992, 40 (12): 3369-3379.

[452] Gandin C, Rappaz M. A coupled finite element-cellular automaton model for the prediction of dendritic grain structures in solidification processes [J]. Acta Metall Mater., 1994, 42 (7): 2233-2246.

[453] Gandin C, Rappaz M. A 3D cellular automaton algorithm for the prediction of dendritic grain growth [J]. Acta Mater., 1997, 45 (5): 2187-2195.

[454] Ratsch C, Gyure M, Caflisch R. Level-set method for island dynamics in epitaxial growth [J]. Physical Review B, 2002, 65 (19): 195-203.

[455] Witten T, Sander L. Diffusion-limited aggregation, a kinetic critical phenomenon [J]. Phys.

Rev. Lett. , 1981, 47 (19): 1400-1403.

[456] Udaykumar H, Mittal R, Shyy W. Comutation of solid-liquid phase fronts in the sharp interface limit on fixed grids [J]. Journal of Computational Physics, 1999, 153 (2): 535-574.

[457] Juric D, Tryggvason G. A front-tracking method for dendritic solidification [J]. Journal of Computational Physics, 1996, 123 (1): 127-148.

[458] Cabrera-Marrero J, Galindo V, Morales R et al. Macro-micro modeling of the dendritic microstructure of steel billets processed by continuous casting [J]. ISIJ International, 1998, 38 (8): 812-821.

[459] Yamazaki M, Natsume Y, Harada H et al. Numerical simulation of solidification structure formation during continuous casting in Fe-0.7 mass% C alloy using cellular automaton method [J]. ISIJ International, 2006, 46 (6): 903-908.

[460] 马长文, 沈厚发, 黄天佑. 方坯连铸中心偏析的数值模拟 [J]. 铸造, 2004, 53 (8): 617-620.

[461] 张红伟, 王恩刚, 赫冀成. 方坯连铸过程中钢液流动、凝固及溶质分布的耦合数值模拟 [J]. 金属学报, 2002, 38 (1): 99~104.

[462] Fachinotti V, Le Corres, Triolet N et al. Two-phase thermo-mechanical and macrosegregation modelling of binary alloys solidification with emphasis on the secondary cooling stage of steel slab continuous casting processes [J]. International Journal for Numerical Methods in Engineering, 2006, 67 (10): 1341-1384.

[463] 任嵬. 连铸弹簧钢大方坯凝固组织与成分偏析的研究 [D]. 北京科技大学, 2009.

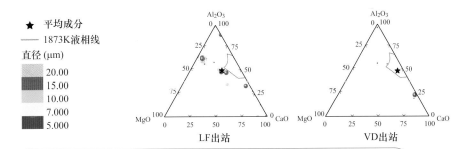

LF、VD 过程随着渣钢反应的进行，渣中 CaO 被还原进入钢液，夹杂物中 CaO 含量增加，平均成分向 CaO 一侧靠近，部分夹杂物进入低熔点区。

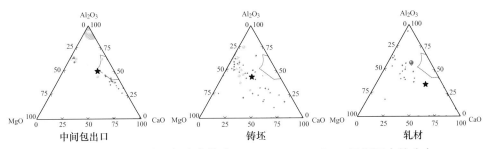

图 3-9　钢厂 A 轴承钢夹杂物在 CaO-MgO-Al₂O₃ 三元相图中的分布

中间包、铸坯中夹杂物远离低熔点区，主要是因为发生二次氧化造成中间包覆盖剂、结晶器保护渣和耐火材料进入钢液，使得 MgO 含量升高。

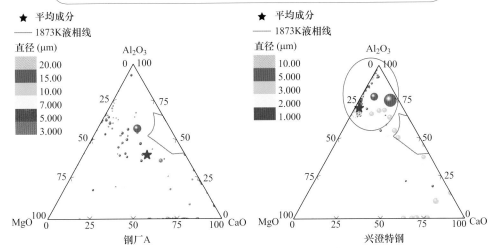

图 3-10　钢厂 A 与兴澄特钢轴承钢轧材夹杂物在 CaO-MgO-Al₂O₃
三元相图中的对比结果

在夹杂物尺寸方面，钢厂 A CaO-MgO-Al₂O₃ 夹杂物尺寸明显大于兴澄特钢夹杂物尺寸。在夹杂物成分方面，钢厂 A 平均成分 CaO 含量明显高于兴澄特钢，兴澄特钢夹杂物集中在 Al₂O₃ 一角，含一定量 MgO，几乎含很少量 CaO，这也正符合减少 D 类夹杂的初衷。

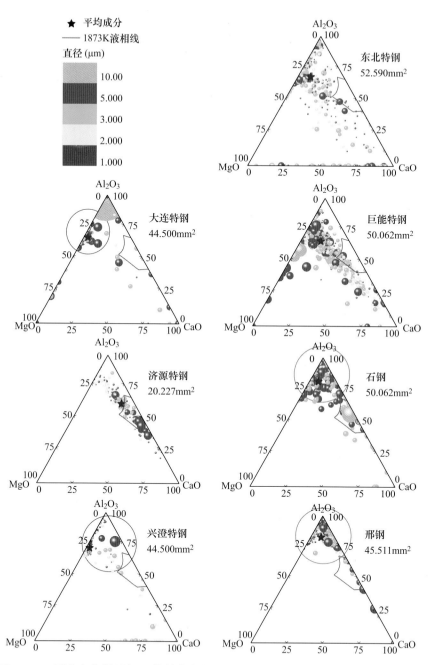

图 3-25　国内七家轴承钢厂轧材夹杂物在 CaO–Al$_2$O$_3$–MgO 三元相图中的分布

在夹杂物成分方面，大连特钢和兴澄特钢将夹杂物控制在接近 MgO–Al$_2$O$_3$ 二元相线上，而石钢和邢钢控制在 Al$_2$O$_3$ 一角附近。兴澄特钢夹杂物平均 CaO 含量最低，其次是大连特钢，济源特钢最高。控制夹杂物中 CaO 含量，减少 D 类及 D$_s$ 类夹杂的危害，正是兴澄特钢生产轴承钢质量水平较高的原因之一。

夹杂物粒径为 5 mm，总数为 20160 个，水口入口处投放

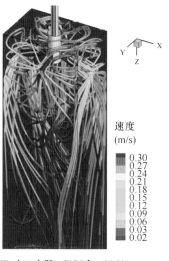

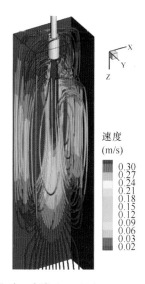

■ 水口内壁：7125个，35.3%
□ 水口底部：98个，0.5%
■ 水口内底部：608个，3.0%
■ 出口上壁面：99个，0.5%
■ 出口侧壁面：1315个，6.5%
■ 出口下壁面：139个，0.7%

■ 水口内壁面：7194个，35.7%
■ 水口外壁面：738个，3.7%
■ 水口底部：69个，0.3%

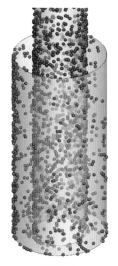

四孔水口　　　　　　　　　直筒型水口

图 3-15　四孔水口与直筒型水口中夹杂物吸附情况模拟图

　　直筒型水口夹杂物吸附位置和吸附数量均少于四孔水口，采用直筒型水口代替四孔水口可以有效减轻水口结瘤。

GCr15 轴承钢中的碳化物

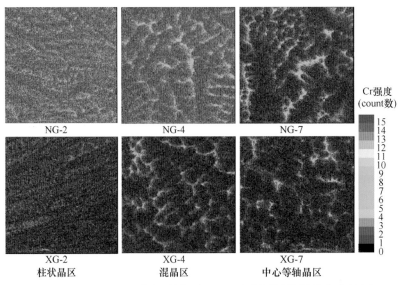

图 5-17/19/21　两钢厂铸坯中 Cr 元素在不同晶区的分布结果

> 柱状晶区内两铸坯的 Cr 元素分布都比较均匀，没有出现非常严重偏析的位置。混晶区内两铸坯的 Cr 元素分布开始产生明显的微观偏析。中心等轴晶区内同样存在较严重的微观偏析。

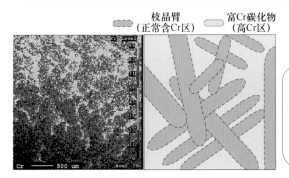

图 6-4 表明，铬含量较高的区域位于枝晶臂间而不是枝晶臂上。在铸坯样品深度腐蚀的过程中，枝晶臂间的显微缩孔逐渐显现出来，同时铬含量较高的区域抗腐蚀能力较强，不容易被腐蚀。

图 6-4　EPMA 面扫描检测铸坯抛光样品（Cr 元素分布及其示意图）

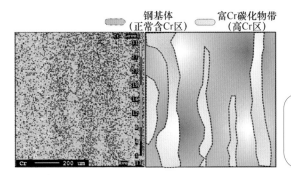

图 6-6 显示富 Cr 碳化物带的分布情况，发现 Cr 元素在开坯小方坯纵断面上呈条带状分布，与纵向腐蚀孔洞的分布具有相似的分布规律。

图 6-6　EPMA 面扫描检测开坯小方坯抛光样品（Cr 元素分布及其示意图）

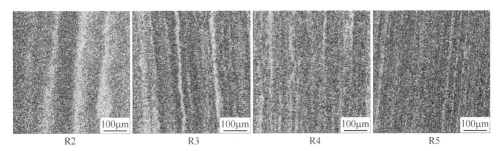

图 6-10　轧制各道次样品纵断面 EPMA 检测 Cr 元素分布（从红到蓝，铬含量减少）

由图 6-10 可见，Cr 元素分布与腐蚀后的孔洞形貌具有类似的条带状分布。

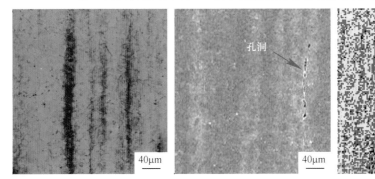

光镜观察的腐蚀 180s 的微观组织，富 Cr 碳化物在光镜下为黑色。

扫描电镜观察的腐蚀 180s 的微观组织，富 Cr 碳化物在扫描电镜下为白色。

EPMA 观察的 Cr 元素的分布情况，从红到蓝表明铬含量减少。

图 6-11　在热轧盘条样品 5 轧制方向上检测到的带状碳化物

盘条样品纵向上检验到的孔洞，源于微观组织中的带状碳化物，并且随着轧制过程的进行逐渐延伸。

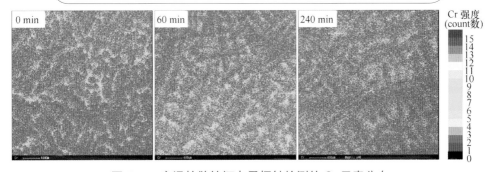

图 7-2　高温扩散铸坯电子探针检测的 Cr 元素分布

高温扩散前，Cr 元素在枝晶臂间存在较严重的微观偏析；在 1240℃下扩散 60min 后，微观偏析改善不明显；扩散 4h 后，枝晶偏析已得到明显弱化，但不能完全消除。

轴承钢连铸坯凝固组织和元素偏析

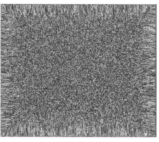
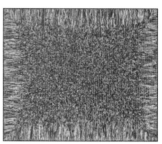

过热度 10℃ 　　　　　　　 过热度 20℃ 　　　　　　　 过热度 30℃

随着过热度的增加，柱状晶明显变得发达。为了有效防止中心偏析的发生，应采用低过热度。

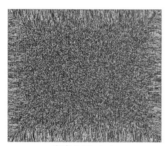

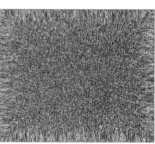

拉速 0.38m/min 　　　　　　 拉速 0.48m/min 　　　　　　 拉速 0.58m/min

随着拉速的增加，宏观凝固组织变化不明显，但柱状晶有所减少，只是减少不明显。

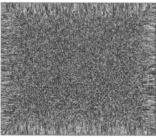

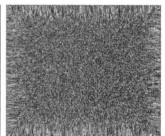

二冷水量减少 20% 　　　　　　 正常水量 　　　　　　 二冷水量增加 20%

二冷区水量的变化对铸坯凝固组织的影响不大，但随着二冷水量的增加，晶粒个数有所减少。

图 11-27 　不同条件下的 GCr15 铸坯凝固组织

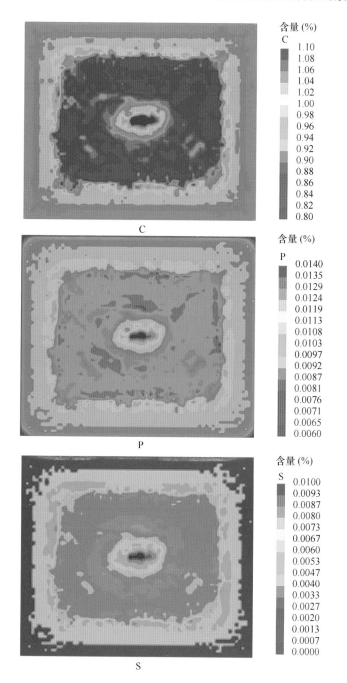

图 11-32　铸坯完全凝固后 C、P、S 在铸坯横断面上的元素分布情况

图 11-32 结果表明，C、P、S 三种不同的元素主要在铸坯 1/4 处和中心处存在较严重的正偏析，在中间位置出现负偏析。

方案1：二冷一区水量减少20%　方案5：二冷二区水量减少20%　方案9：二冷三区水量减少20%

 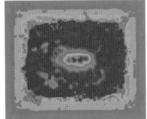 

方案2：二冷一区水量减少10%　方案6：二冷二区水量减少10%　方案10：二冷三区水量减少10%

  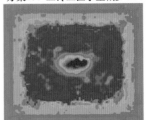

方案3：二冷一区水量增加10%　方案7：二冷二区水量增加10%　方案11：二冷三区水量增加10%

  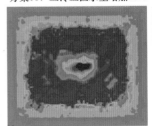

方案4：二冷一区水量增加20%　方案8：二冷二区水量增加20%　方案12：二冷三区水量增加20%

含量(%)
1.10 1.08 1.06 1.04 1.02 1.00 0.98 0.96 0.94 0.92 0.90 0.88 0.86 0.84 0.82 0.80

图 11-36/38/40　不同二冷水分布优化方案横断面的 C 元素分布

通过计算可知，针对 GCr15 轴承钢，应将二冷一区水量增加 10%、二冷二区水量减小 10%、二冷三区水量保持不变，有利于控制铸坯元素偏析，提升铸坯质量。